JN079510

必携
「からくり設計」メカニズム定石集
図でわかる簡易自動化の勘どころ

熊谷英樹 著

Part 2

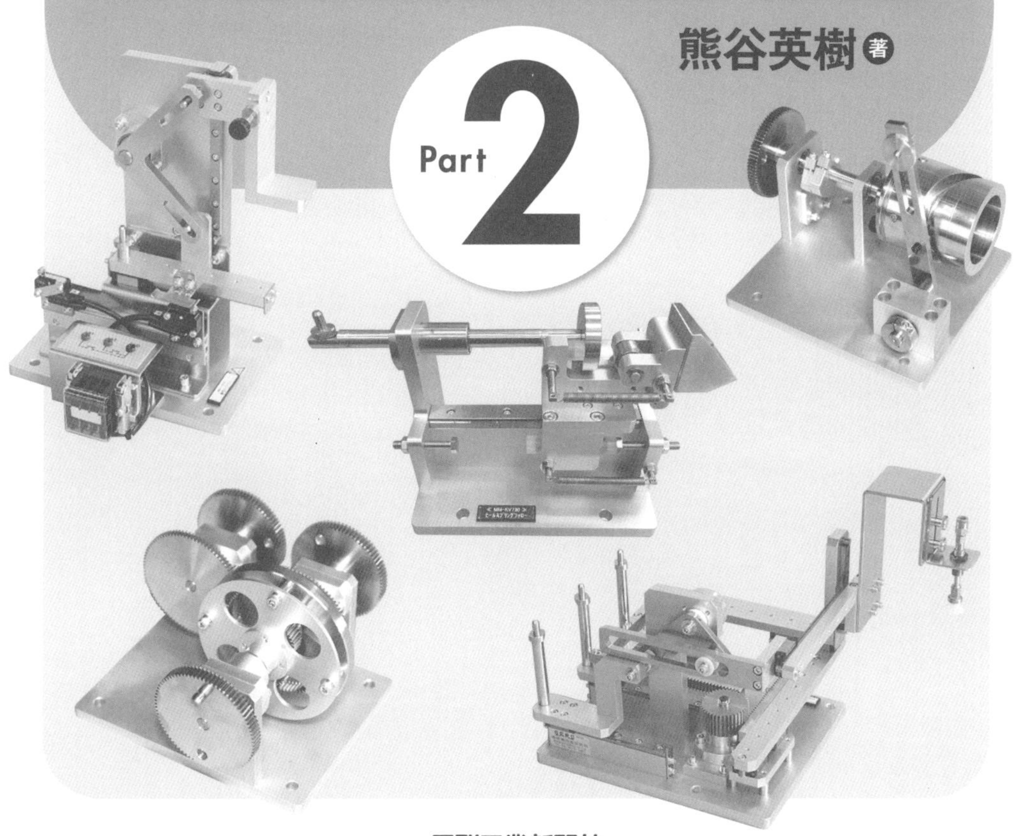

日刊工業新聞社

はじめに

本書は2017年6月に日刊工業新聞社から発行し、好評をいただいている『必携「からくり設計」メカニズム定石集』の続編です。

からくりをつくるために必要な、ワークをクランプする方法や、スプリングを使って複合動作をするメカニズムの構成の仕方、また、カムを使った同期システムの構成方法などについてわかりやすく解説してあります。

どこのページからでも辞書のように使ってもらえるように、1つひとつのトピックを「定石」の形でまとめてあります。

第1章から第7章では、からくりの構造を中心としたメカニズムの例をあげてあります。特に、運動を伝達する方法や、ワークをクランプしたり、ワークをつぶしたり、切断したりするというような比較的単純なメカニズムについて掲載してあります。

からくりに使うメカニズムは特殊なものであるとは限りません。単純なメカニズムであっても、それらの組み合わせ方やタイミングのとり方によって、効果的に大きな力を出したり、複数のユニットを同期して動かしたりするからくりをつくることが可能になります。

第8章から第11章では、一般的な汎用のメカニズムを使って複合動作をするようなからくりを掲載しました。たとえば、拘束リンク棒やデテルを使うと1つのアクチュエータでも移動しながら回転するようなからくりにすることができるようになります。また、汎用のメカニズムを使って、複数のユニットを同期させ、タイミングをとりながら駆動するような装置の構成方法について掲載しました。さらに、スプリングフォローを使って、1つのシリンダの単純な往復運動から、複数のタイミングの異なる動作を取り出す方法などについても紹介しています。

第12章から第14章では、タイミングをとって動作させるカムのつくり方を中心にしたからくりについて解説しています。カムを使った運動変換や、カム出力を取り出して目的のメカニズムに連結する方法や、1つのモータで複数のユニットを同期させるための設計方法などを紹介しています。また、カムを使った複合動作の解説では、複数の軸をもつユニットをカムで駆動するために各軸を独立させる手法についても触れています。

前書の『必携「からくり設計」メカニズム定石集』と合わせてご利用いただき、読者の皆様の参考にしていただければ幸いです。

最後に本書発行の機会をいただいた日刊工業新聞社出版局の奥村功様、および企画・編集段階で適切なアドバイスをいただいたエム編集事務所の飯嶋光雄様に感謝申し上げます。

2020年9月　　熊谷 英樹

目次

第9章 ワークやパレットを搬送するメカニズム

第10章 ヒールスプリングフォローを使った複合動作

第11章 汎用メカニズムを使った同期システム

第12章 カムを使った運動変換

第13章 カム出力の連結と同期システム

第14章 複数軸を独立して動作させるからくりとカムを使った駆動方法

第1章

レバーを使った運動変換と伝達のメカニズム

からくりのメカニズムでは、モータやシリンダなどの単純な動力源の運動をいろいろな特性の運動に変換したり、方向を変えたり、連結したりして、実際に仕事をする最終端のツールを思いどおりの運動特性で動かさなくてはなりません。

本章では、そのような運動変換や運動の伝達をリンクやレバーを使って実現する方法について、具体的な例を見ながら考えていきます。

自転公転可変機構（MM-VMK430）

定石 1の1　運動方向を変換するにはレバーを使う

荷物を動かすという単純な作業ひとつとっても、いくつかの方法が考えられます。からくりのメカニズムもこれと似ていて、同じ動作をさせるためにもいくつもの方法あり、その中から最適なものを選択するようにします。レバーやリンクを使って運動方向を変換するメカニズムについて、簡単な例を使って考えてみます。

(1)　床に置かれた重い荷物を動かす

図 1-1-1 のように、床に置かれた重い荷物を動かすことを考えてみましょう。

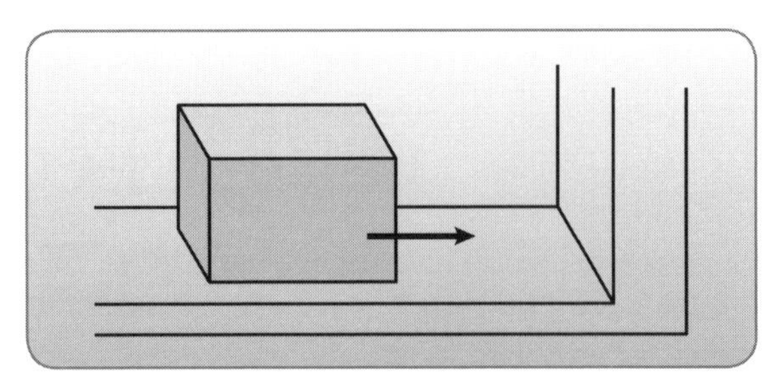

図 1-1-1　荷物を動かす

図 1-1-2 のように、荷物を押して動かすのが一般的ですが、これではどんなに力持ちでも足が滑ってしまえばそれ以上の力を荷物に与えることができません。そこで、足を滑らなくするストッパをつけてみると、**図 1-1-3** (a) のようになります。これをメカニズムでつくってみると、図 1-1-3 (b) のようにシリンダを固定して荷物を直接押すような形が考えられます。

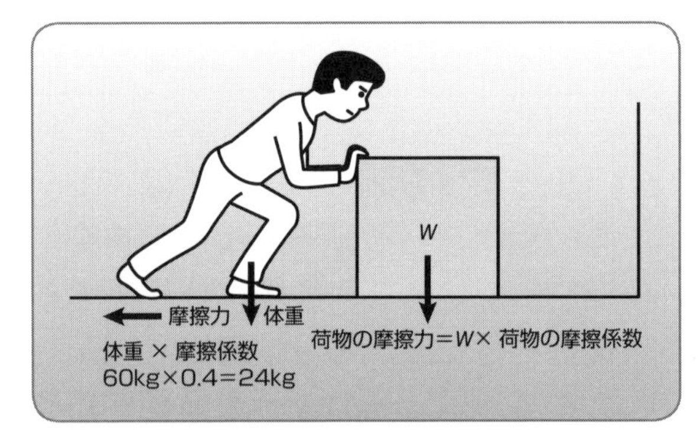

図 1-1-2　人が押す場合

腕よりも足の力の方が強いとすれば**図 1-1-4** (a) のように、人が脚を使って荷物を押すようにするのがよいかもしれません。この様子をメカニズムでつくってみると、図 1-1-4 (b) のようにトグルをクレビスシリンダで駆動するようなものが考えられます。

もし、押すのではなく、引っ張る力で荷物を前に進めるのであれば、**図 1-1-5** にあるようにレバーを使うと、うまくいきます。このレバーはシーソーのような形をしていて、ちょうど運動方向を 180°逆転するので「リバーサ」と呼びます。このリバーサは回転中心をもった円運動をするので、シリンダで動かすときにはシリンダの動きを円運動に追従させる必要があります。そこで図 1-1-5 (b) のように、駆動にはクレビス型のシリンダを使います。

レバーはレバーの角度を変えると運動方向を変えることができます。図 1-1-5 のレバーの形を変えて異なる方向から駆動できるようにしてみます。

図 1-1-6 (a) は、図 1-1-5 の人が操作する側のレバーを －90°曲げたもので、レバーを押し下げることで荷物を前に進めるようにしています。これをシリンダで駆動すると図 1-1-6 (b) のようになります。

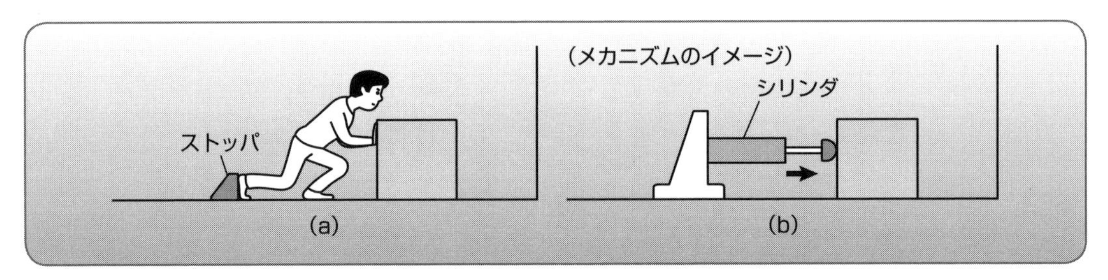

図 1-1-3　ストッパをつけて押す場合

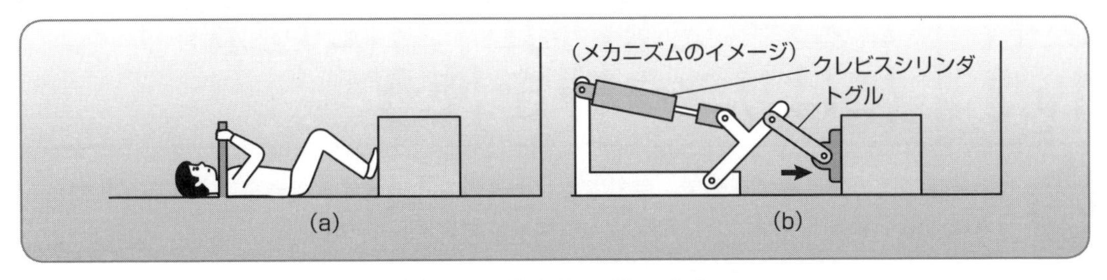

図 1-1-4　脚を使って押す場合

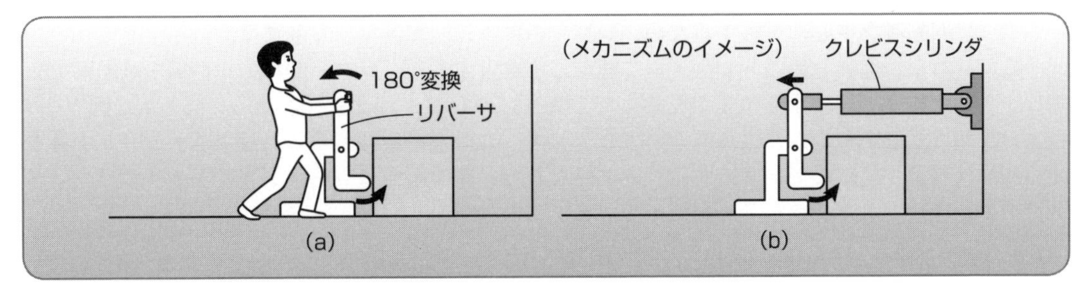

図 1-1-5　レバーによる 180°方向転換

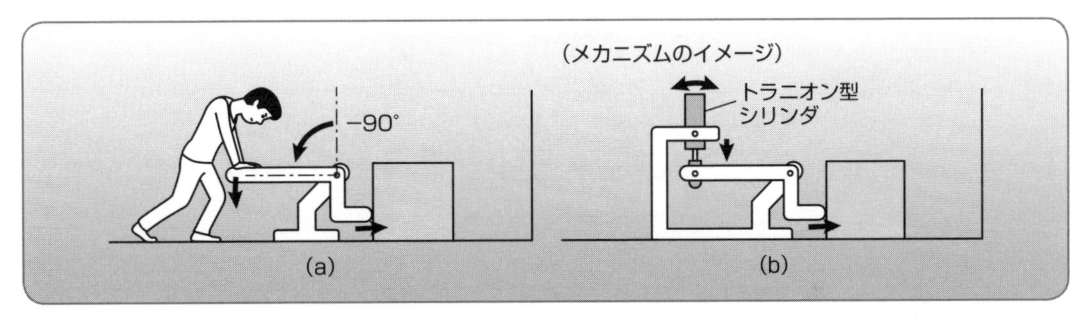

図 1-1-6　レバーを曲げると力の方向が変わる

この構造では、力がある人でも体重以上の力をかけて押すことはできません。

そこで、人がレバーを持ち上げる力で荷物を動かすようにしたものが**図 1-1-7** です。この図のレバーは図 1-1-6 のレバーを上下反転したものです。

(2)　レバーを使う利点

このようにレバーはその形状を変えることで、運動の方向をいろいろな方向に変換することができます。また、人が操作する側のレバーの長さを長くすることで、てこの原理を使って荷物にかかる力を大きくできることも、レバーを使う利点であることはいうまでもありません。

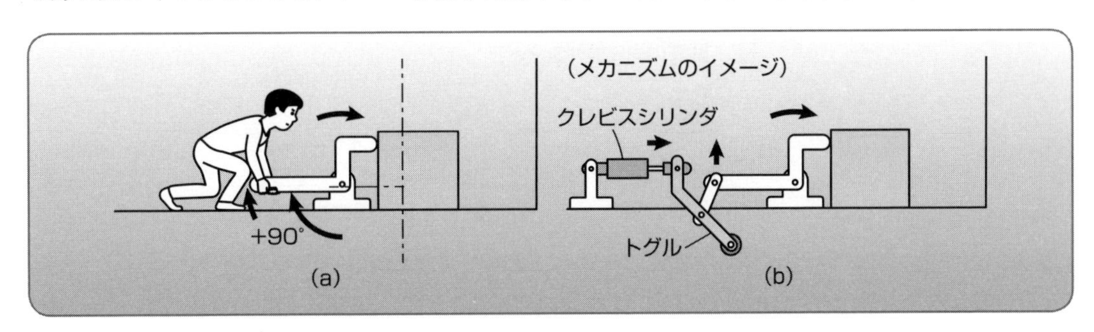

図 1-1-7　背筋で持ち上げると前に進む

定石1の2 レバーを直動出力に連結するにはリンク棒を使う

定石の要旨 **レバーは円弧の運動をするので、直動するメカニズムと連結するときには、円弧が直動からずれる量を吸収するリンク棒を使うとうまくいきます。**

(1)　リンク棒を使った連結

レバーは回転軸を中心に運動するため、レバーの動きは回転運動になります。

そこでレバーの運動を他のメカニズムに連結しようとすると、レバーの出力は円弧を描くので、動作させると相手と連結する角度が変化して、直接につなぐことはできません。たとえば**図1-2-1**のような平行リンクのときには角度θが変化します。このため直結することはできず、リンク棒を使って連結します。ここでは連結するリンク棒として、棒の両端にボールジョイントをつけたコネクティングロッド（コンロッド）を使っています。

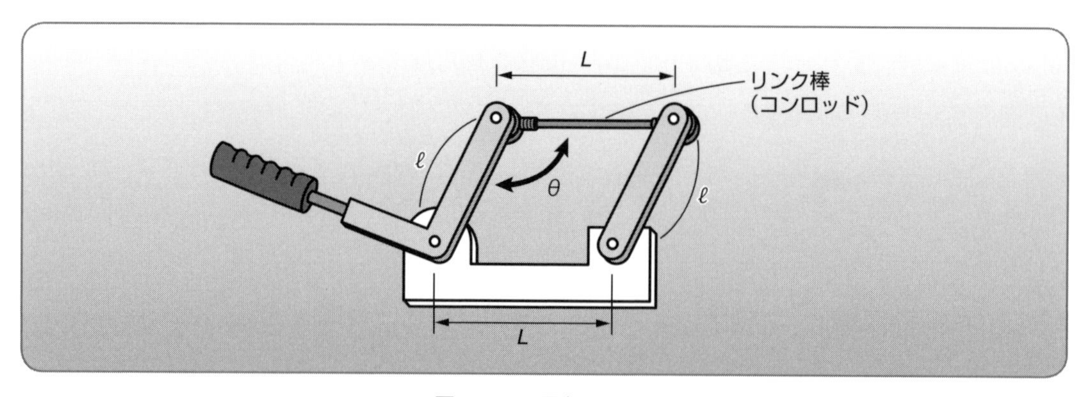

図1-2-1　平行リンク

(2)　直動メカニズムとの連結

レバーの出力を直動メカニズムに連結する場合にも、回転軸をもつレバーの出力は直進運動からずれるので、**図1-2-2**のようにリンク棒を使って連結します。

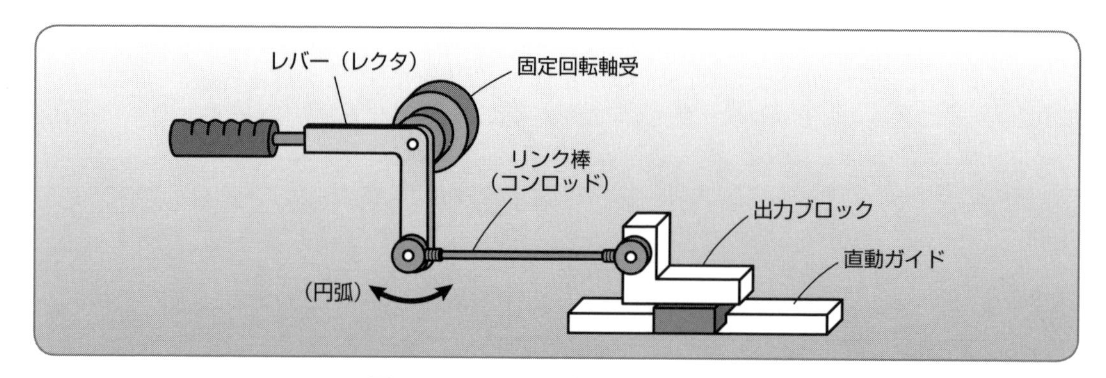

図1-2-2　レバーと直動のリンク接続

定石 1の3 2つのレバーをリンク棒で連結するときには4通りの接線を考慮する

レバーは回転軸をもっているので、2つのレバーを接続するときには共通する接線を見つけてリンク棒で連結します。

(1) 連結には4つの接線を考える

2つのレバーの運動を接線方向に連結しようとすると、**図1-3-1**の①～④のような4通りの方向が考えられます。この4通りの接続方法で、下向きの運動を水平右向きの運動に変換してみます。

図1-3-2はその例で、いずれもP点を中心に揺動運動する入力レバーの垂直下向きの運動を連結して、Q点を中心に揺動運動する出力レバーのR点が右方向に動くように運動方向を変換しています。

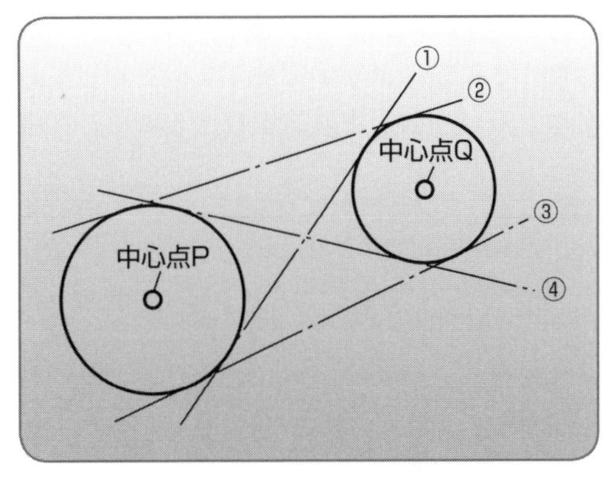

図1-3-1　2つの円運動と4つの接戦

(2) 出力方向の変更

図1-3-2の出力レバーRの形を変えれば、任意の方向に出力を変更できます。出力点のRはQを中心にした回転出力になるので出力レバーの形を変えてRの位置を変更すれば、出力の運動方向を変更できます。

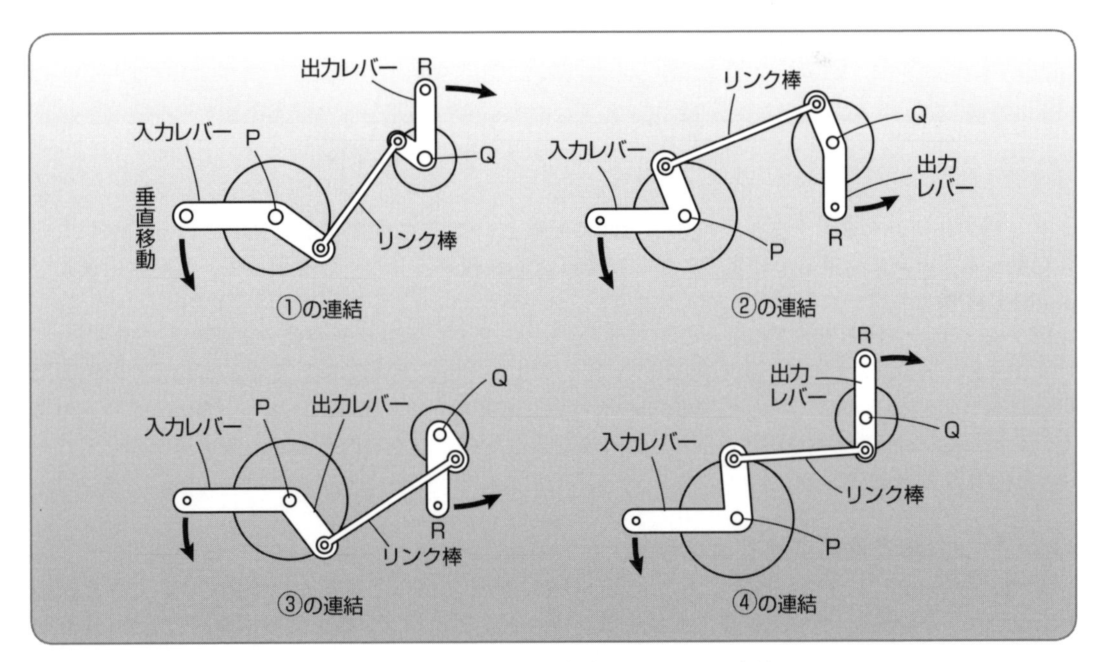

図1-3-2　接戦方向に連結する4通りの方法

定石 1の4　離れた場所のレバー同士を連結するにはリンク棒を使う

レバーの回転出力をもう１つのレバーに連結するには、運動の接線方向を考えてリンク棒で連結するようにします。

(1)　レバーを使った運動の伝達

図1-4-1 は、アクチュエータをテーブルの下に配置するためにレバーを使って運動を伝達する例です。レバー同士を連結するためにリンク棒を使っています。

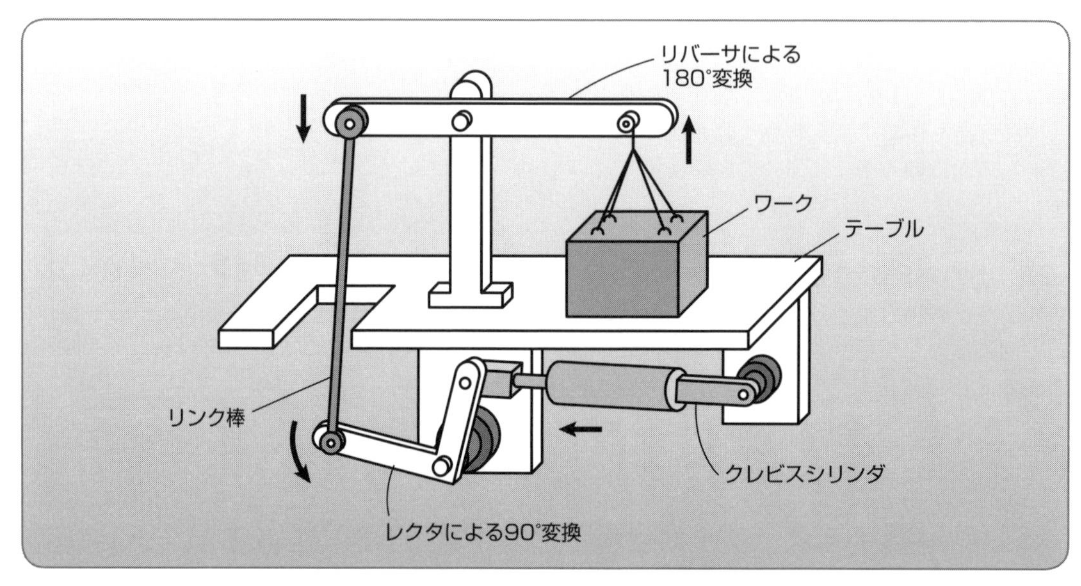

図1-4-1　レクタとリバーサを使った運動変換

クレビスシリンダをテーブル下に水平方向に配置し、90°方向変換するレクタを使って水平方向の運動を垂直方向に変換しています。さらに180°方向変換するリバーサを使って、下向きの運動を上向きに変換してワークを吊り上げています。

図1-4-2 は、回転ガイドされているレバー1とレバー2を、リンク棒を使って連結しています。

レバー1の出力端は、レバー1の回転中心（P）を中心とした円運動をします。回転運動の出力は円の接線方向となるので、レバー1の出力の取り出しも接線方向を基準にします。レバー2の入力端も、レバー2の回転中心（Q）を中心とした円運動になるので、その円の接線方向を基準にして、レバー1の出力端と連結します。

(2)　リンク棒で連結するときの基準

2つのレバーをリンク棒で連結するときは、接線方向を基準にとるとよいでしょう。たとえば**図1-4-3** のように接線を引いて、a点とb点をコンロッドなどのリンク棒を使って連結します。a点がPを中心とした接線方向に動くと、b点もQ点を中心とした接線方向に動きます。

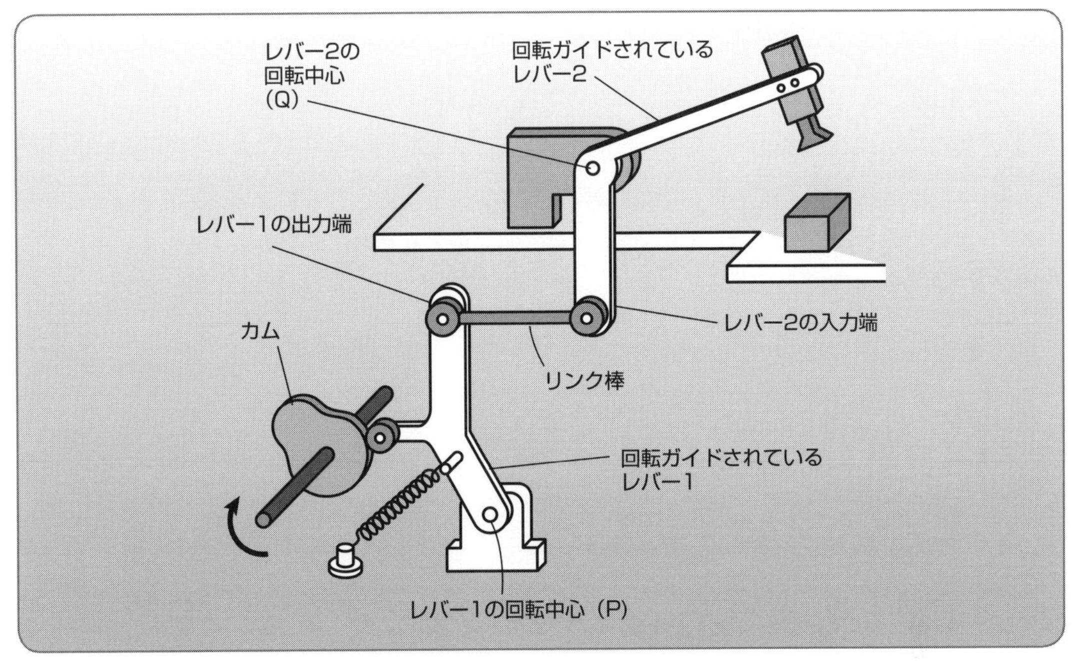

図1-4-2　レバー同士のリンク連結

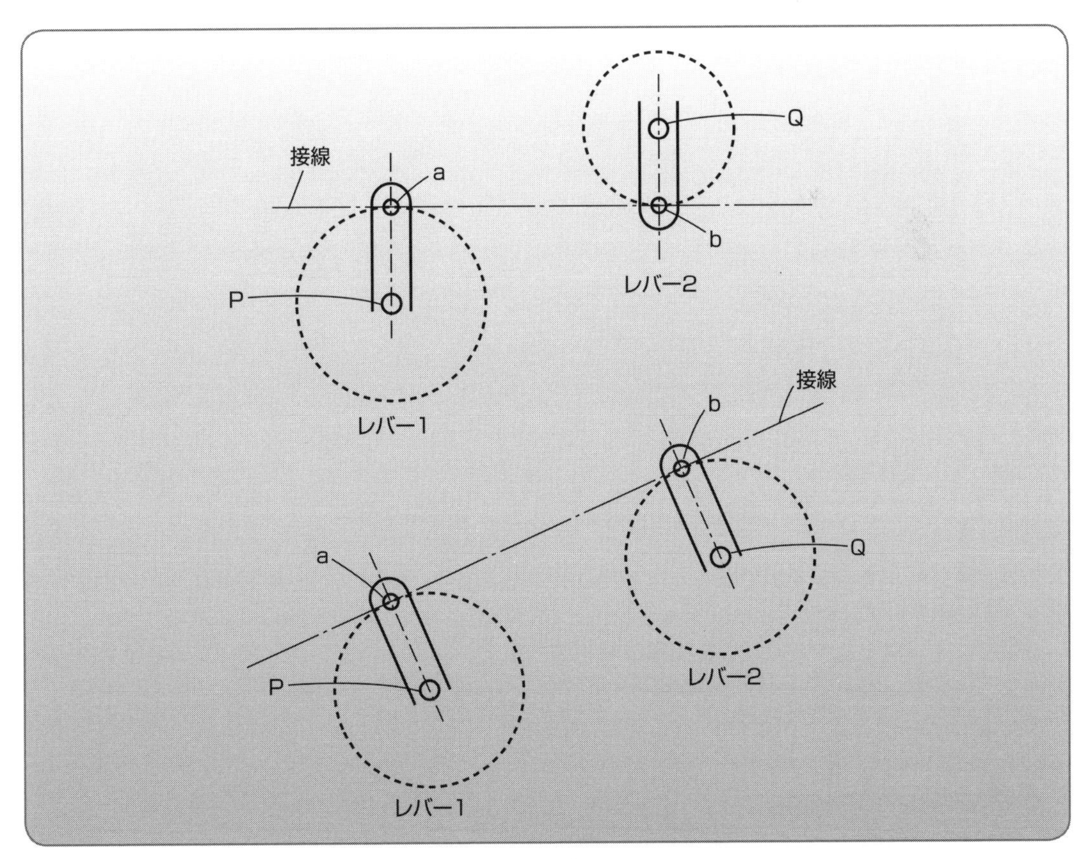

図1-4-3　レバーは接線方向に連結する

(3)　リンク棒を使った接続例

写真 1-4-1 の縦型トグルリンクでは、レバー同士を接続するのにリンク棒が使われています。

この縦型トグルリンクは、入力ピンを写真の左方向に引っ張るとプッシャが引っ込みます。これと同時に、レバー1が回転してリンク棒で連結しているレバー2が駆動されてプレスヘッドが下降するようになっています。

入力ピンを右方向に押し出すと、プレスヘッドが上がると同時にプッシャが前進します。

レバー1の回転と直動するプッシャの連結には、円運動と直動のずれを吸収するためにスラッドを使っています。

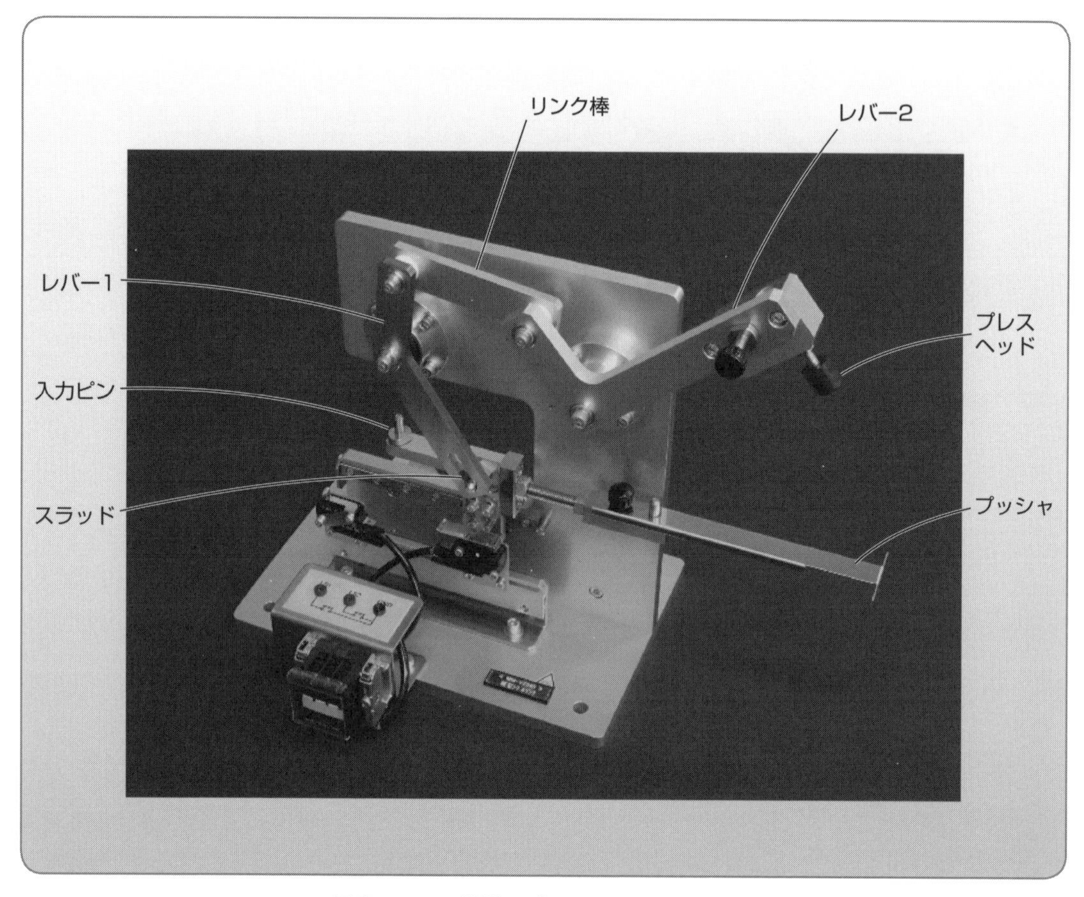

写真 1-4-1　縦型トグルリンク MM-VZ540

この装置はプレスヘッドが下降した位置にワークがあると、プレスしたあとでプッシャによってワークが排出されるので、「プレスリムーバ」と呼ばれています。

空気圧シリンダなどで入力ピンを1往復動作させると、ワークのプレスとワークの排出の2つの動作を行います。

レバー同士を連結するときには、2つのレバーでつくった2つの円の共通の接線を基準にします。

定石 1の5 スラッドを使うとレバーと直進メカニズムを連結できる

レバーの出力を直動メカニズムに連結することを考えてみましょう。回転軸をもつレバーのように連結する位置が直進からずれる場合には、リンク棒で連結する方法のほかにスラッドやグルーブと呼ばれる連結用の溝を使う方法があります。

(1) スラッドによる連結

図1-5-1は、レバーにU字型に切り欠きをしたような形のスラッドをつけて、直動側の出力ブロックにピンを立てたものです。固定回転軸受を中心にして、レバーが揺動運動してピンを駆動します。

レバーが揺動すると、ピンとスラッドは上下にこすれるようになるので、(b)のようにピンにカムフォロワなどをつけてスラッドとピンの間の摩擦を小さくすることも考慮します。

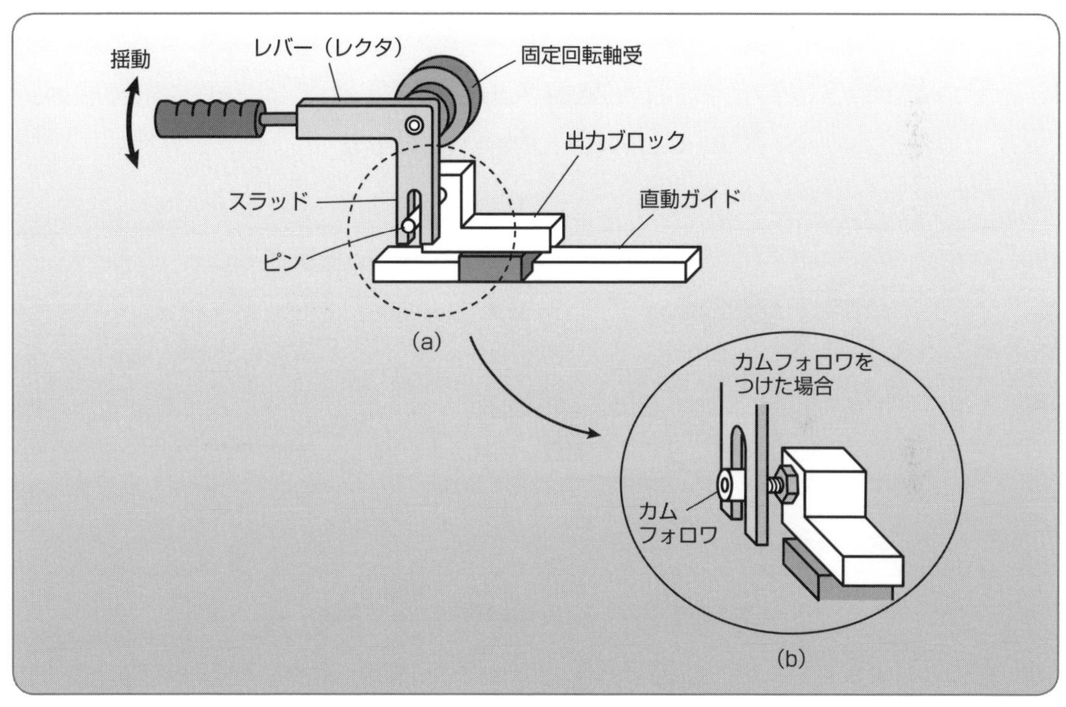

図1-5-1　レバーと直動のスラッド接続

(2) グルーブによる連結

次頁に示す**図1-5-2**は、直動する出力ブロック側に溝の形をしたグルーブをつけてレバーについているピンが揺動によって上下しても直進運動と干渉しないようにして連結したものです。

図1-5-3は、円筒形の直動ブロックをレバーで前後に動かすものです。連結部には直動ブロックを削ってピンが入る溝の形をしたグルーブをつけてあります。

(3) スラッドを使った90°運動方向変換

図1-5-4は、レバーの両アームの2カ所に長穴のスラッドをつけて、直進運動を90°方向変換する例です。

このようにスラッドを使うと、ピンがスラッドの溝を滑るように移動するので、水平方向の運動を垂直方向に変換して動作させることができるようになります。

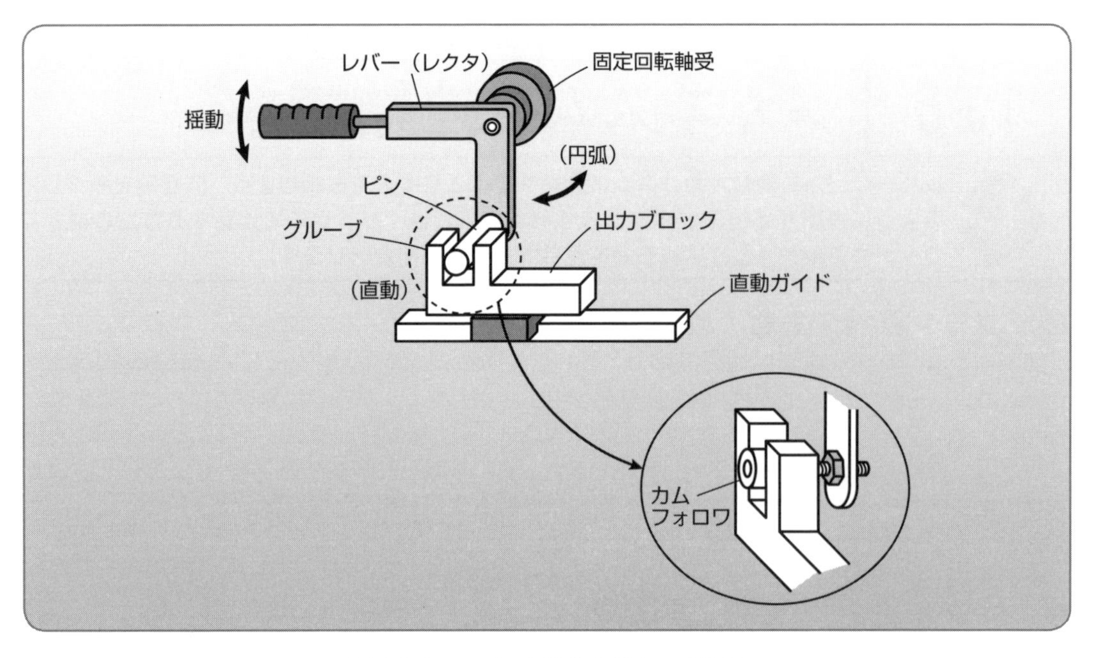

図 1-5-2　レバーと直動のグルーブ接続

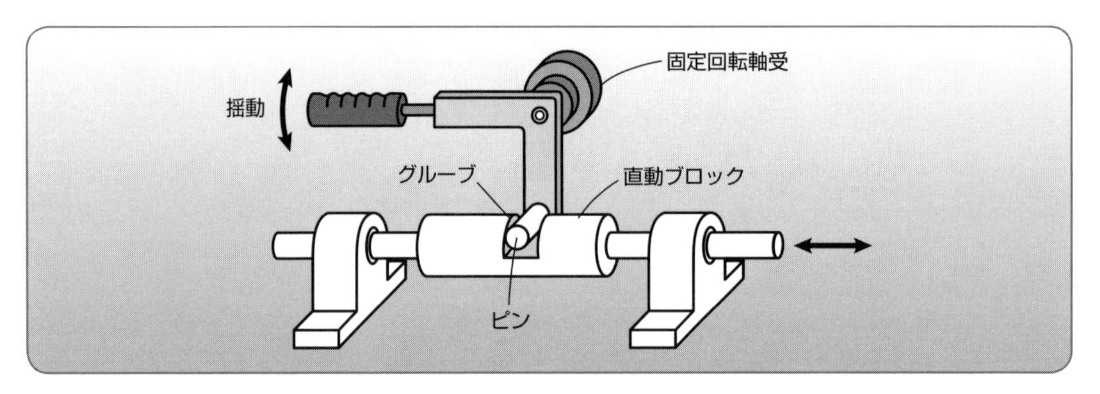

図 1-5-3　レバーと円筒直動のグルーブ接続

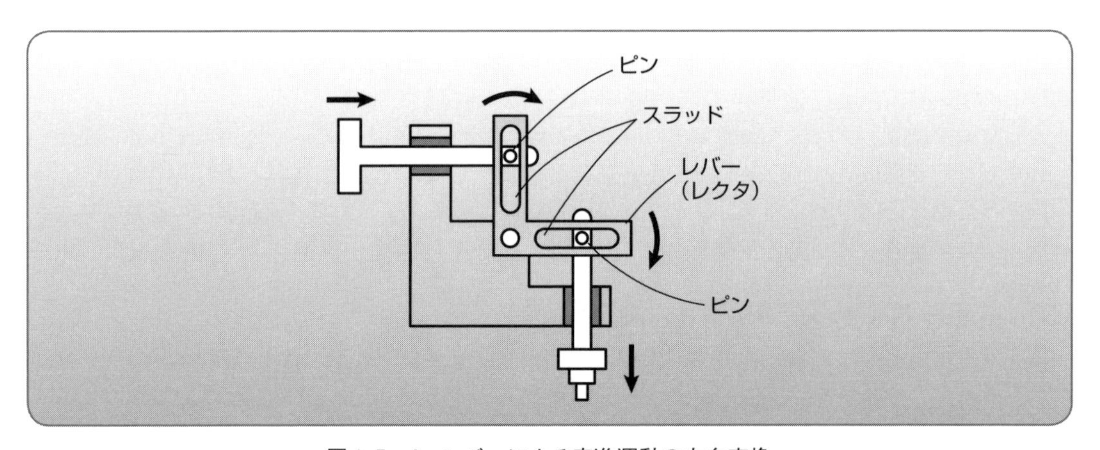

図 1-5—4　レバーによる直進運動の方向変換

(4)　レバーと直動のスラッドによる接続

レバーと直動するメカニズムをスラッドで接続する例を見てみましょう。

写真1-5-1 の縦型スライドリンクでは水平入力ピンを動かすと、垂直方向にガイドされている出力ブロックが上下に移動します。「く」の字型をしたレバー（レクタ）の両アームにスラッド1とスラッド2の2つのスラッドがついていて、スラッド1は直動ガイドされているプッシャにつけられた連結ピン1で連結しています。スラッド2は垂直にガイドされている出力ブロックの連結ピン2と連結しています。

水平入力ピンを写真の右方向に押し出すと出力ブロックが上昇し、同時にプッシャが前進します。水平入力ピンを左に戻すとプッシャが引っ込むのと同時に出力ブロックが下降するので、プレスリムーバと同様の動作をします。

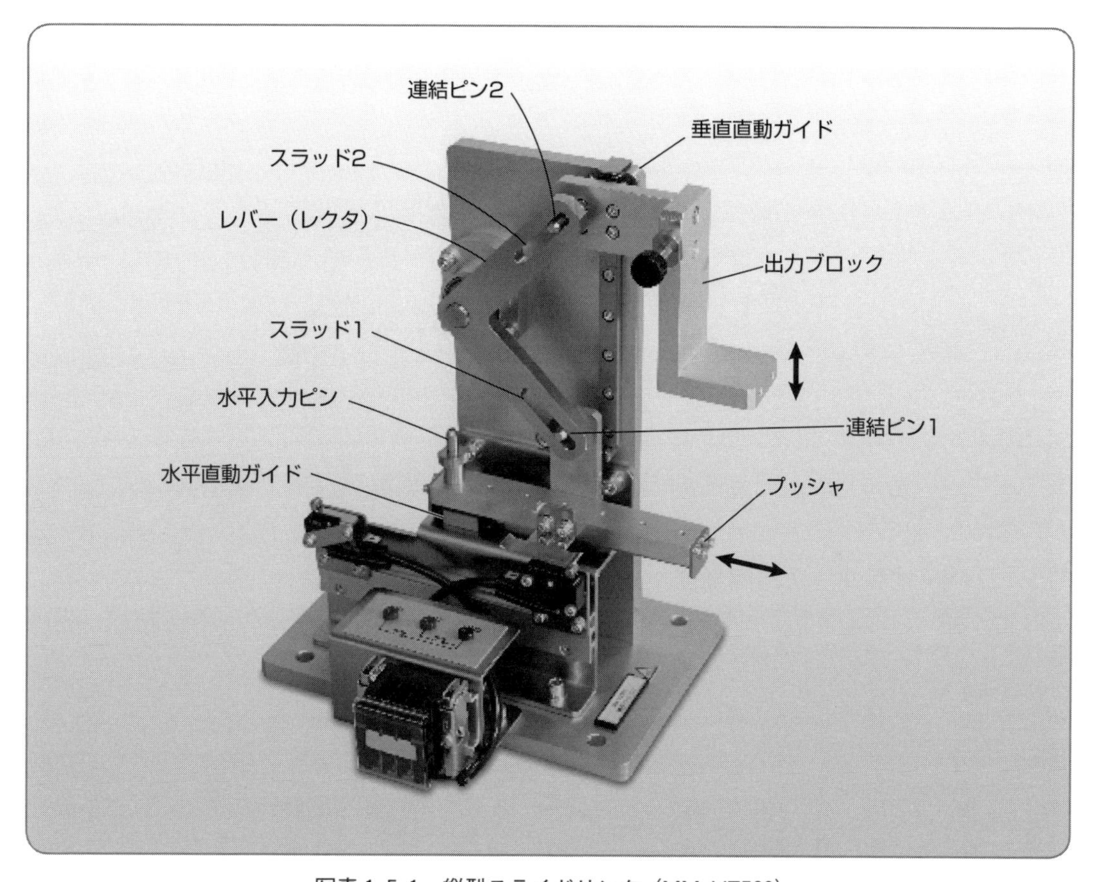

写真1-5-1　縦型スライドリンク（MM-VZ520）

ここがポイント

スラッドやグルーブを使うと、レバーの円弧運動を直動出力に連結することができるようになります。

定石 1の6 レバーとリンクを使うと駆動モータを自由な位置に配置できる

運動方向を変換するレバーやリンクを上手に使うと、メカニズムを駆動するモータをいろいろな場所に取り付けられるようになります。ここでは例として直進ガイドされているツールをクランクで往復させる装置を使って取り付け位置を変更してみます。

(1)　直動ガイドされたツールのクランク駆動

図1-6-1は、直動ガイドされたツールをクランクで直接駆動する例です。クランクを連結するにはこれがもっともシンプルな形になりますが、実際のシステムではモータやクランクは作業性や保守性を考えて、直結する位置に設置できないこともよく起こります。そこで、クランクの位置を変更してツールの上や下に取り付けるために、レバーを使った運動の方向変換を利用することを考えてみましょう。

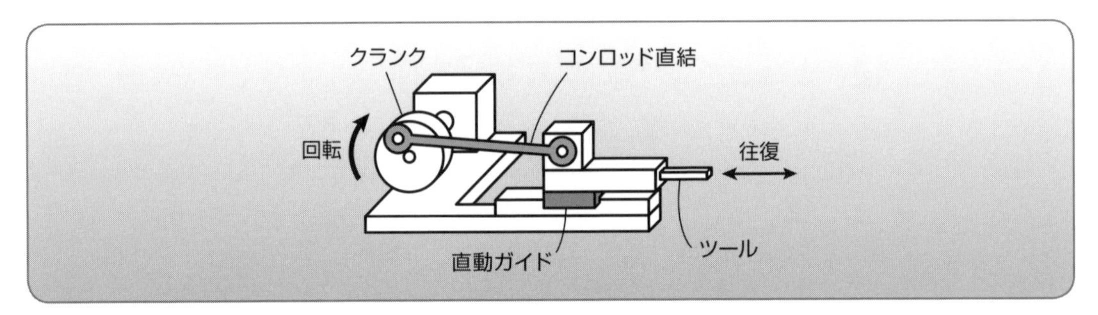

図1-6-1　クランクを直結する場合

(2)　リバーサを使った方向変換

図1-6-2は、クランクをツールの上側に取り付けるために、リバーサを使って運動方向を180°変換したものです。クランクの出力をリンク棒1でリバーサに接続して、リバーサの反対端の出力を直動運動するツールにリンク棒2で連結してあります。

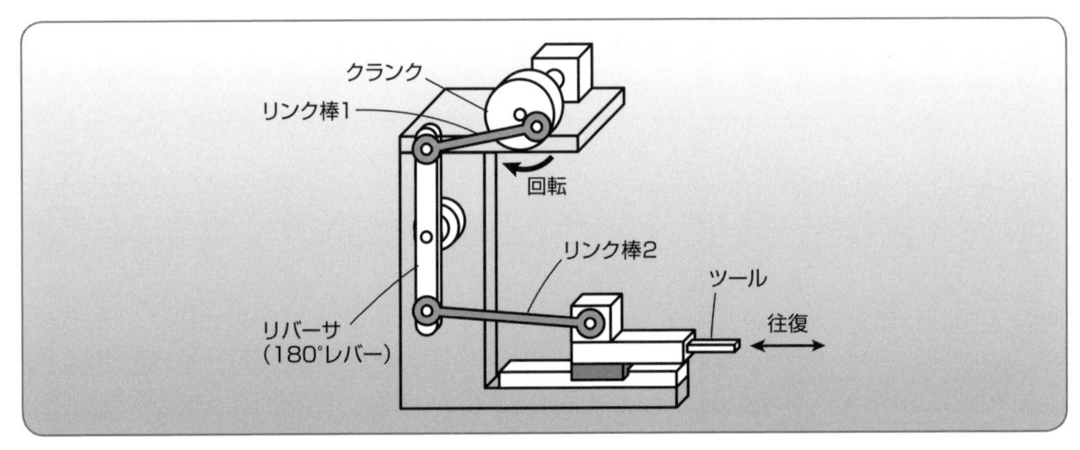

図1-6-2　クランクを上に取り付けてリバーサを使う場合

(3)　レクタを使った方向変換

図1-6-3は、同じようにクランクをツールの上側に取り付けた例ですが、ここでは90°変換レバーのレクタを使って垂直方向の運動を水平方向に変換しています。

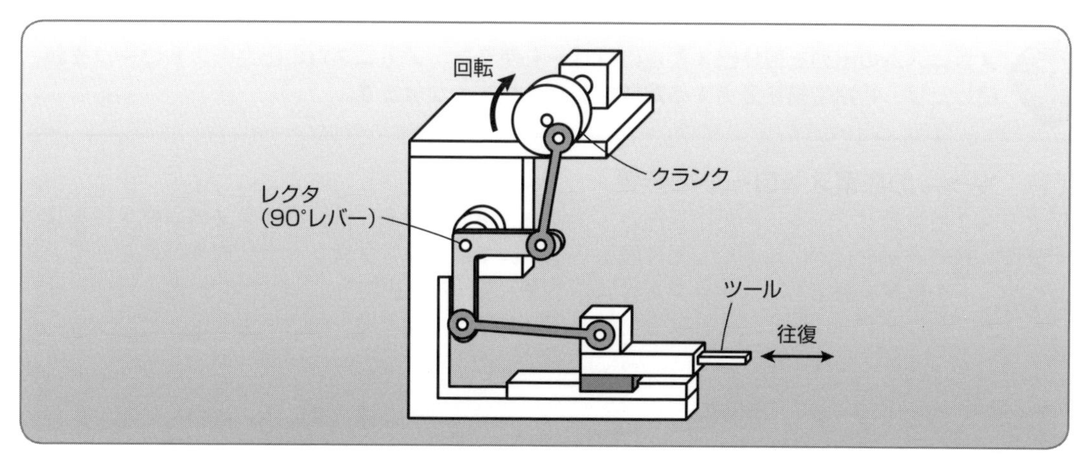

図1-6-3　クランクを上に取り付けてレクタを使う場合

図1-6-4は、クランクをツールの下側に取り付けたものです。ここではやはりレクタを使って運動方向を90°変換しています。

このようにレバーを使うことによって、クランクの出力方向を変換できるので、ツールの動きに対してクランクやモータを自由な位置に配置できるようになります。

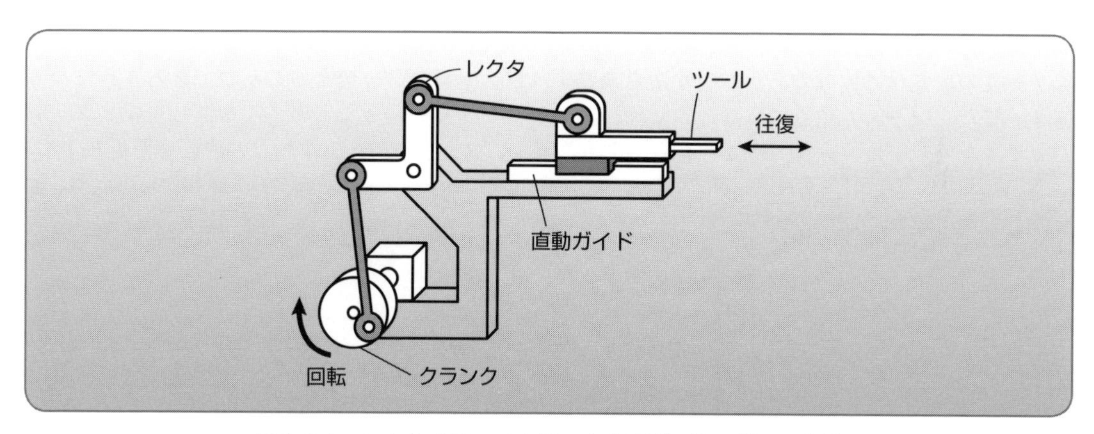

図1-6-4　レクタを使ってクランクを下側に取り付ける場合

レバーの運動を変換する機能を使うと駆動部の取り付け位置を変換できるようになります。

定石1の7　クランク出力のストロークを調節したいときにはレバーを使う

メカニズムの出力を取り出すときにレバーを使うと、メカニズムの出力のストロークを調節したり、初期位置を変更する機能をもたせやすくなります。

(1)　ツールの往復ストロークの変更

クランクで駆動しているツールの往復のストロークを変更するには、クランクの回転半径を調節します。この調節を行うには、たとえば**図1-7-1**の例ではクランクプレートに取り付けられているコンロッドの位置を調節して、クランクの回転半径（R）を変更することになります。

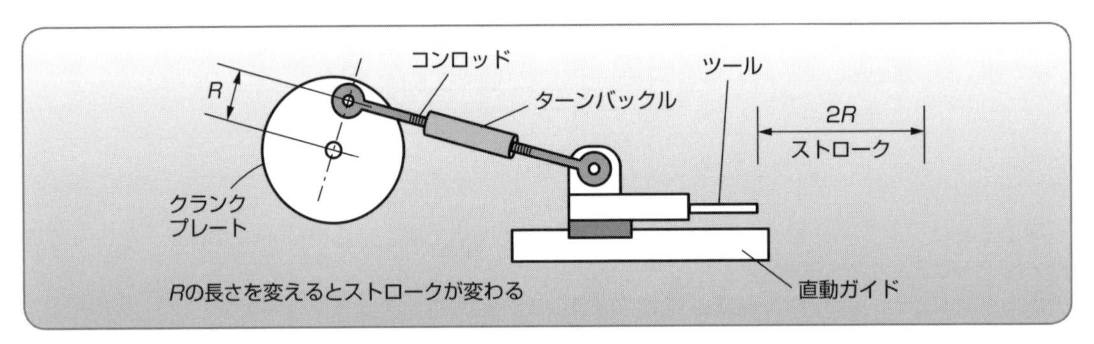

図1-7-1　ストロークの変更

一方、Rの長さを変更しにくいときには、リバーサを使うと**図1-7-2**のように、リバーサのクランクアームの取り付け位置であるLの寸法を調整すればストロークを変えることができるようになります。また、ツールの始点の位置の調整は、ターンバックルを使うなどの方法があります。ターンバックルを回してコンロッドの長さを調節することで、ツールが動き出す始点の位置を変更します。

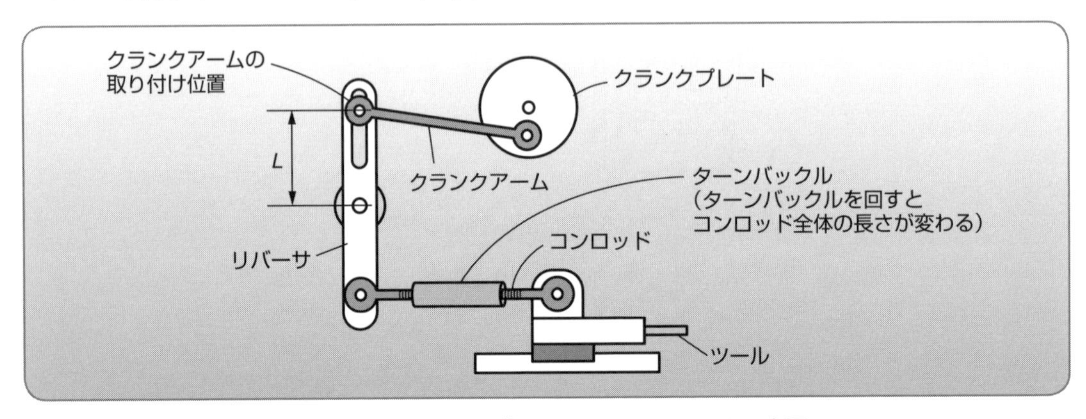

図1-7-2　リバーサを使ったときのストロークの変更

ここがポイント

たとえば図1-7-1においてクランクアームの長さRを調節しようとしても、クランクプレートに大きな力がかかるため、Rの長さを調節するねじ機構などをつけにくいものです。

そこで、図1-7-2のようにクランクの出力をリバーサを使って調整できるようにしておけば、クランクプレートの回転半径を変更しなくてもよくなります。

(2) レクタを使ったストロークの調整

図1-7-3は、90°変換レバーであるレクタを使ってクランクのストロークを調整する例です。ストローク調整AかBを使います。コンロッドはストローク調整Bの範囲に対して十分に長くしておくようにします。

この例のようにクランクの出力をいったんレバーで変換すると、調節が楽にできるようになることがあります。

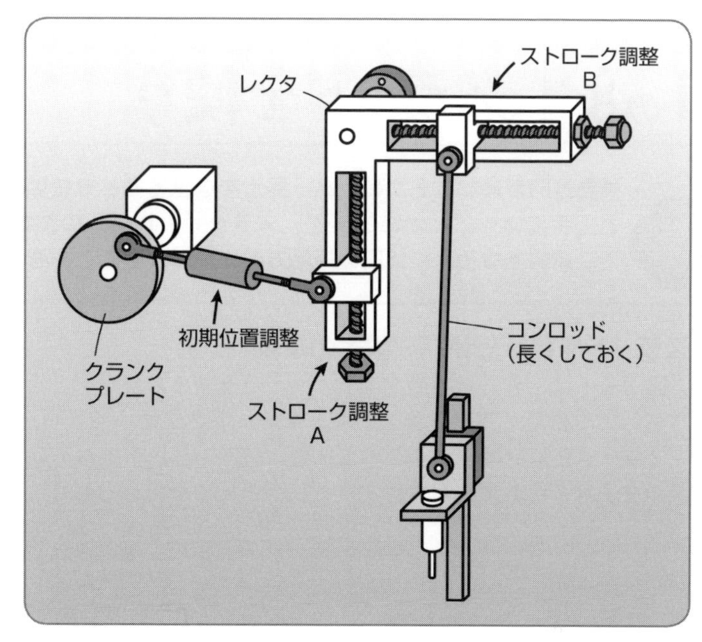

図1-7-3　レクタによるクランクの移動ストロークの調整

(3) クランクのメカニズム

写真1-7-1は、クランクのモデルで、クランクアーム回転入力軸を回すとヘリカルギヤで回転方向を垂直から水平に90°変換してクランクアームを回転させるようになっています。クランクアームが回転すると、コンロッドで連結された出力ブロックが直進往復運動します。クランクアーム長調節用ノブでクランクアームの有効長さを変えれば、出力ブロックが往復するストロークを変更できます。

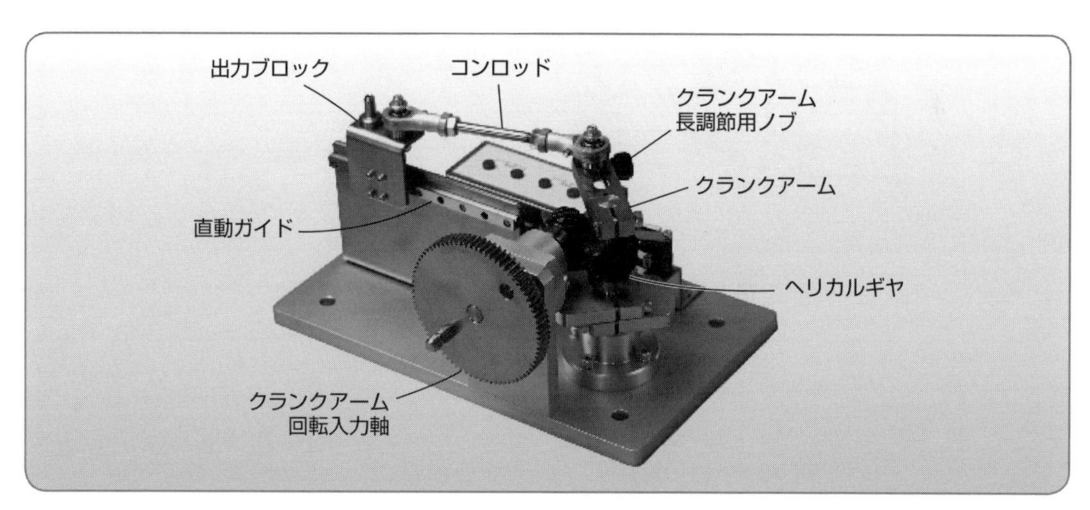

写真1-7-1　クランク（MM-VM230）

ここがポイント

クランクを駆動系に使うときには、ストロークと初期位置の２つの調節ができるようにしておきます。

定石1の8　レバー同士を直接接続するにはスラッドを使う

運動方向が異なる2つのレバー同士を連結するときには、スラッドをつけたレバーを使うと上手にいくことがあります。スラッドもレバーの回転軸を中心にした円運動になるので、連結するときには円の接線方向に動作することを考えます。

スラッドを使ったレバー同士の接続

図1-8-1は、カムで駆動するレバー1の運動をスラッド1を使ってレバー2に伝えています。レバー2では90°近く方向を変換して、スラッド2を使ってレバー3に伝えています。

スラッドとピンは**図1-8-2**のように、お互いに円の接線方向に動こうとするので、この2つの接線のなす角 θ をあまり大きくすると、上手に力を伝えられなくなるので注意します。

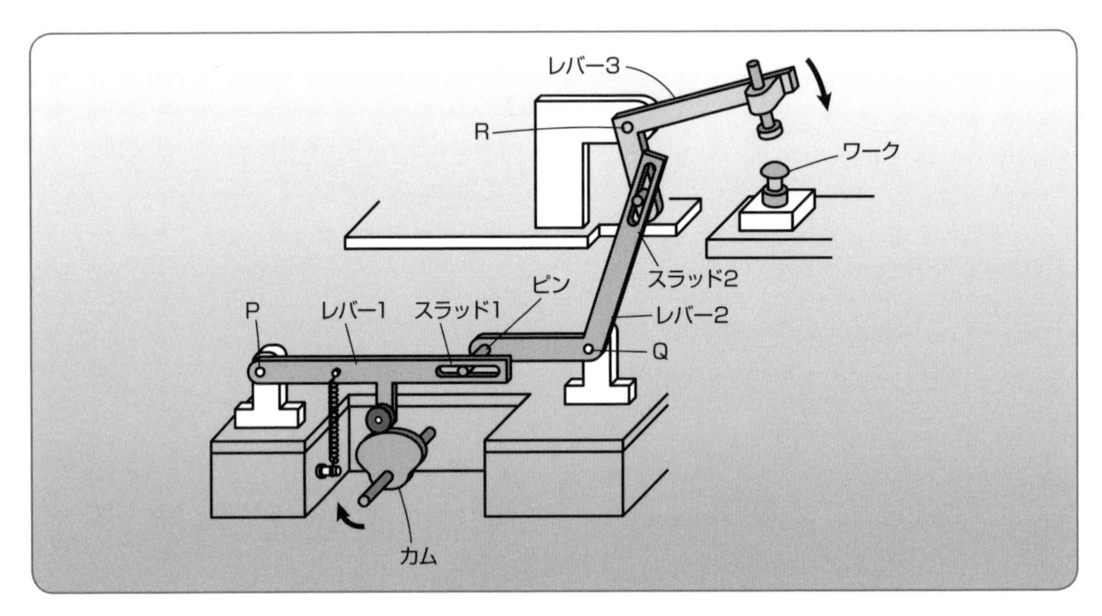

図1-8-1　スラッドを使ったレバーの連結

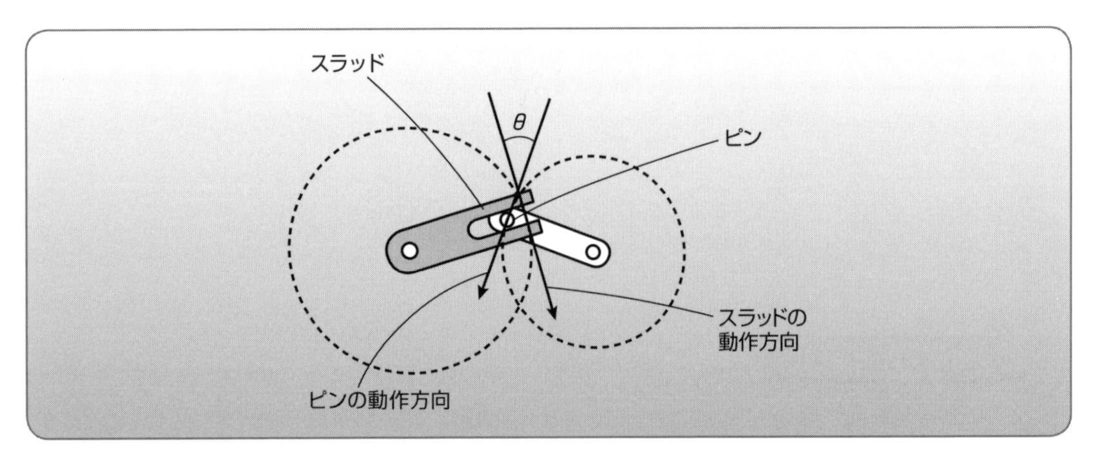

図1-8-2　スラッドとピンの動作方向

第2章

リンクを使った回転するメカニズム

リンクを使った回転では、2つのリンクアームを使ってその相互作用によって回転運動をつくります。リンクを使うことによって、1つの回転軸だけで回す場合に比べてコンパクトに回転できるようになったり、離れた場所から回転の操作ができるようになります。

リンクを使った回転のメカニズムを見てみましょう。

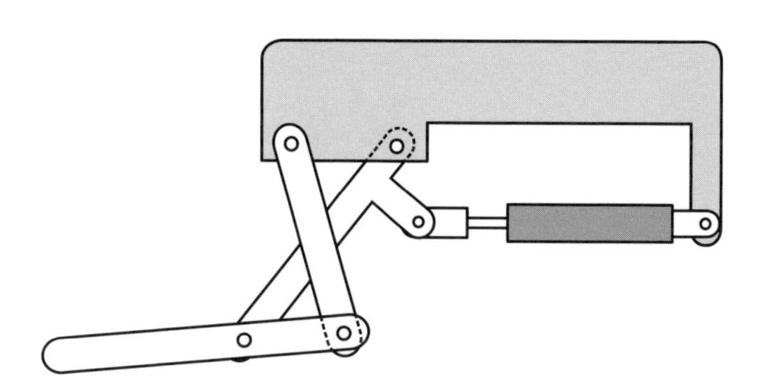

定石2の1　リンクを使えばテーブルをコンパクトに回転できる

回転メカニズムを設計するときには、回転軸を回転軸受に挿入して、その回転軸をモータなどで駆動するという設計が一般的ですが、リンクを使うと2つのリンクアームの相互作用によって回転メカニズムをつくることができるようになります。

(1)　リンクを使わない回転駆動

図2-1-1は、ワークを載せる治具をクレビスシリンダで回転するものです。

回転軸とともに治具も90°右回転することになります。この場合、治具の回転半径が大きくなるので、小さなスペースで回転しようとすると、**図2-1-2**のように治具の下に回転軸をつけることになります。

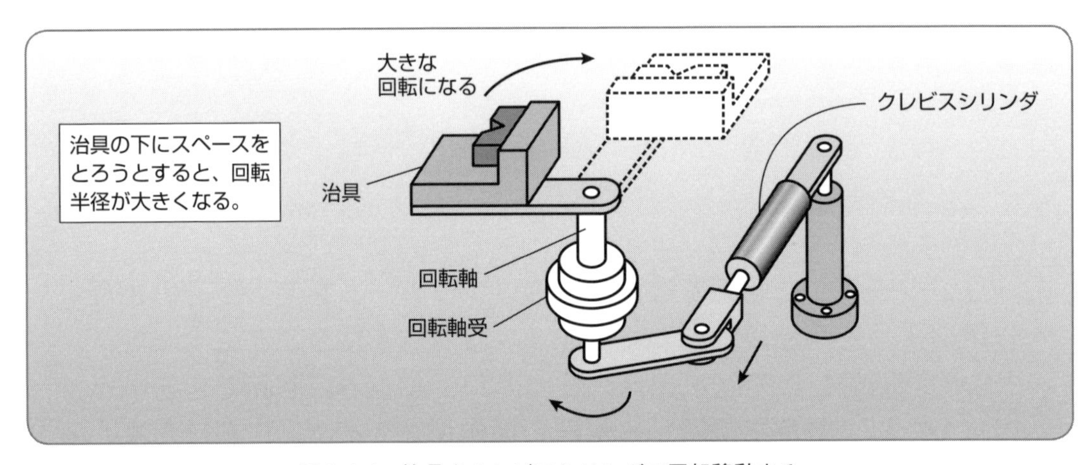

図2-1-1　治具をクレビスシリンダで回転移動する

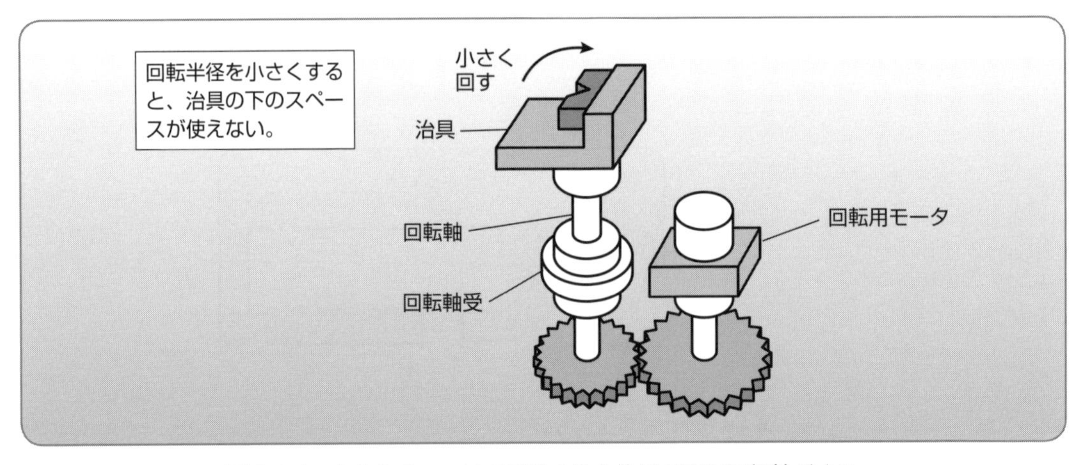

図2-1-2　小さなスペースで回転すると治具の下に回転軸がくる

この図2-1-2のように、治具の真下に回転軸を取り付けるスペースがあれば、小さなスペースで回転できますが、別の装置が設置されていたりして、治具の下のスペースが使えないこともよく起こります。このような治具の下に十分な余裕がない場合などに、リンクを使って回転させることが有効になることがあります。

(2) 治具テーブルを 90° 回転するリンク機構

図 2-1-3 は、アーム 1 とアーム 2 で支えられた治具テーブルを 90°回転するリンク機構です。

リンクを使って回転することによって、回転軸受を治具テーブルから離れた場所に設置できるようになります。

回転させるために治具テーブルの下に回転軸を立てなくてもよくなるので、治具テーブルの下に余裕がないような場所に適しています。

このメカニズムを住宅の窓やバスの乗降口、あるいは車イスが入る障害者用の出入口扉などに適用すると、大きく扉を開閉できるようなメカニズムになります。

(3) 治具テーブルが回転したときの位置調整

このメカニズムのアーム 2 を少し長くして、回転中心を下の方に移動すると、**図 2-1-4** のように、治具テーブルの初期位置は同じでも、回転端の位置が初期位置より下側にくるようになります。ただしこの場合、アーム 1 をかなり大きく回転駆動しなくてはならなくなります。

そのため図 2-1-4 では、アーム 1 を直接クレビスシリンダで駆動するのではなく、クレビスシリンダにグルダを付けてアーム 1 を大きく回転駆動できるようにしてあります。

このように、アームの回転中心とアームの長さを変化させることで、治具テーブルが回転したときの位置を調整できるようになります。

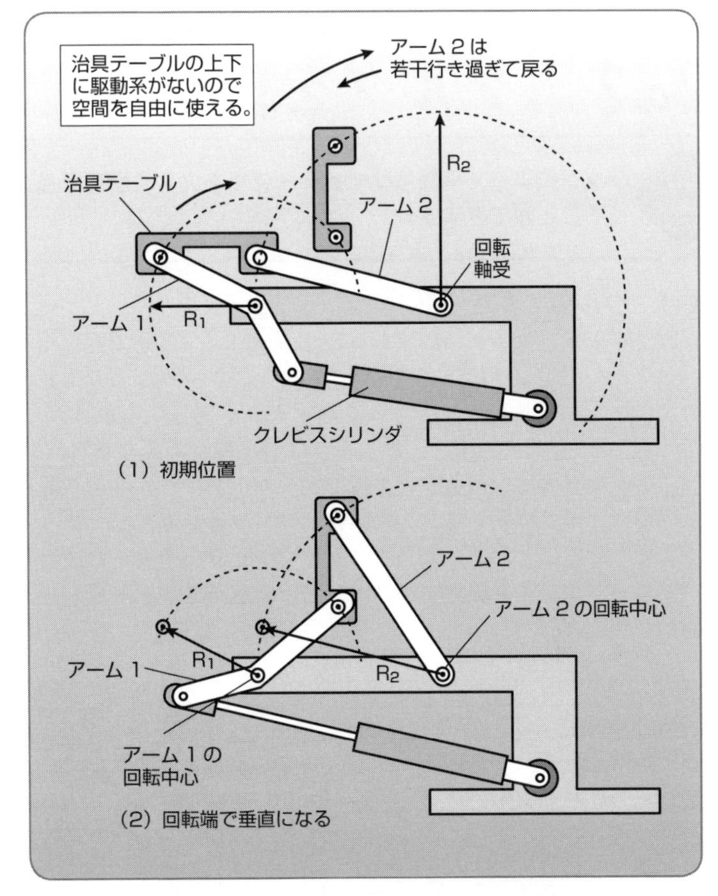

図 2-1-3　リンクを使ったテーブルの回転

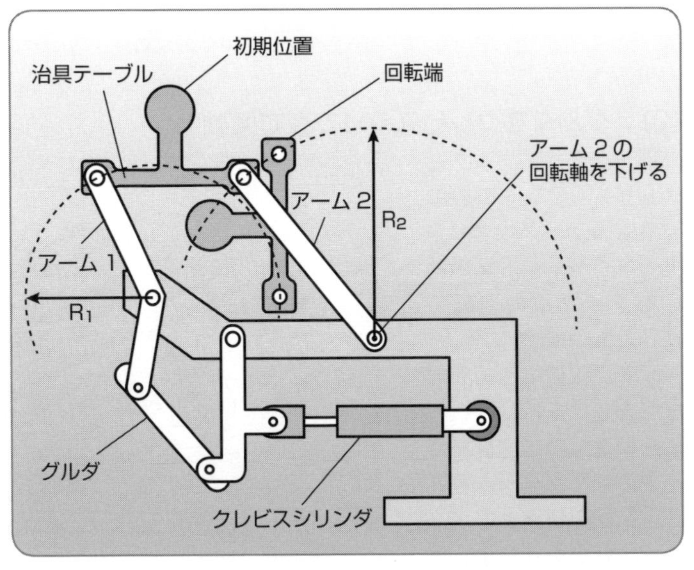

図 2-1-4　アーム 2 の回転軸を下げて回転端の位置を変更する

定石 2の2　テーブルを大きく回転するにはグルダを使う

リンクによって平面移動するテーブルを大きく回転するメカニズムは、グルダを使ってつくることができます。

(1)　グルダの動き

図 2-2-1 は、グルダの動きを（1）から順に（4）まで描いたものです。

この図にあるように、グルダはアーム１をアーム２よりも長くしてフロートリンクで連結したもので、アーム１を動かすとアーム２が大きく回転するようになっているものです。このグルダのアーム１を 90°程度回すと、アーム２は 180°程度の大きな回転をします。

このグルダのフロートリンクは、アーム１とアーム２の位置関係によって回転動作することになるので、このフロートリンクを回転テーブルに見立てて、アーム１とアーム２の長さと、回転中心を変化させることによって目的の動作をつくり出すように設計します。

フロートリンクを駆動するには、回転量が小さいアーム１をクレビスシリンダなどを使って回転駆動します。

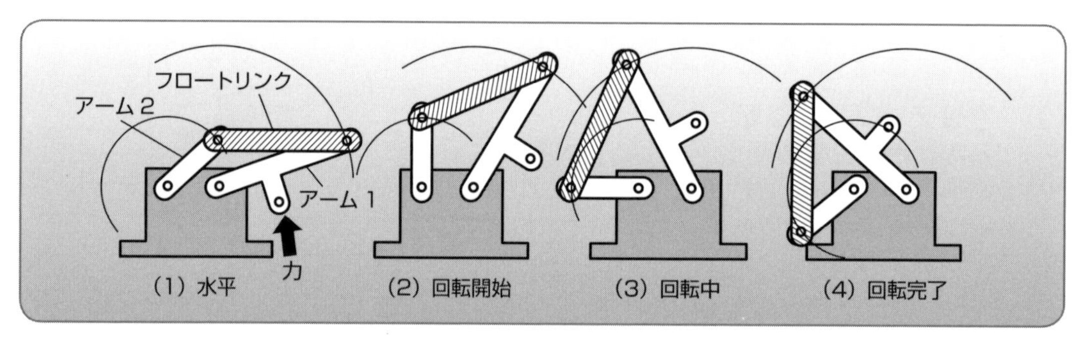

図 2-2-1　グルダのフロートリンクの動き

(2)　グルダをクレビスシリンダで駆動

図 2-2-2 は、グルダをクレビスシリンダで駆動するもので、グルダの中央のフロートリンクの動きをテーブルの回転に使ったものです。

リンク機構で治具などを回転させるには、このように２つのアームでガイドされたフロートリンクの動作を使うと上手くいくことがあります。グルダを構成する要素のうち、アーム１とアーム２は単なる回転運動をするにすぎません。

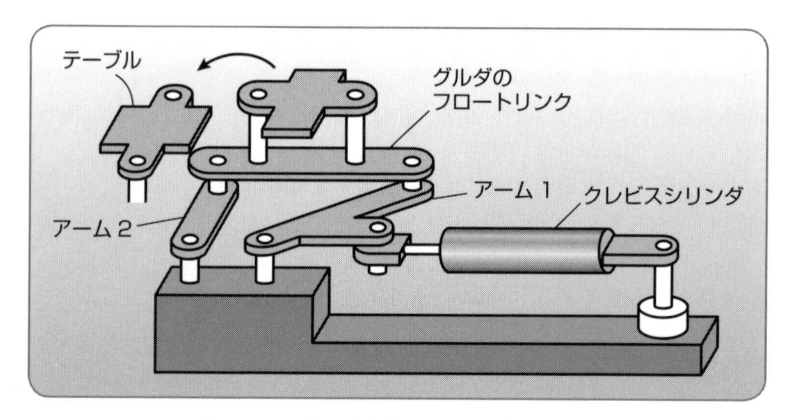

図 2-2-2　グルダを使ったテーブルの回転

定石 2の3 リンク機構で回転角度を大きくするにはスイングリンクを使う

スイングリンクを使うと、小さな角度入力で大きな回転出力を得ることができます。
たとえばクレビスシリンダの出力でスイングリンクを駆動すると、240°程度の回転出力を得ることができるようになります。

(1) スイングリンクの設計

スイングリンクは**図 2-3-1** のような構造で、初期位置では駆動レバーと拘束リンクが交差するように設計します。

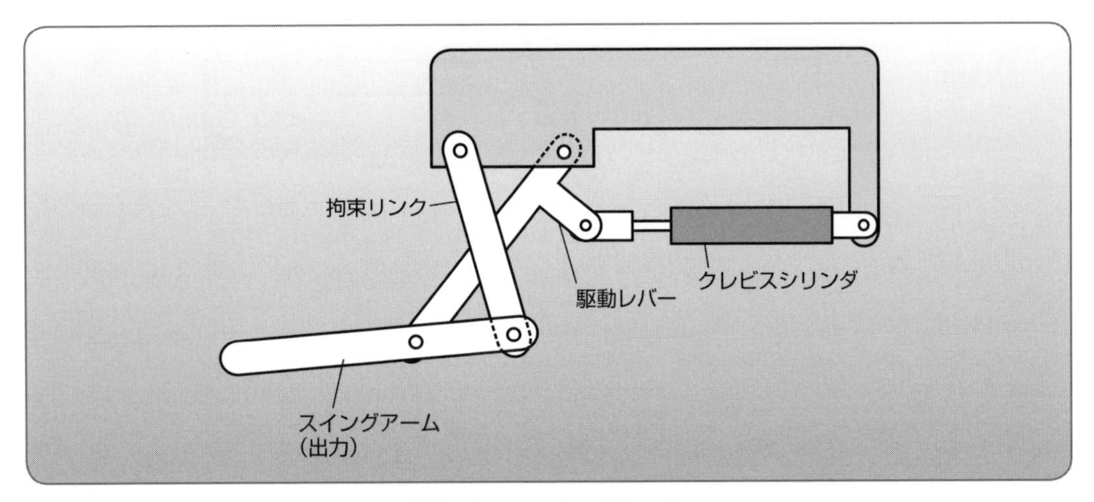

図 2-3-1　スイングリンク

(2) スイングリンクの動作

次頁の**図 2-3-2** にスイングリンクの動作を示します。

(1) の状態からクレビスシリンダを伸ばしていくと、(2) のように変化しますが、このときには拘束リンクはあまり動きません。(3) から (4) にかけて拘束リンクが大きく動いてスイングアームを押し出すような動作をします。最終的に (5) のように、駆動レバーと拘束リンクの交差がなくなり台形リンクのような形になります。

ここがポイント

普通のレバーをクレビスシリンダで直接駆動すると 90°程度までの回転になりますが、スイングリンクを使うことで大きな回転運動をつくることができます。

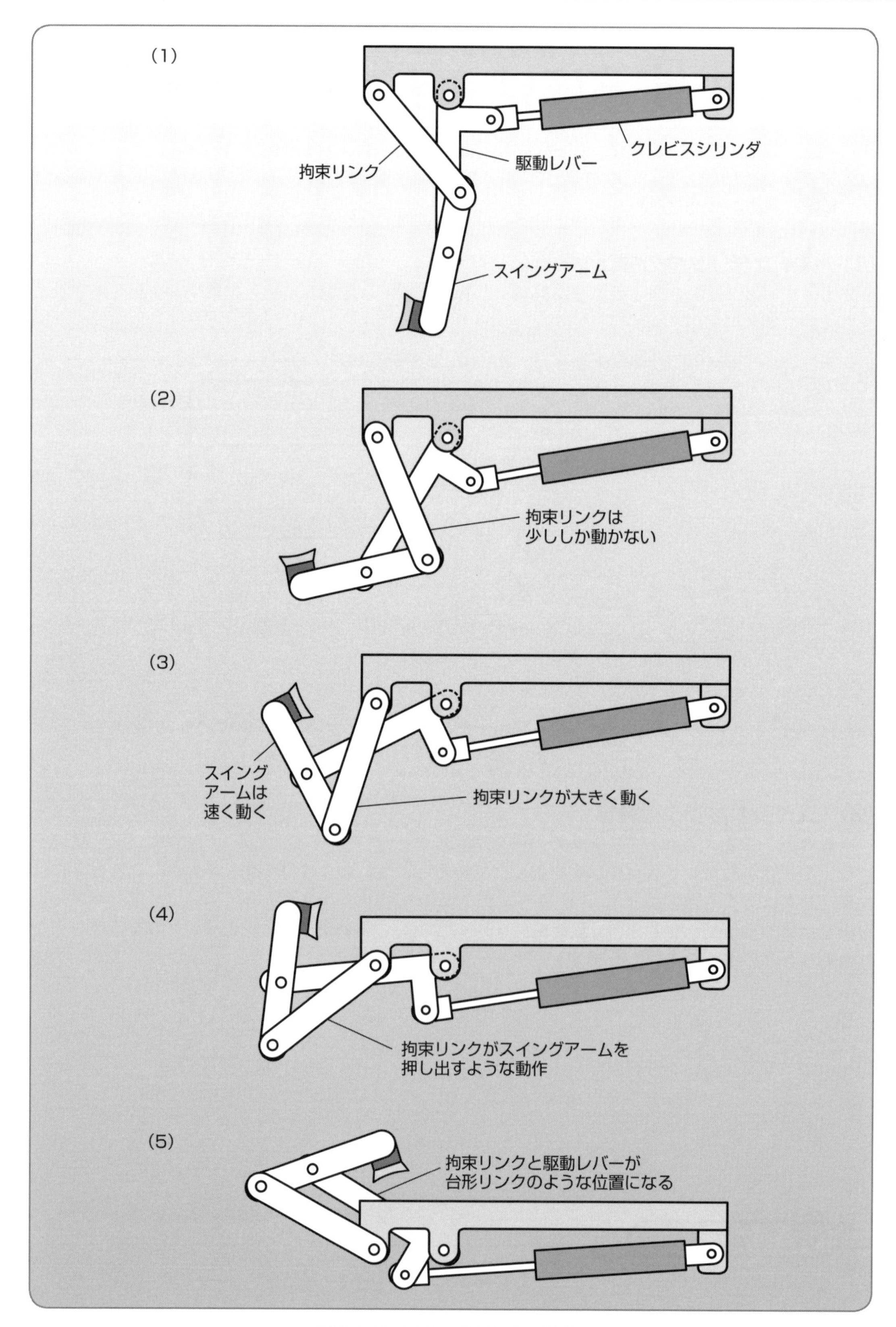

図 2-3-2　スイングリンクの動作

定石 2の4 スイングリンクを駆動するにはクレビスシリンダとグルダを使う

スイングリンクを駆動するには長いストロークのアクチュエータが必要です。グルダを使って駆動すると、アクチュエータのストロークを短くすることができます。

スイングリンクのグルダによる駆動

図 2-4-1 は、スイングリンクの駆動部にグルダをつけて、グルダをクレビスシリンダで駆動するようにしたものです。

グルダを使うとクレビスシリンダが小さな動きであっても、大きな回転をつくることができます。駆動レバーはてこの原理でクレビスシリンダの動きを拡大して P_1 点を動かしています。その拡大された動きで、Q_1 点を駆動するので、Q_1 点は大きく回転することができます。

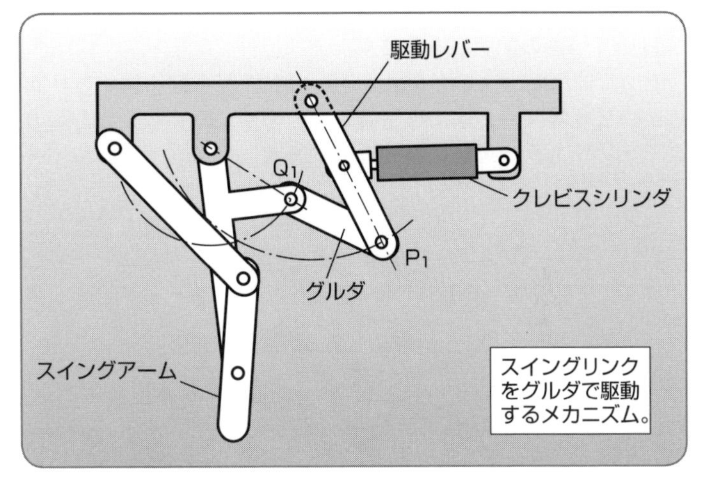

図 2-4-1　スイングリンクのグルダによる駆動

図 2-4-2 は、クレビスシリンダが伸びたときの状態です。駆動レバーは 45°程度の回転ですが、スイングアームは大きく回転していることがわかります。

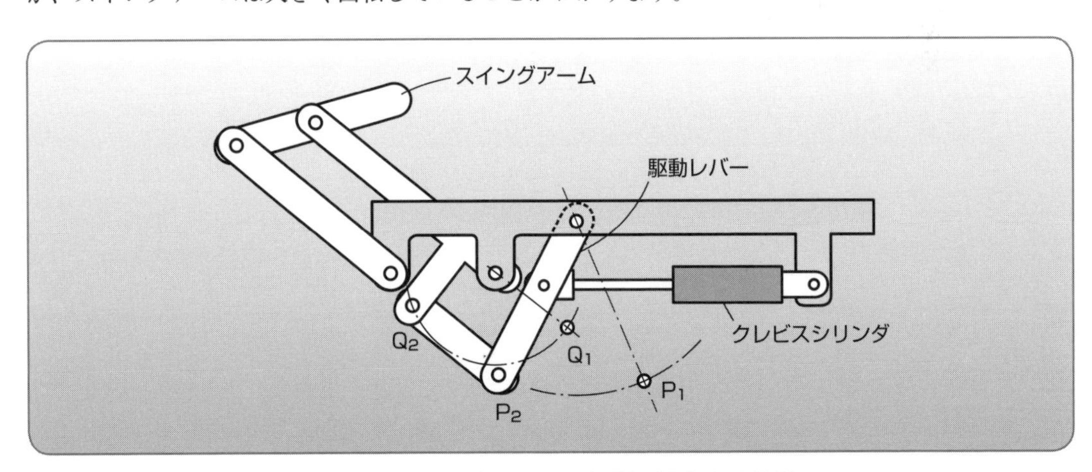

図 2-4-2　クレビスシリンダが伸びたときの状態

ここがポイント

クレビスシリンダで大きな回転運動をつくるときは、グルダを使うことを検討します。

定石 2の5　飛行機の脚のように折りたたむにはトグルとレバーを組み合わせる

飛行機の脚のような折りたたむ動作をする場合、トグルとレバーを組み合わせた構造にすることがあります。飛行機の脚を折りたたむことができ、なおかつ着陸時には突っ張り棒の役割として利用できるように、トグル機構を使うことを考えてみます。

（1）　脚の駆動にシリンダを直結した場合

図2-5-1 の例は、飛行機の脚に直接クレビス型の油圧シリンダを取り付けた例ですが、この構造にはいくつかの問題があります。

1つ目は油圧シリンダを引き込んでも脚が十分に格納されないことです。

2つ目は着陸のときに脚に前からの力がかかると、油圧シリンダのピストンが押されて油圧シリンダ内の圧力が上昇し、油の温度が上昇したり、ピストンからの油漏れやバルブの破損の恐れがあることです。

直接的に脚にかかる力を油圧回路で受けるのは難しいといえるでしょう。

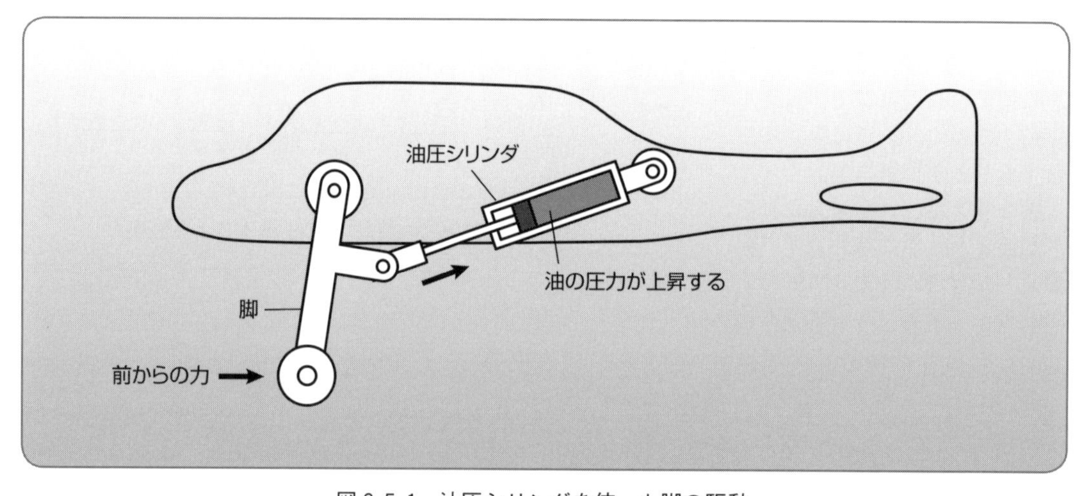

図2-5-1　油圧シリンダを使った脚の駆動

トグルが伸び切ったときには、突っ張り棒の役割をして大きな力を受けることができます。

(2)　トグル機構を使った脚の操作

図 2-5-2 は、脚にトグル機構をつけたものです。離着陸時に脚を出したときは、(1) のようにトグルが伸び切った状態になっていて、前からの力を突っ張り棒のようにして大きな力を受けることができます。

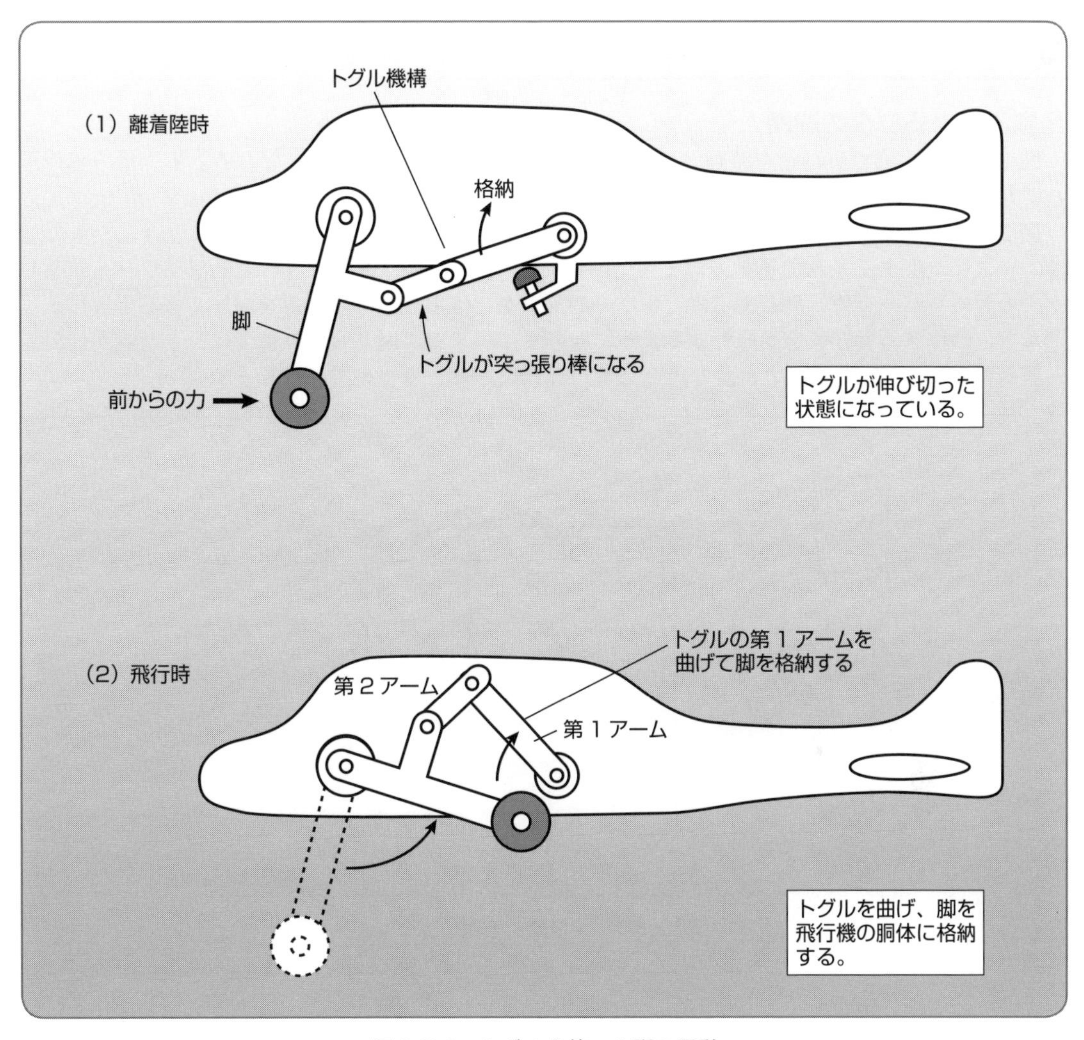

図 2-5-2　トグルを使った脚の駆動

飛行中は、(2) のようにトグルの第 1 アームを上側に回転させてトグルを曲げることで、脚が飛行機の胴体に格納されます。

第 1 アームを回転させるためには大きな力を必要としないので、比較的小さなアクチュエータで脚の出し入れが可能になります。離着陸時の衝撃はトグルが受けるので、アクチュエータは脚を出し入れするために必要なパワーがあればよいことになります。

このメカニズムは飛行機の脚の出し入れだけでなく、バスや電車のドアや大きく開く車イス用の扉などに使うことができるでしょう。

定石 2の6　足で踏むとフタが開くようにするにはレバーを使う

レバーを使うと、簡単に運動方向を変換することができます。

足踏みによるフタの開閉

図 2-6-1 は、足でレバーを踏むとフタが開くようにしたゴミ箱のようなものです。足の動作を180°方向変換するためにリバーサを使っています。

図 2-6-2 は、駆動部にトグルを使ってフタが開いたときに楽に停止するように改造したものです。中間にレクタを入れて運動方向を 90°変換しています。この例のように駆動部にリバーサやレクタなどのレバーを使ったときには、レバーの支点から作用点までの距離を調節できるようにしておくと、動作する大きさを調節できるようになります。また、図 2-6-2 の例では、トグルが伸びて一直線になるまで踏み込むと、足を離しても自然に戻らなくなるので注意します。

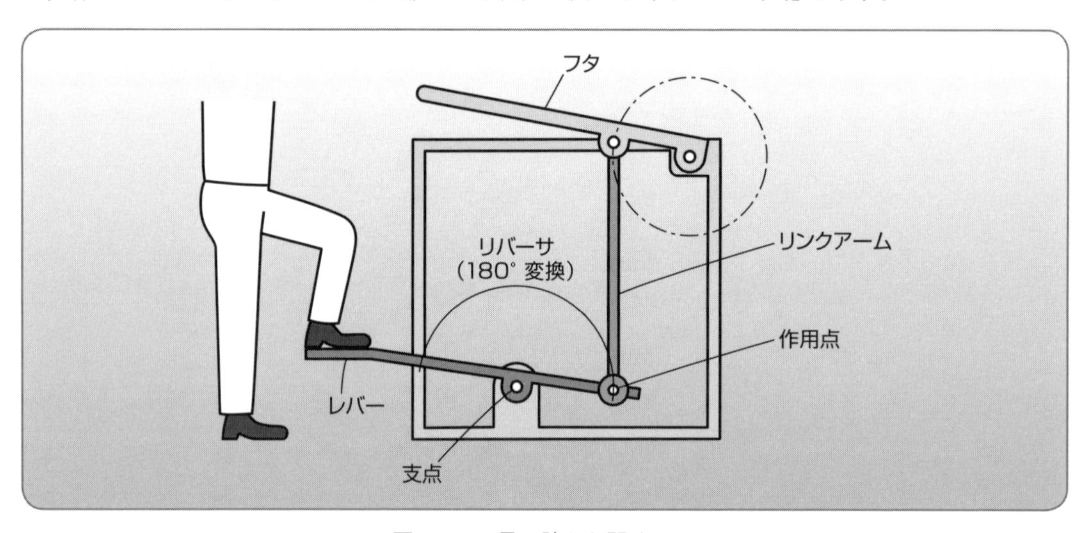

図 2-6-1　足で踏むと開くフタ

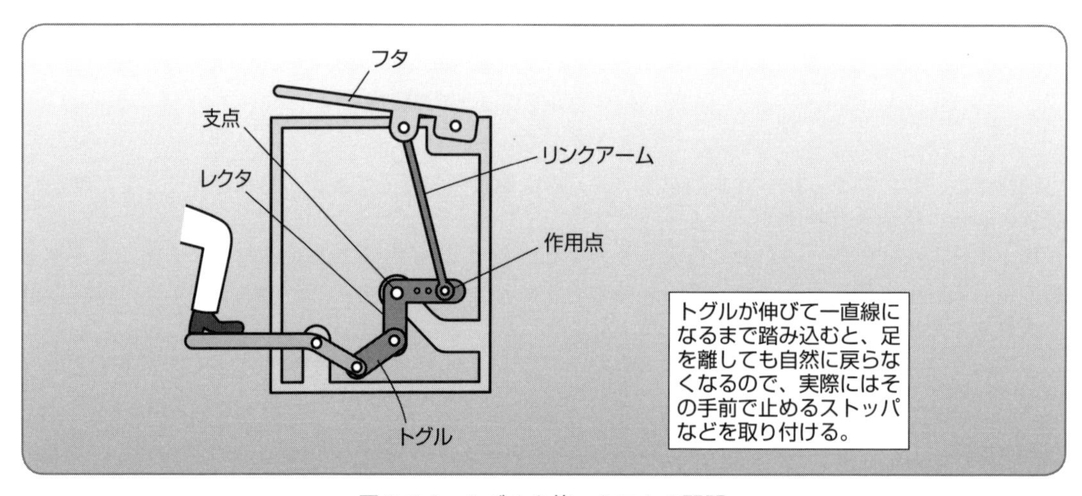

図 2-6-2　トグルを使ったフタの開閉

定石 2の7 チャックしたヘッドを大きく旋回するにはグルダを使う

チャックがついているレバーなどを旋回させるときにグルダを使うと、チャックを大きく旋回させることができるようになります。

グルダを使っためくり上げる機構

リンクを使って大きな回転をつくるにはグルダを使います。**図 2-7-1** は、グルダを使って吸着パッドを大きくめくり上げる装置です。アーム 1 を 90°程度動かしただけで吸着パッドは大きく旋回してフィルムを持ち上げます。

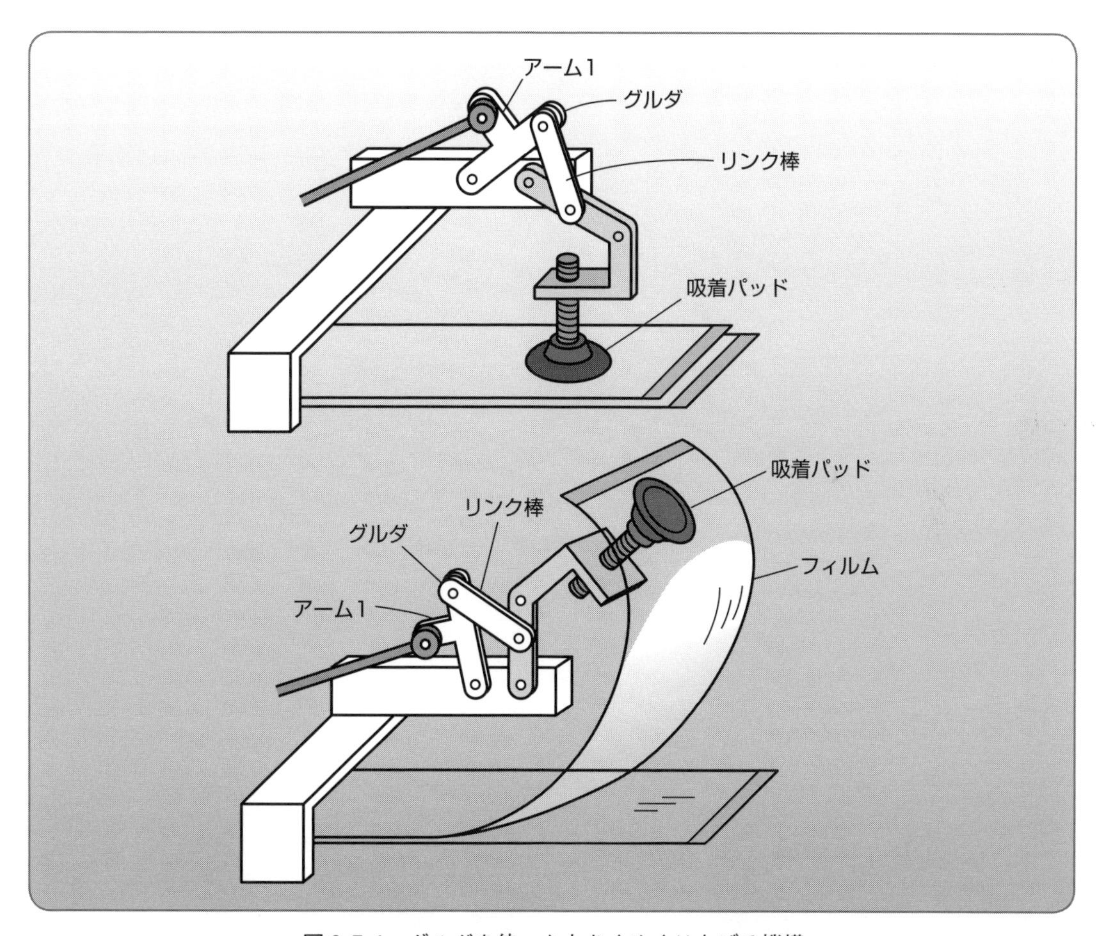

図 2-7-1　グルダを使った大きくめくり上げる機構

ここがポイント

グルダを上手に使いこなすと、大きく旋回するようなからくりを簡単につくれるようになります。

○実際のメカニズム

ダブルピンゼネバ（MM-VM220）

増減速歯車（MM-VM150）

第3章

容器の中をかき混ぜるメカニズム

歯車やリンクなどを使い、容器の中をかき混ぜるような運動をするメカニズムをつくってみます。

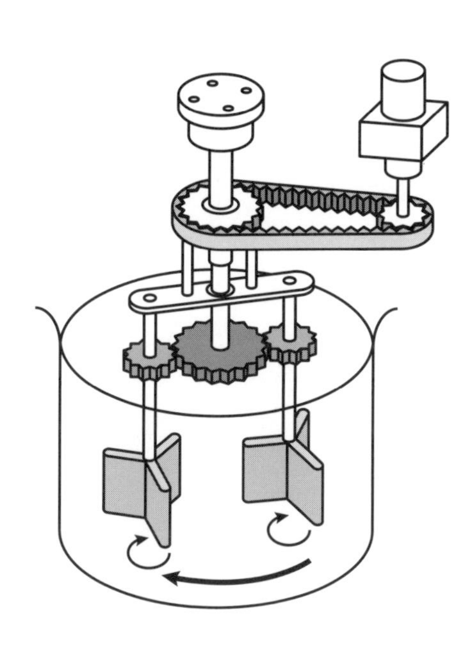

定石3の1　へらを往復させてかき混ぜるにはレバーとクランクを使う

棒につけたへらのようなものを使ってクランクで駆動すると、容器の中の液体をかき混ぜるメカニズムができます。

(1)　モータの回転で羽根を回す

容器の中の液体をかき混ぜるのに、一番最初に思いつくのがモータで羽根のようなものを回す装置かもしれません。**図 3-1-1** がその例で、モータで羽根を回転させて液体をかき混ぜています。

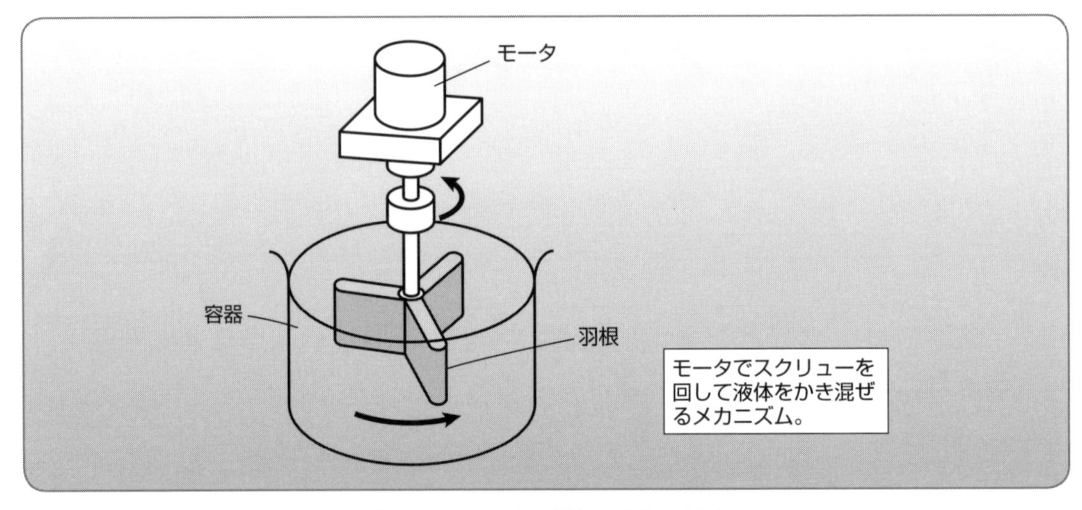

図 3-1-1　モータの回転で羽根を回す

(2)　へらの往復運動

図 3-1-2 は、へらのようなものを往復させてかき混ぜる例です。

モータの連続回転からクランクを使って往復運動をつくり、回転軸で保持されているレバーをリンク棒で連結しています。モータを回転するとレバーの先につけたへらが往復運動して、容器の中の液体をかき混ぜます。

負荷が大きいときには、モータ軸受を使ってモータにかかる横方向の力を受けることが必要です。

ここがポイント

クランクは連続した往復運動をつくるのに適したメカニズムです。クランクの出力をレバーや歯車に連結すると、簡単に往復するからくりをつくることができます。

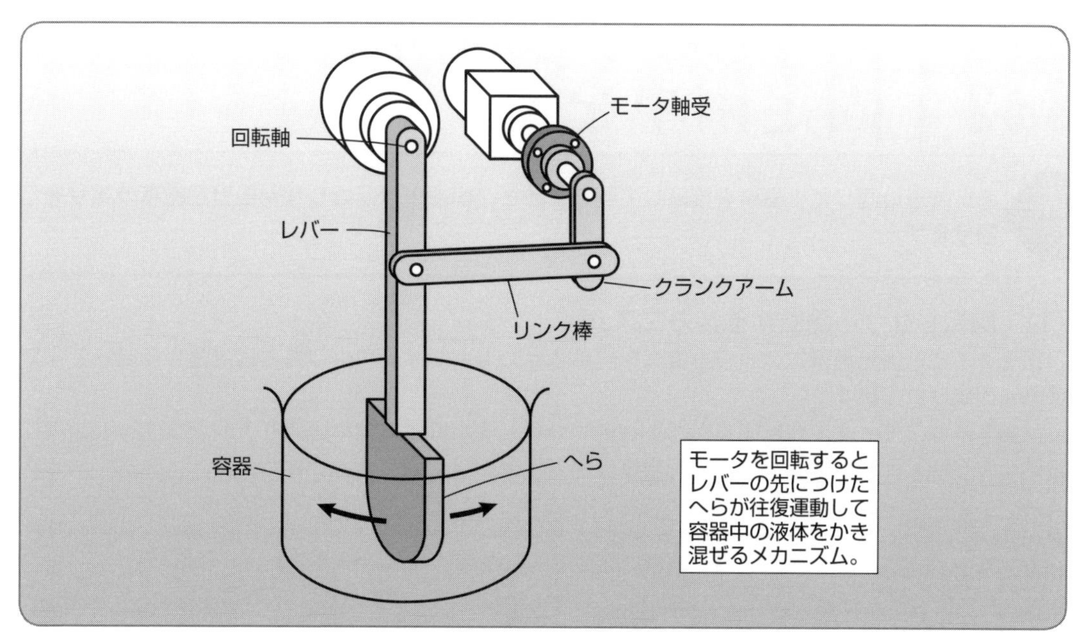

図3-1-2　クランクとレバーを使ったへらの往復

(3)　クランクと欠歯ギヤを使った回転往復運動

次に、へらが回転する往復運動になるように構造を変えてみます。**図3-1-3**のように、クランクで往復運動をつくり、その出力で欠歯ギヤを駆動します。へらの回転量を大きくするために、欠歯ギヤに小さめのピニオンをつけてあります。ピニオンは回転アームを駆動するので、へらは回転の往復運動をします。

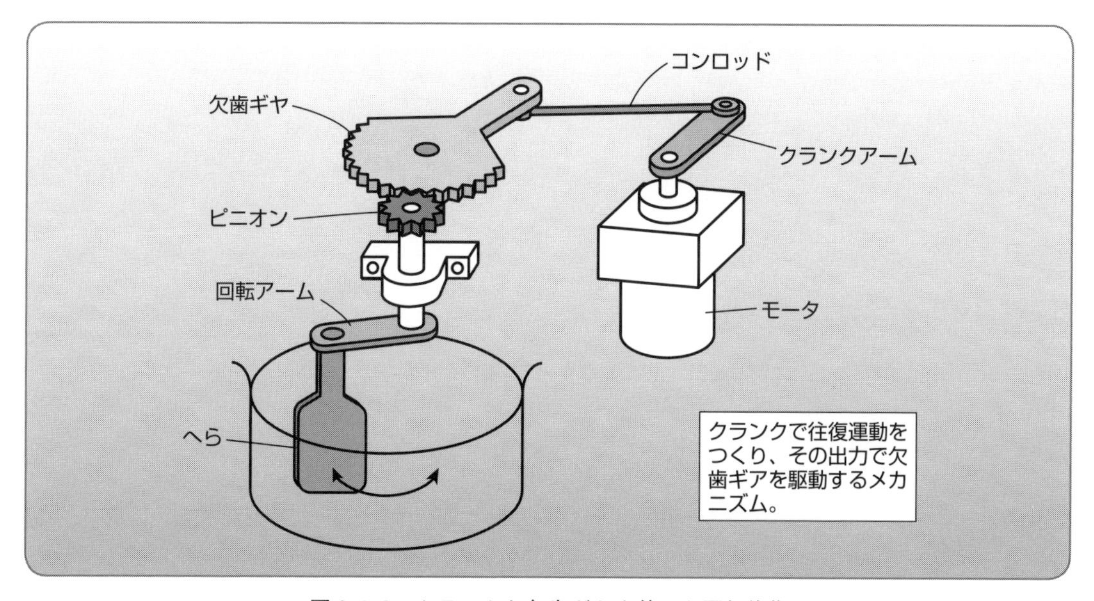

図3-1-3　クランクと欠歯ギヤを使った回転往復

定石 3の2　回転しながら周回するには固定歯車を使う

固定歯車の周りに小歯車を接続して回転すると、小歯車は回転しながら固定歯車の周りを回ります。

(1)　回転しながら周回するメカニズム

図 3-2-1 は、固定歯車に2つの小歯車を外接させたものです。中央にある固定歯車は回転しないように固定されています。

回転アームをモータで回転すると、小歯車は回転しながら固定歯車の周りを回ります。小歯車につけたスクリューが自転しながら固定歯車の周りを公転するような動作をします。

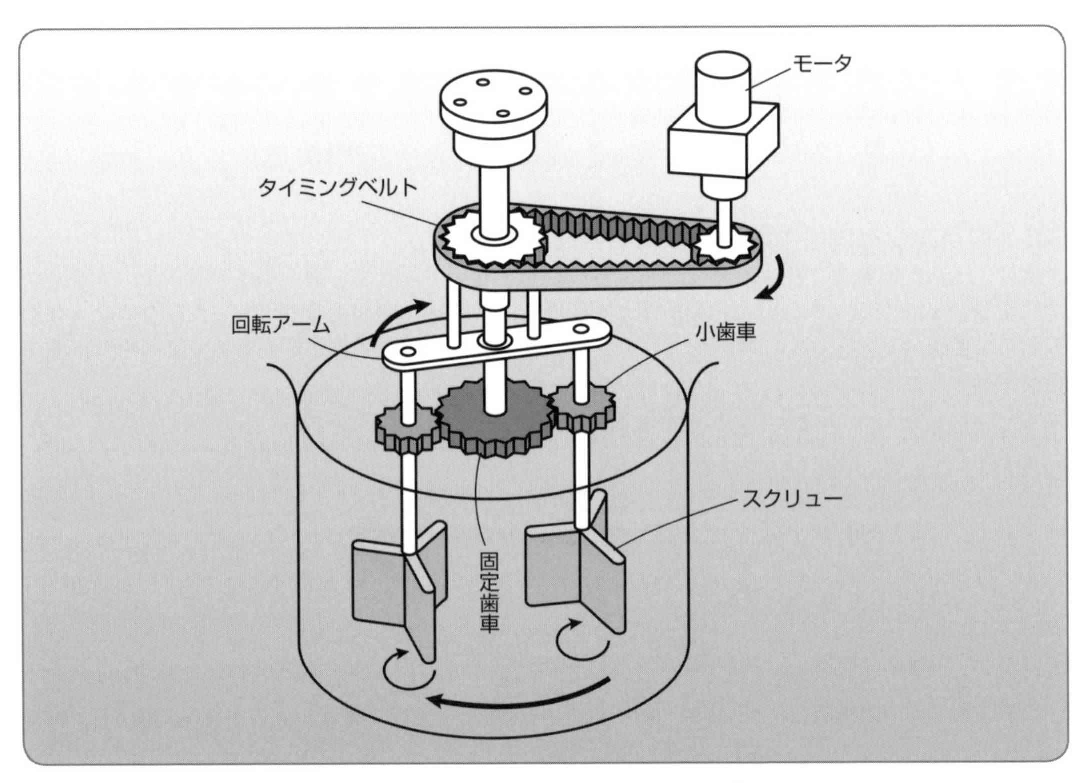

図 3-2-1　回転しながら周回するメカニズム

ここがポイント

固定歯車の外周に小歯車を配置すると、自転しながら公転するメカニズムをつくることができます。

(2)　回転アームを往復運動させる

図3-2-2の装置では、小歯車を駆動する回転アームを回転往復させています。中央の固定歯車は回転しないように固定されています。モータでクランクアームを回転すると、コンロッドで連結しているラックを前後に動かすので、ピニオンが回転往復します。

ピニオンの動きは直接回転アームに連結しているので、回転アームに取り付けられている小歯車は、固定歯車の周りを回転しながら往復します。その結果、スクリューは回転しながら固定歯車の周りを往復運動します。

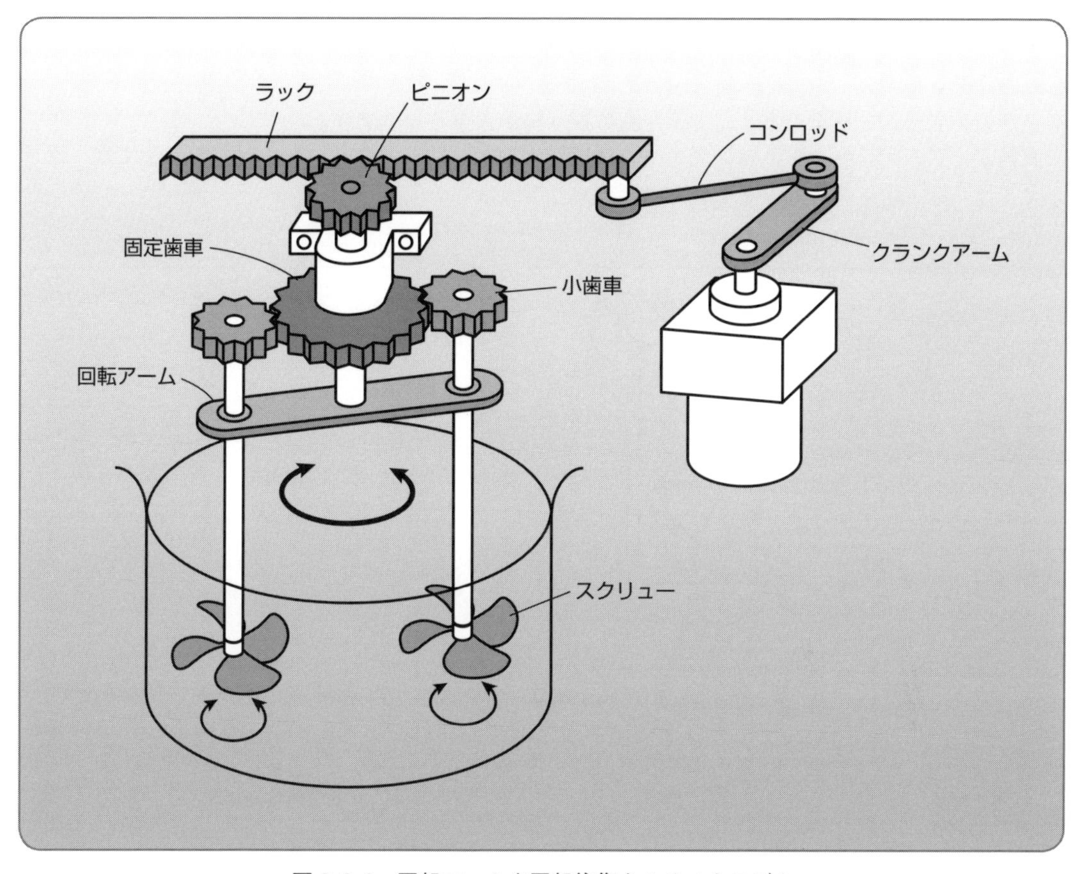

図3-2-2　回転アームを回転往復させるメカニズム

定石3の3 上下左右にかき混ぜるにはクランクスライダを使う

クランクスライダを使うと、液体が入った容器の中をかき混ぜるメカニズムをつくることができます。

（1） クランクスライダでかき混ぜる

クランクスライダは**図3-3-1**のような構造になっていて、上下運動と横移動の両方の動きが混在した動作をします。

クランクアームを長くすると、上下左右の振り幅が大きくなります。

直動ガイドの回転中心をクランクアームに近づけると、左右の振り幅が大きくなりますが、クランクアームにかかる負荷も大きくなるので注意します。

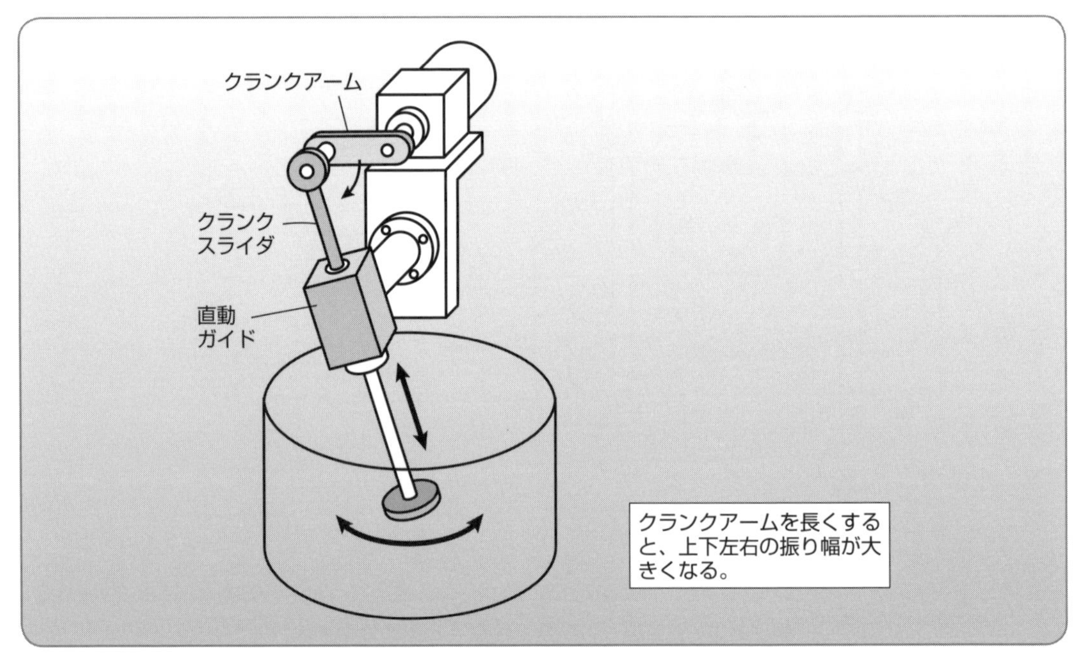

図3-3-1　クランクスライダによるかき混ぜ

（2） スラッド型のクランクスライダ

図3-3-2は、図3-3-1の直動ガイドをスラッドに変更したものです。

スラッド型のクランクスライダは**写真3-3-1**のような構造になっています。クランクアームを回転するとスラッドがついたかき混ぜ棒が伸び縮みしながら揺動運動をします。

図3-3-3のように、球面軸受でガイドしたかき混ぜ棒をクランクで回転することもできます。この場合は、上下運動がないので単調なかき混ぜ方になってしまいます。

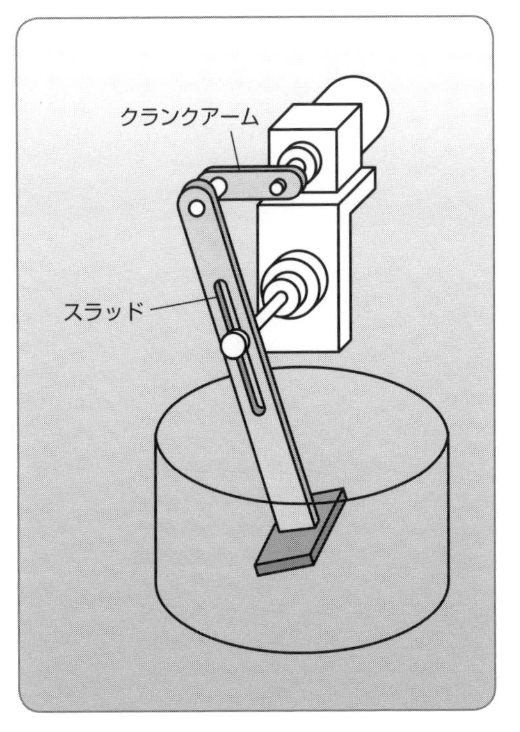

図 3-3-2　スラッド型クランクスライダ

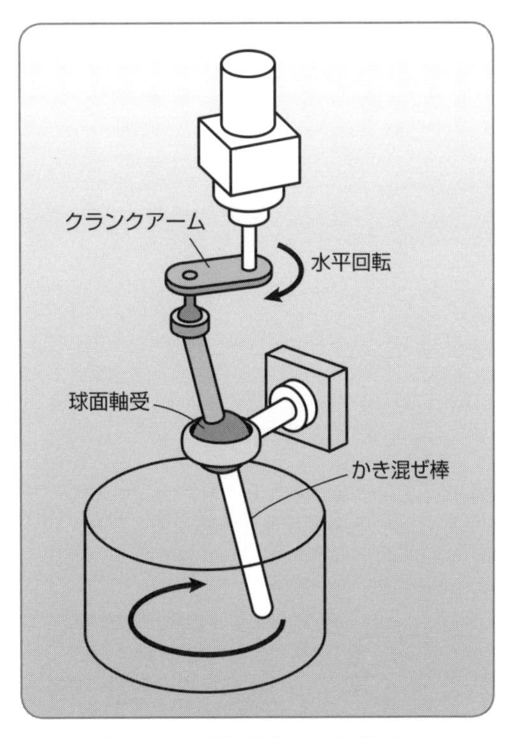

図 3-3-3　回転動作でかき混ぜる

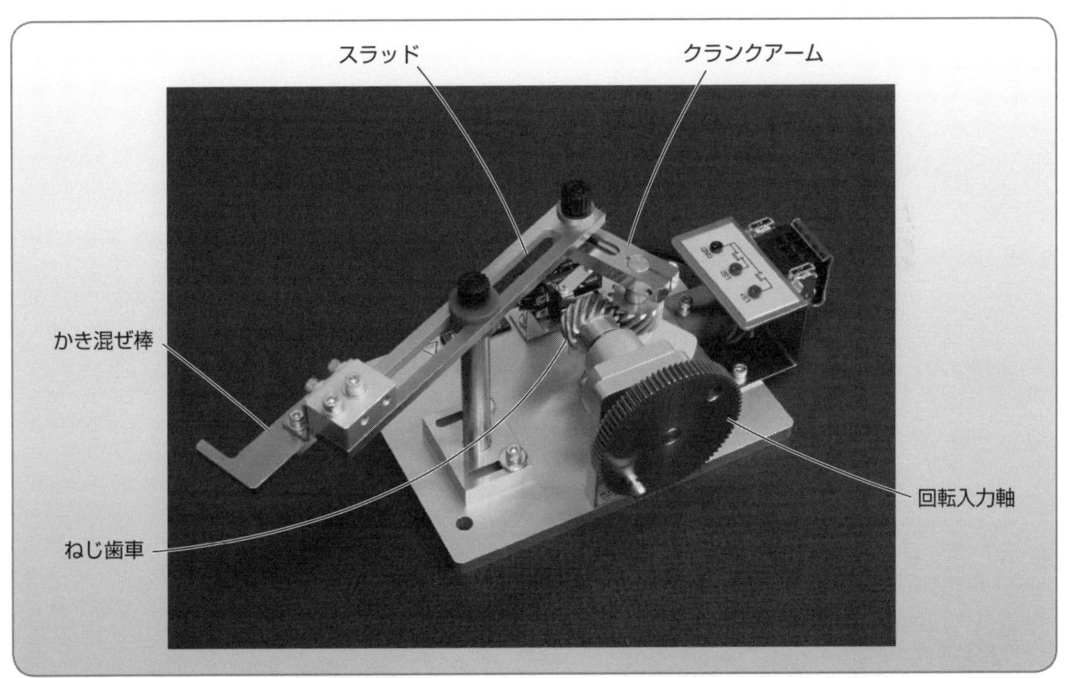

写真 3-3-1　クランクスライダ（MM-VMK420）

上下左右に動かす動作をつくるにはクランクスライダを使います。

○実際のメカニズム

回転テーブル（MM-VM330）

水平回転型ピック＆プレイス（MM-VR180）

第4章

スプリングを使って叩くメカニズム

　スプリングを使って勢いよくワークを叩く動作をするメカニズムを考えてみます。

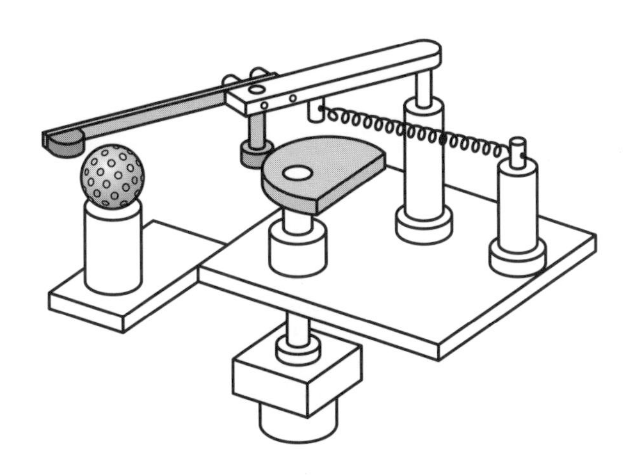

定石 4の1 クランクとスプリングを使うと連続して叩くメカニズムができる

モータ出力のような連続回転をする駆動出力を使って、クランクとレクタを組み合わせると、ワークを叩くメカニズムをつくることができます。

ばねの力で叩くメカニズム

ワークを叩くには、引っ張ったスプリングの力を利用してヘッドの速度を上げる方法があります。

図4-1-1 は、モータでクランクアームを回転してレクタの片側を持ち上げて、スプリングが伸びたところでクランクアームがレクタからはずれるようになっています。

クランクアームがレクタからはずれると、レクタは自由になり、レクタの回転軸を中心にスプリングの力で下降します。するとヘッドが図の右方向に叩く動作をします。受けはちょうどよい位置に設定します。

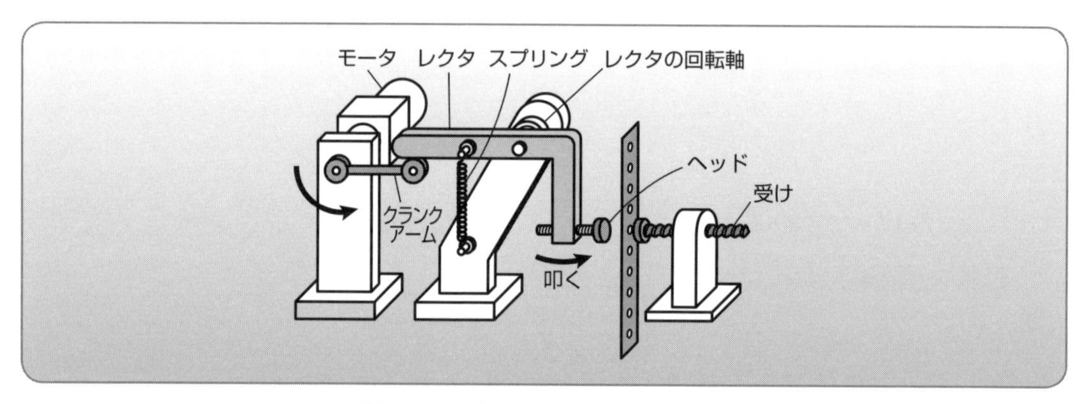

図4-1-1　ばねの力で叩くメカニズム

図4-1-2 も、図4-1-1と類似した構造のスプリングを使った叩くメカニズムです。レクタの形状を変更して高い位置で叩く動作をするようになっています。

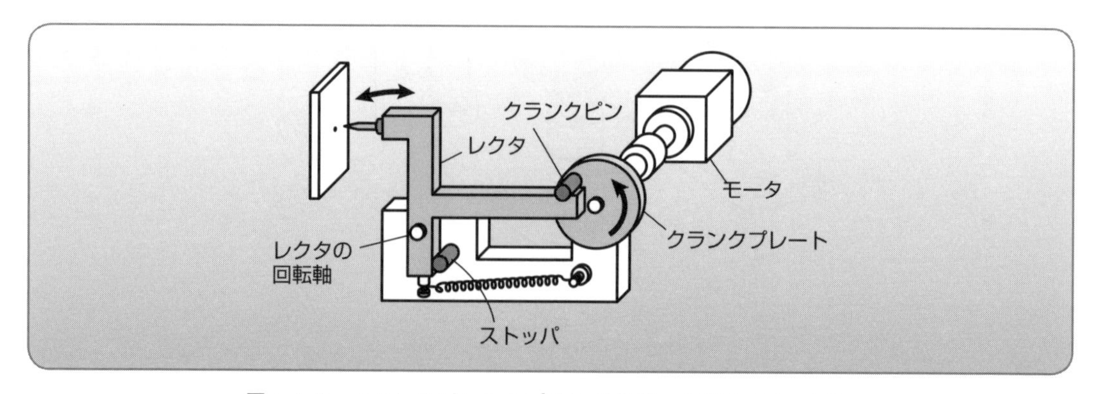

図4-1-2　クランクピンとスプリングを使った叩くメカニズム

定石 4の2

欠歯ラックピニオンを使うと直進動作で叩くメカニズムができる

ラックピニオンの小歯車（ピニオン）の歯の一部を削り落とすと、その場所でラックとピニオンのかみ合わせがなくなるので、ラックは自由に動けるようになります。この仕組みを使って叩くメカニズムをつくってみます。

直進動作で叩くメカニズム

図 4-2-1 は、スプリングをつけたラックと半周分だけ歯を削り落とした欠歯ピニオンを使った叩くメカニズムです。

モータを回して欠歯ピニオンを矢印方向に回転させ、ラックを図の左方向に引っ張ります。

欠歯ピニオンが半周すると、ラックとかみ合う歯がなくなるので、ラックは自由になってスプリングの力で叩く動作をします。

叩き終ってラックが停止しているときに、欠歯ピニオンが回転してくると再度ラックとかみ合います。このときラックと欠歯ピニオンの位置関係をきちんと合せておかないと、歯同士が当って動けなくなることがあるので注意します。

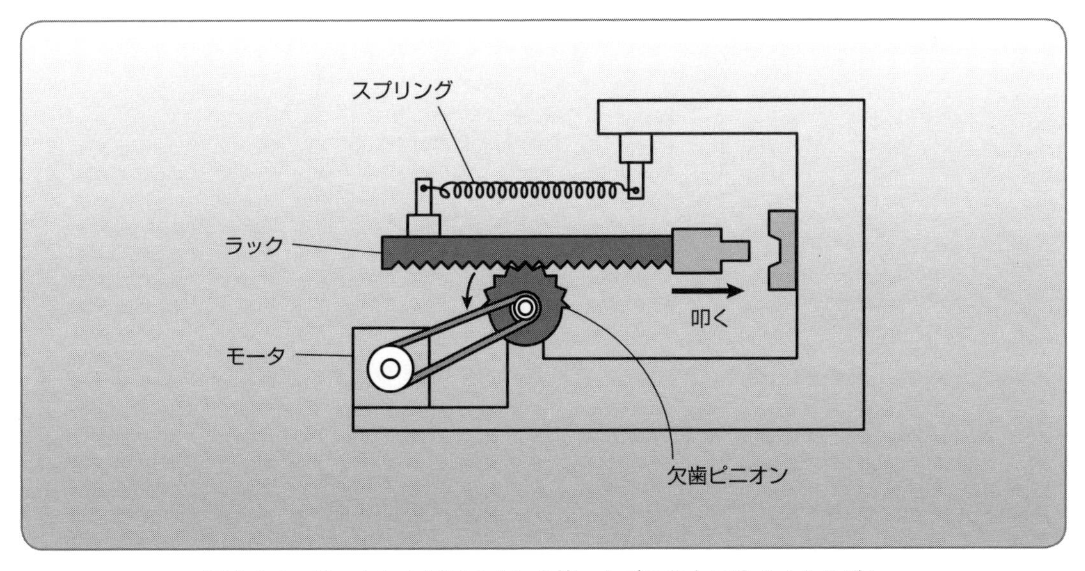

図 4-2-1　ラックと欠歯ピニオンを使ったばねの力で叩くメカニズム

ここがポイント

欠歯ピニオンがラックからはずれて、再度ラックと連結するときに欠歯ピニオンの歯とラックの歯が正しくかみ合う位置にラックが戻るようにしておくとうまくいきます。

定石4の3　切欠カムとスプリングを使うと叩くメカニズムができる

定石の要旨

カムでスプリングを引っ張っておき、切欠カムの切り欠きのところで一気に開放する仕組みを利用すると、叩く動作をつくることができます。

(1)　スプリングと切欠カムを使った叩くメカニズム

図 4-3-1 は、半面を切り欠いたカムを使った叩くメカニズムの例です。切欠カムを回転するとヘッドがボールから遠ざかっていき、カムフォロワがカムの切り欠いたところにくると、レバーが一気に開放されて叩く動作をするものです。レバーの先には板ばねがついていて、その先に少し重いヘッドがついているので、板ばねがしなりながら速度を上げて、ヘッドがボールを叩くようになっています。

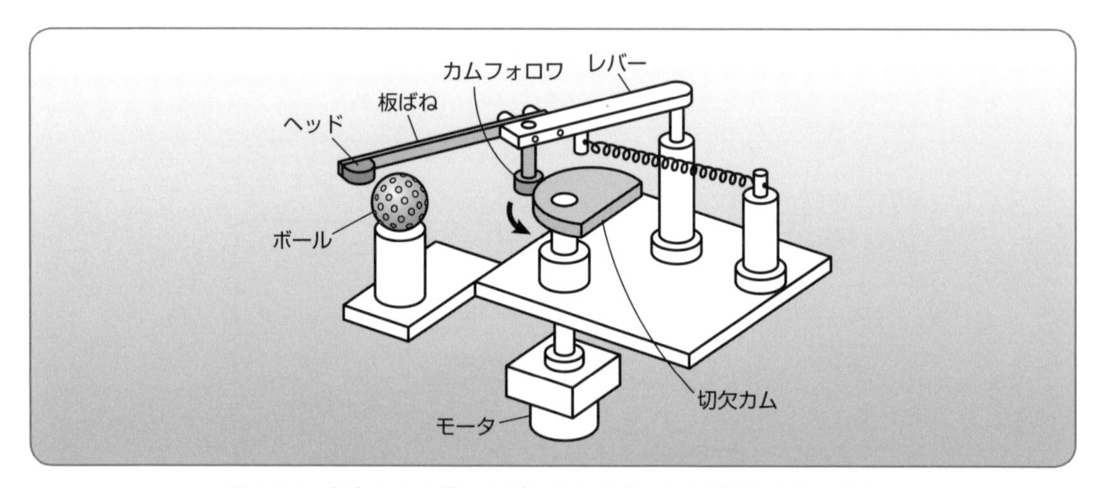

図 4-3-1　切欠カムを使ったばねの力でボールを飛ばすメカニズム

(2)　切欠カムを使って連打するメカニズム

モータの回転で細かい連続打をするときにも切欠カムを使う方法があります。

図 4-3-2 はその例で、モータで切欠カムを回転して高速に連打します。

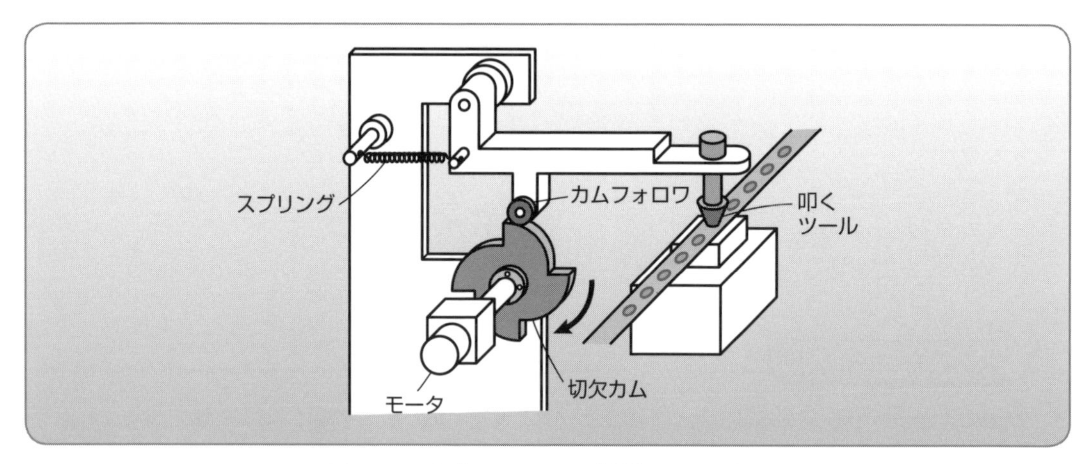

図 4-3-2　切欠カムによる連続打メカニズム

第5章

ワークをクランプするメカニズム

増力メカニズムを使ってワークを強い力でクランプするメカニズムをつくってみましょう。

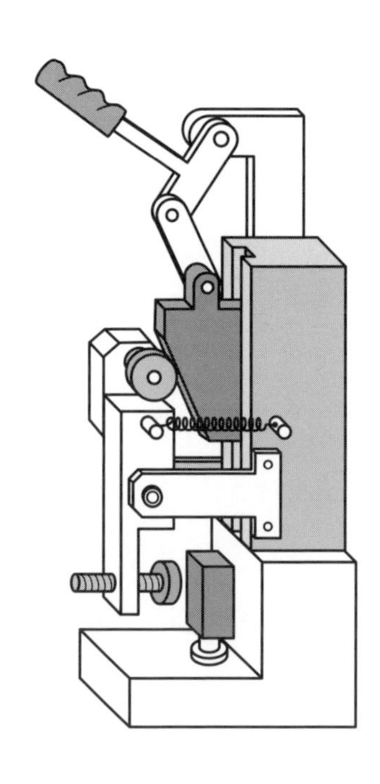

定石5の1　偏心カムを使うと簡単にクランプできる

増力するメカニズムの1つである偏心カムをレバーで回転することで、ワークをクランプするメカニズムをつくることができます。

偏心カムを使ったクランプ

ワークをクランプするときには、増力するメカニズムを利用することがよくあります。

図5-1-1は、偏心カムを使った増力メカニズムでワークをクランプする例です。ハンドルを矢印方向に動かすと、偏心カムが回ってワークをワークガイドに押しつけてクランプします。

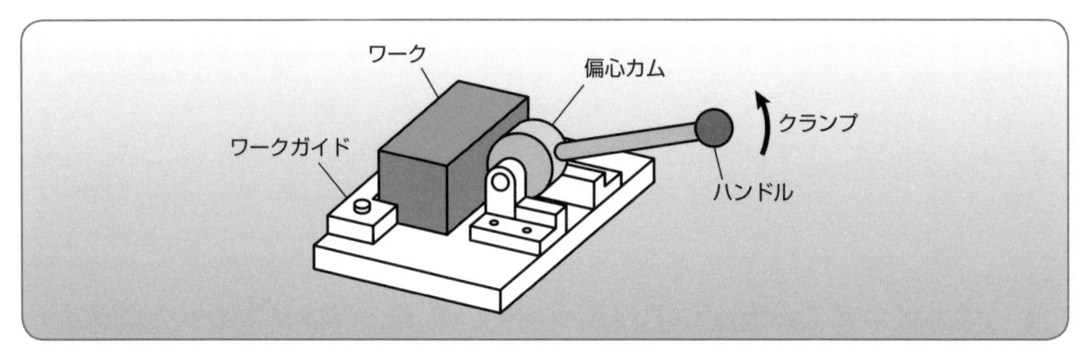

図5-1-1　偏心カムによるワーククランプ

偏心カムは**図5-1-2**のように、円形のカムの回転中心を偏心量δだけセンターからずらしたものです。

図5-1-3のように、カムが回転するとカムの外径がワークに近づいてくるので、ワークをクランプすることができます。偏心量δが小さいほど大きな力でクランプしますが、力を大きくすると偏心カムの移動量が小さくなるので、偏心カムの回転中心とワークの距離を近づけなくてはなりません。

また、その移動量を小さくしすぎると、寸法の小さいワークがきたときにクランプできなくなるので注意します。

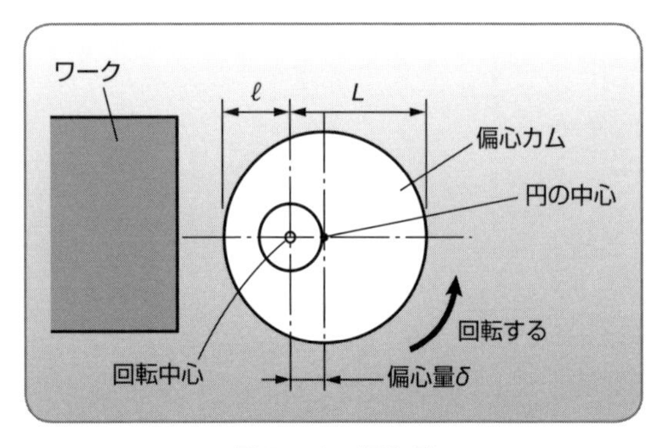

図5-1-2　偏心量

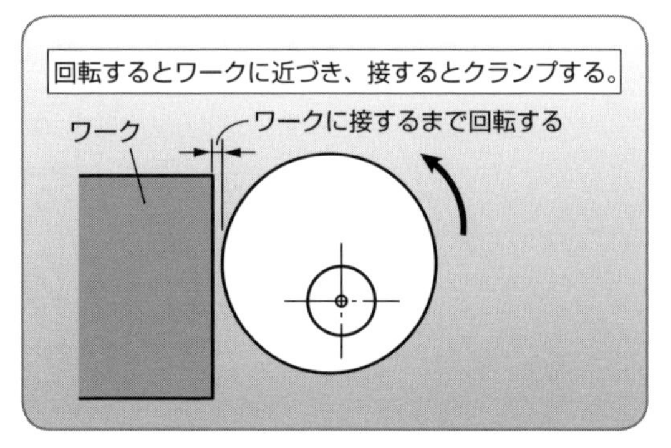

図5-1-3　偏心カムによるクランプ

定石 5の2　クランプでワークを傷つけないようにするにはクランパを入れる

偏心カムは回転しながらワークに近づいてクランプするので、ワークをこすって傷つけることがあります。このようなときには中間にクランパを取り付けます。

(1)　偏心カムとクランパ

図 5-2-1 は、偏心カムを使ったクランプの例です。ハンドルを回すと偏心カムの回転軸が回されて、長い部分がワークに近づいていき、ワークに接してクランプします。しかし、偏心カムが直接ワークに当るとワークをこすって傷つけることになりかねません。

そこで**図 5-2-2** では、中間にクランパを入れて偏心カムはクランパに力を与えるようにしてあります。このようにするとワークとクランプはこすれないのでワークに傷がつきにくくなります。

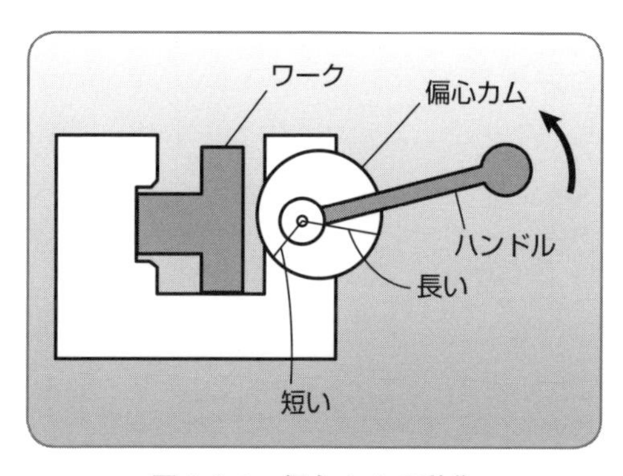

図 5-2-1　偏心カムの動作

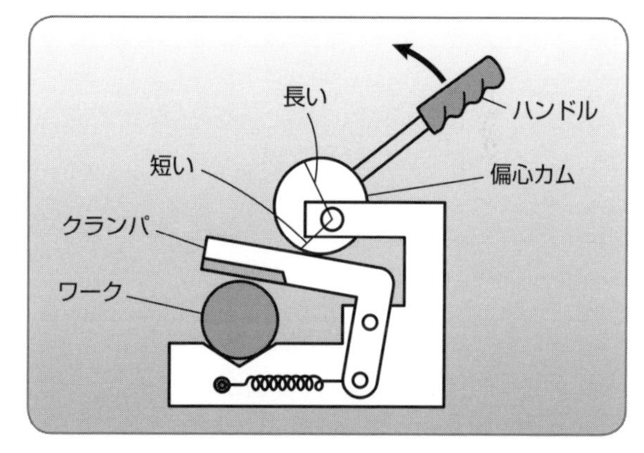

図 5-2-2　偏心カムを使ったクランパの駆動

(2)　偏心カムのモデル

写真 5-2-1 は、偏心カムのモデルです。中央の偏心カムは円形になっていますが、回転中心をずらしてあるので、回転すると出力レバーを前後に駆動します。出力レバーにはスプリングがつけられていて、偏心カムとカムフォロワが密着するようになっています。

この出力レバーの動きを使ってワークをクランプすると、ワークをこすらずにクランプできるようになります。

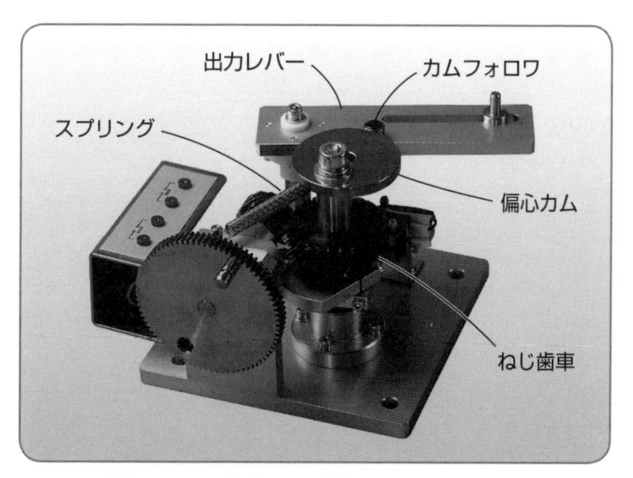

写真 5-2-1　偏心カム（平カム MM-VM210）

定石 5の3 クランプする方向を変えるには トグルの向きを変更する

トグルを上手に使いこなすと、いろいろな方向からワークをクランプできるようになります。

（1）　トグルを使った増力クランプ

図 5-3-1 は、ワークをクランプヘッドで強く押しつけ、ワークをクランプするメカニズムです。操作ハンドルを矢印のクランプ方向に操作すると、「く」の字形のトグルが伸びていきます。ちょうどトグルが一直線になったあたりでクランプヘッドがワークを押さえるようにすると、大きな力でワークをクランプすることができます。クランプヘッドに弾性をもたせておき、ワークを押しつけたままの状態で、トグルが伸び切って少し行きすぎたところでストッパに当るようにしておくと、クランプしたままの状態を保持します。

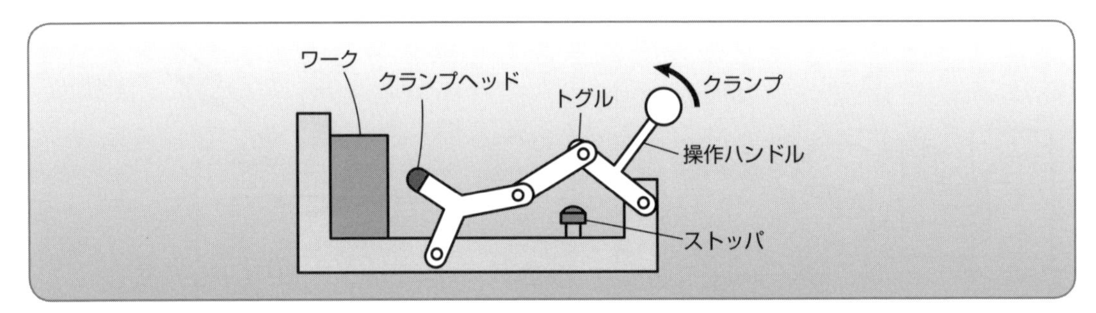

図 5-3-1　トグルを使った増力クランプ

（2）　クランプする向きの変更

図 5-3-2 は、ワークを上からクランプするようにトグルの向きを変更したものです。

操作ハンドルを矢印方向に操作してワークをクランプします。

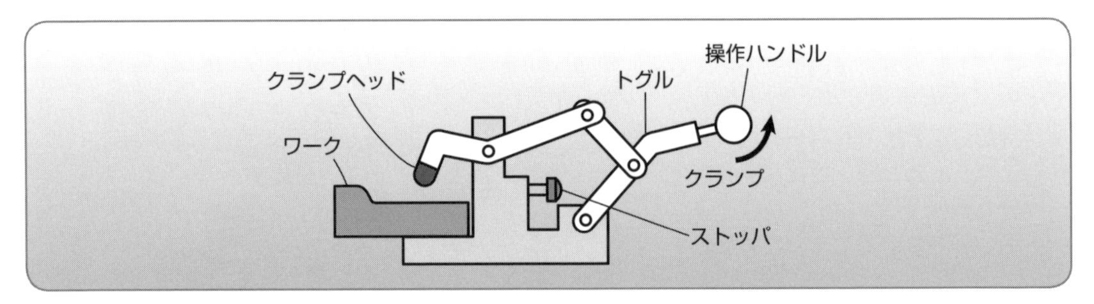

図 5-3-2　ワークを上からクランプ

（3）　トグルの操作部の位置変更

図 5-3-3 は、トグルを装置の上側に取り付けてワークを上からクランプする例です。操作ハンドルを下げる方向に操作するので、作業者が使いやすい方向になっています。

図 5-3-4 は、トグルをワークの裏側に移動してワークのある前面にはクランプヘッドだけが残るようにしたものです。

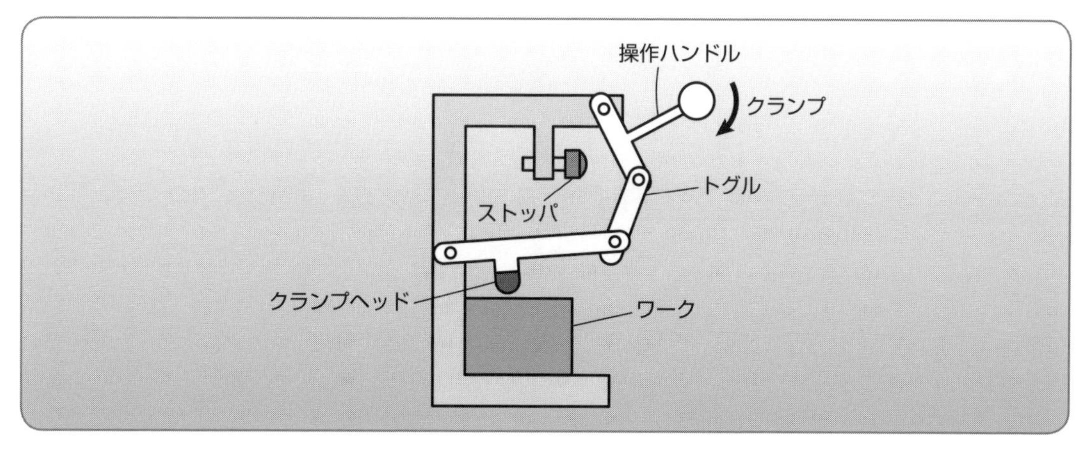

図 5-3-3　ワークの上からクランプする

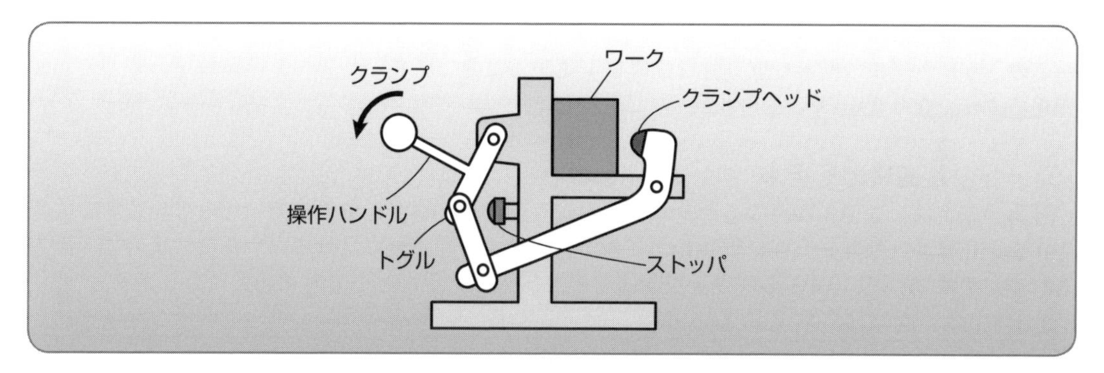

図 5-3-4　トグルを外側に追い出す

(4)　外トグルによるクランプ

図 5-3-5 は、外トグルを使ってワークを上方向からクランプする例です。操作ハンドルを矢印のクランプ方向に操作して、トグルリンクと操作ハンドルが一直線になるところで大きな力が出ます。この例では操作ハンドルがほぼ水平になったところで大きな力が出るようになっています。

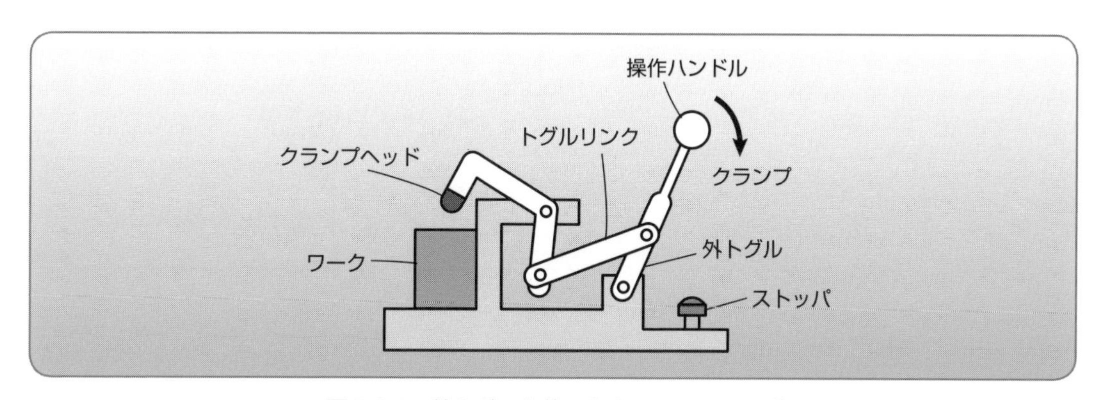

図 5-3-5　外トグルを使った上からのクランプ

図 5-3-6 は、やはり外トグルを使ってワークを横方向からクランプするものです。操作ハンドルとトグルリンクが一直線になった位置より少し行きすぎたところでクランプするように設定します。ただし、この構造ではしっかりとクランプしないと操作ハンドルの重みでクランプが緩むこと

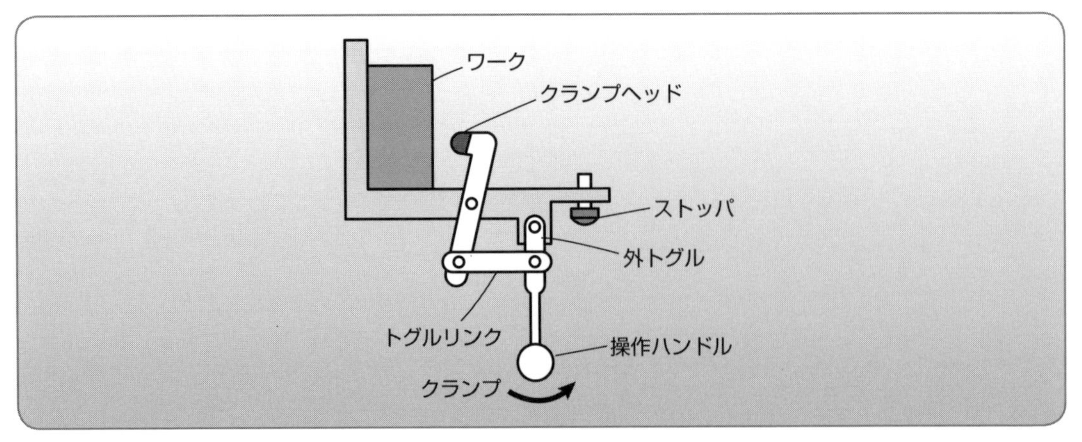

図 5-3-6　外トグルを使った横からのクランプ

があるので注意します。

このようにトグルの向きや取り付け位置を変更することで、使い勝手のよい装置をつくることができるようになります。

(5)　トグル機構のモデル

写真 5-3-1 は、トグル機構のモデルで、出力は直動ガイドされた直動出力になっています。入力ピンをクレビスシリンダなどで駆動したときに、トグルの「く」の字型のなす角度によって、出力される力が変化して、「く」の字が伸び切る付近で出力ピンが押し出す力は最大になります。

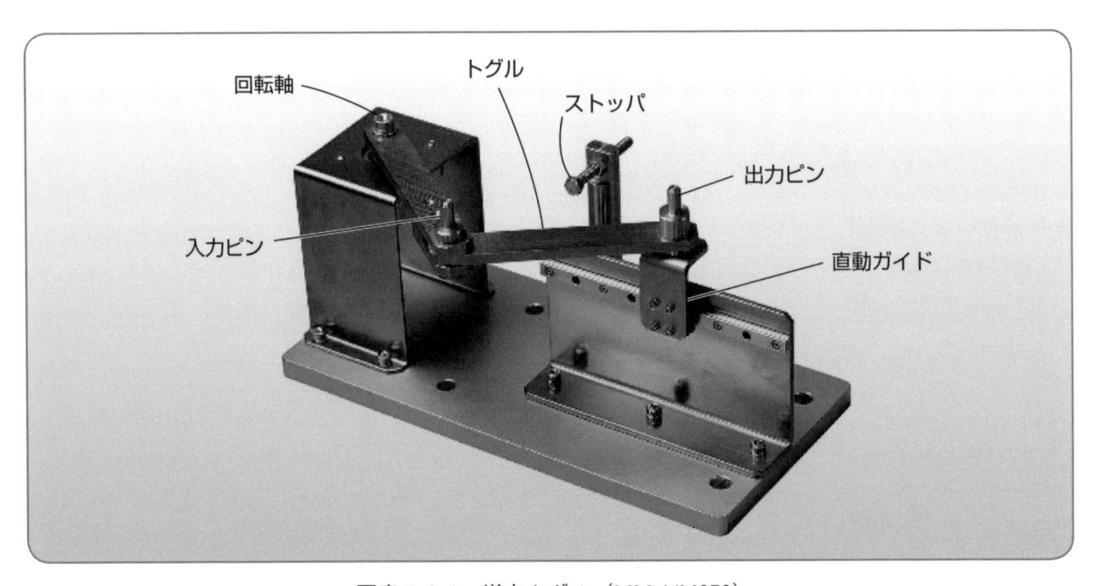

写真 5-3-1　増力トグル（MM-VM250）

ここがポイント

クランプヘッドがついているレバーとトグルの組み合わせ方によって、いろいろな方向からクランプの操作ができるようになります。

定石 5の4 ワークをクランプするユニットを設計するには4つのステップを考える

定石の要旨 **ワークをクランプするユニットは4つのステップを使って設計します。**

(1) ワークをクランプするユニットの設計手順

ステップ①：ツールを運動方向にガイドする

クランプのようなからくりのメカニズムを設計するには、まず、ワークに触れるツールの部分から考えていきます。

クランプしたとき、ツールはワークに接した状態になりますから、この状態を描いてみると**図5-4-1**のようになります。

そして、このようにクランプするために必要となるツールの移動する経路を考えて、ツールの動きをどのようにガイドするかを決めます。

たとえば、図5-4-1のツールが回転しながらクランプするのであれば、ツールを**図5-4-2**のように回転軸でガイドします。

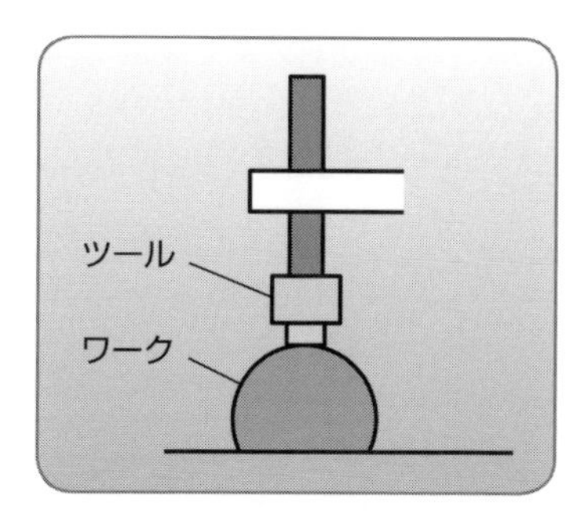

図5-4-1　ワークをクランプした状態

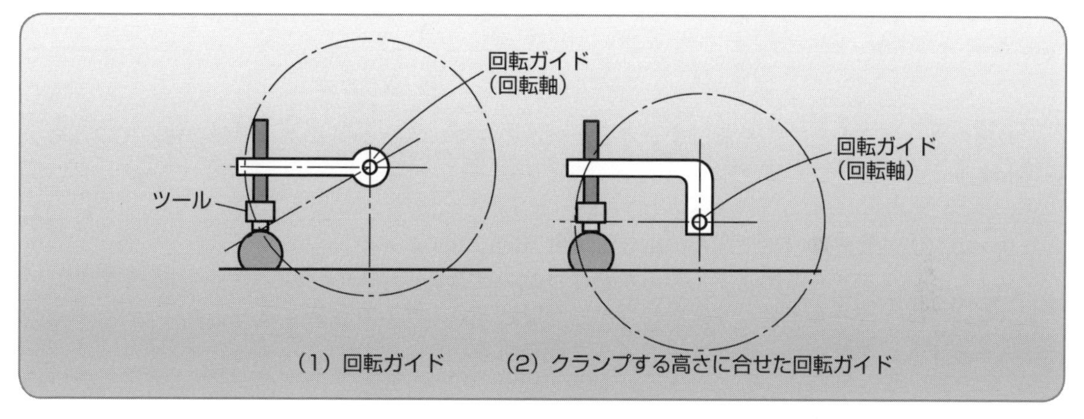

図5-4-2　ツールを回転軸につける

このとき、回転ガイドの中心の位置によって、ワークに向かって動く軌道が変わってくるので注意します。ここでは、ツールがなるべく垂直にワークに当るように図5-4-2の(2)の回転ガイドを使ってみます。

ステップ②：ツールを動かす手がかりをつける

次頁の**図5-4-3**のように、ツールの回転ガイドをベースに固定します。そしてこのツールを動かすための手がかりをつけておきます。この手がかかりを駆動すればツールが動作するようになっていることが重要です。

ステップ③：ツールを動かすメカニズムの選定

次に、ツールを駆動するメカニズムを選択します。

ワークをクランプする最終端で増力させたいので、ここではトグルを使ってみます。トグルは2つのアームが伸び切ったところで大きな力が出るので、クランプしたときにトグルが伸び切るようにトグルの位置を設定します。

この状態をあらわしたものが**図5-4-4**で、トグルの片端を手がかりに連結してあります。

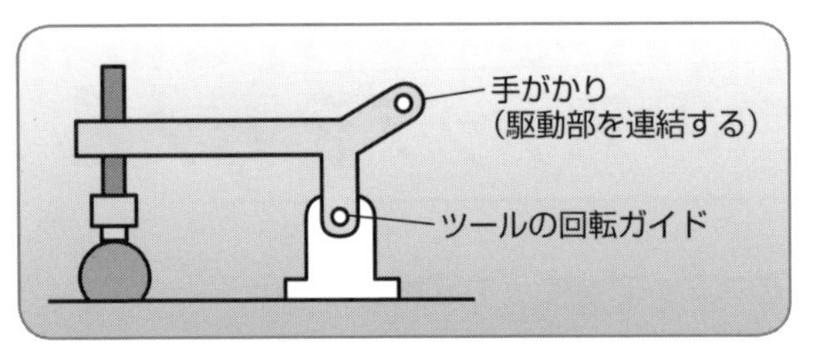

図 5-4-3　回転ガイドの固定

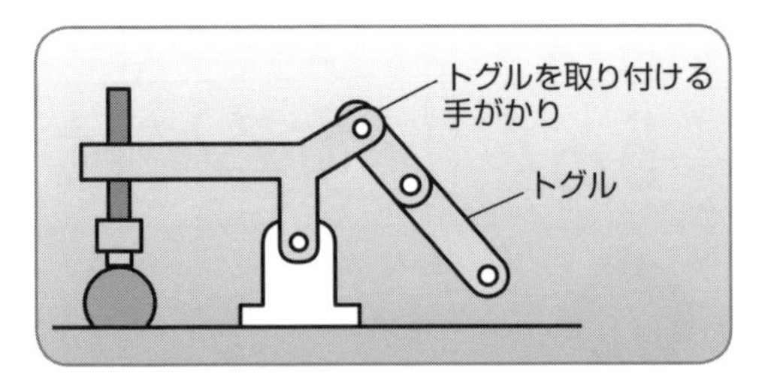

図 5-4-4　トグルの設定

ステップ④：手がかりと駆動メカニズムの連結

図 5-4-4 のトグルを駆動してツールを動かすことができるように、トグルの反対端をベースに固定して、トグルを動かすハンドルを取り付けたものが**図 5-4-5** です。

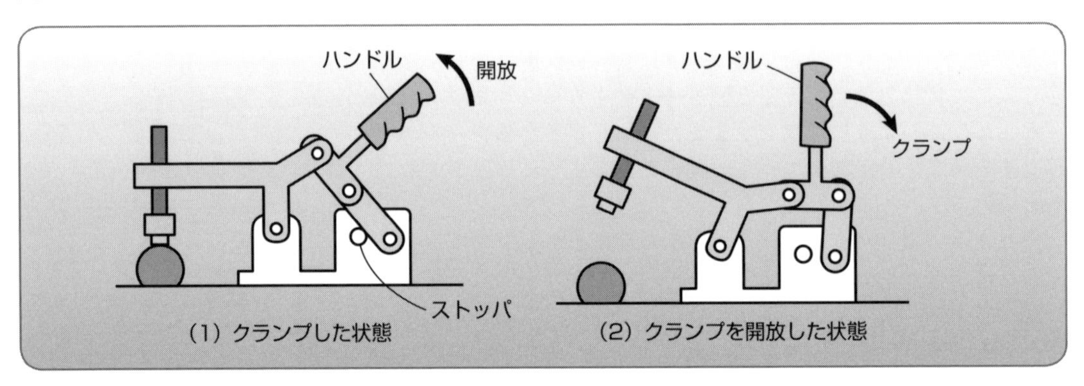

図 5-4-5　トグルの固定とハンドルの取り付け

この例のように、からくりを設計するときには次の 4 つのステップによる手順を使ってみるとよいでしょう。

ステップ①：最終端（ツール）の動作を運動方向にガイドする
ステップ②：ツールを動かすための手がかりをつける
ステップ③：ツールを動かす運動特性をもつ駆動メカニズムを選択する
ステップ④：手がかりと駆動メカニズムを連結する

(2)　外トグルを使ったクランプ

図 5-4-2 の（1）の回転ガイドを選択すると少し様子が変わってきます。

回転軸が上の方にあるので、手がかりは下に延ばすようにしてみます。こうすると普通の「く」の字形をしたトグルでは動作が逆になるので、**図 5-4-6** のように外トグルをつけた方がすっきりと収まります。

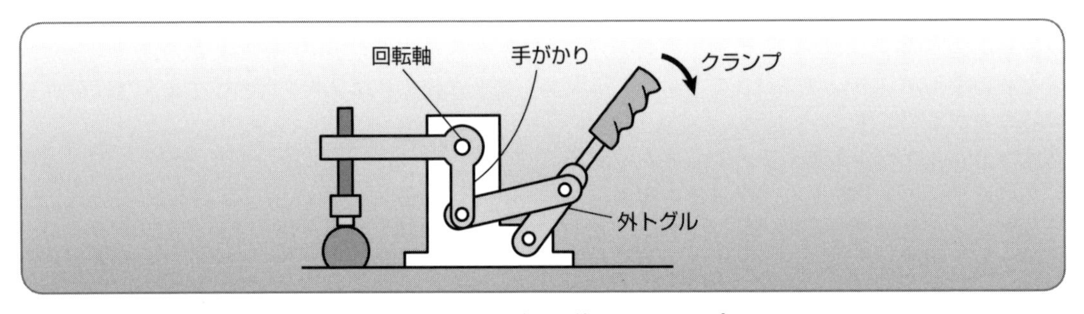

図 5-4-6　外トグルを使ったクランプ

定石 5の5　大きな力でクランプするには クサビとトグルを組み合わせる

トグルで増力した運動をさらにクサビを使って増力すると、より大きな力でクランプすることができます。

(1)　クサビを使ったワークのクランプ

図 5-5-1 は、クサビを使って増力してワークをクランプする例です。ハンドルを矢印方向に動かすとクサビが前進してカムフォロワを押し上げ、クランプヘッドをワーク側に移動します。クサビの傾きが小さいほど大きな力でクランプします。ハンドルがついている駆動部は、トグル機構になっているので、ワークをはさむときにちょうどトグルが一直線に伸びるようにしておくと、さらに大きな力でクランプして、ハンドルから手を離しても戻らなくすることができます。

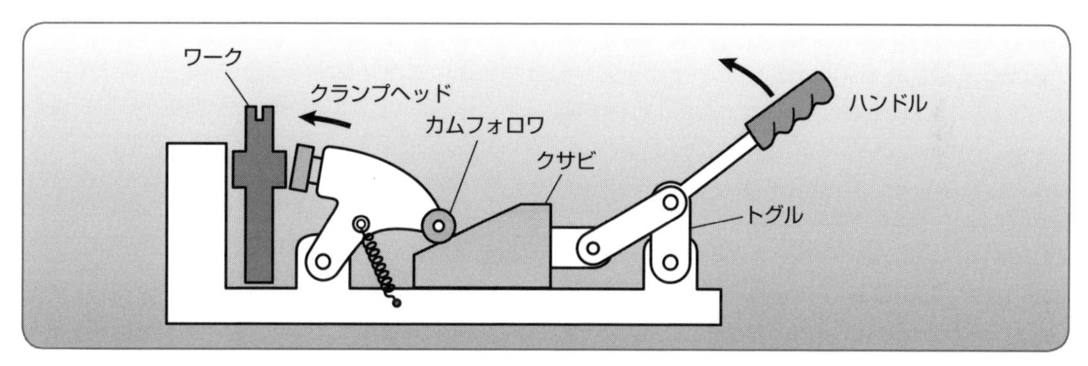

図 5-5-1　クサビを使ったワークのクランプ

(2)　ワークを反対側からクランプする

図 5-5-2 は、クサビとトグルをテーブルの下側に取り付けて、ワークの反対方向からクランプできるようにしたものです。この構造ではトグルの自重でクランプが緩みやすいので、入力レバーをクレビスシリンダのようなアクチュエータで駆動するようにします。トグルが一直線に伸び切る付近でクランプすると強い力が出ます。

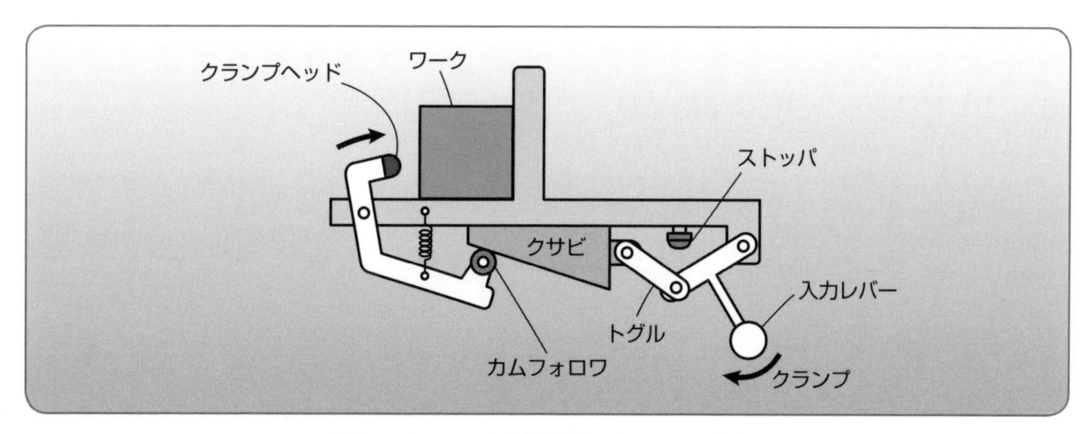

図 5-5-2　ワークを反対側からクランプする

(3)　クレビスシリンダを使ったクランプの駆動

図5-5-3は、クレビスシリンダを使ってトグルを駆動し、トグルの先にあるクサビを前進後退させることでクランプとクランプの開放を行うものです。

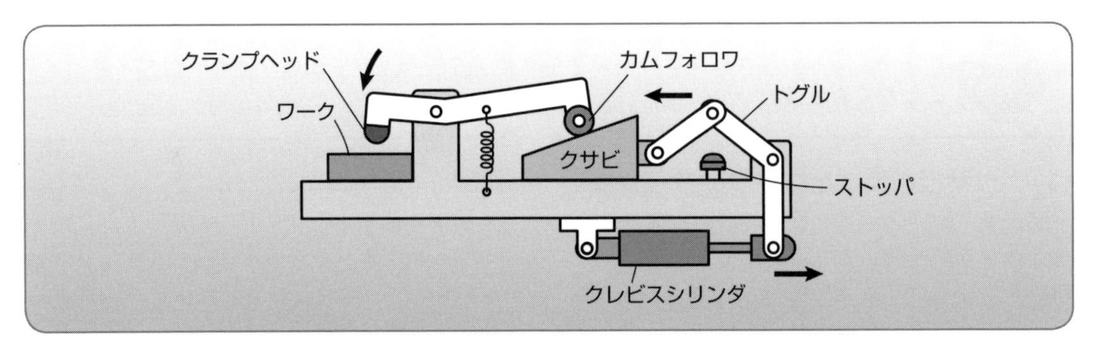

図5-5-3　クレビスシリンダを使ったクランプの駆動

(4)　外トグルを使ったクランプ

図5-5-4は、外トグルを使ってクサビを引っ張ったときにクランプするようになっています。

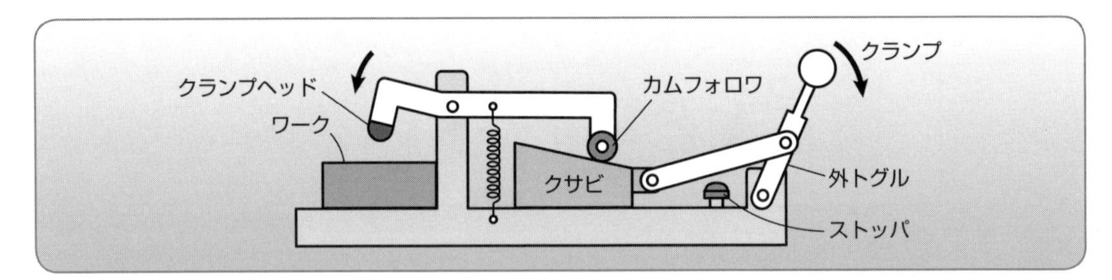

図5-5-4　外トグルを使ったクランプ

(5)　クサビとトグルを使ったワークのクランプ

図5-5-5は、ワークを下側に置いてクサビとトグルを装置の上側に配置したものです。ハンドルを下げると「く」の字形のトグルが一直線に伸びて大きな力が出ます。さらにその力をクサビで増力しています。

ここにあげた例のように、トグルとクサビの組み合わせ方によっていろいろな方向からクランプできるようになります。

(6)　クレビスシリンダによる駆動例

写真5-5-1はクレビスシリンダでトグルを駆動するモデルです。

クレビスシリンダは、クレビスと呼ばれる回転軸で支えられていて、トグルの動きに合わせてシリンダ全体が揺動できるようになっています。

トグルが伸び切ったところより、少し行きすぎたところにトグルストッパがつけられています。

クサビだけの増力ではハンドルを放すとクランプが緩んでしまいます。トグルと組み合わせてトグルが伸び切ったところでクランプして、クランプが緩まないように設計します。

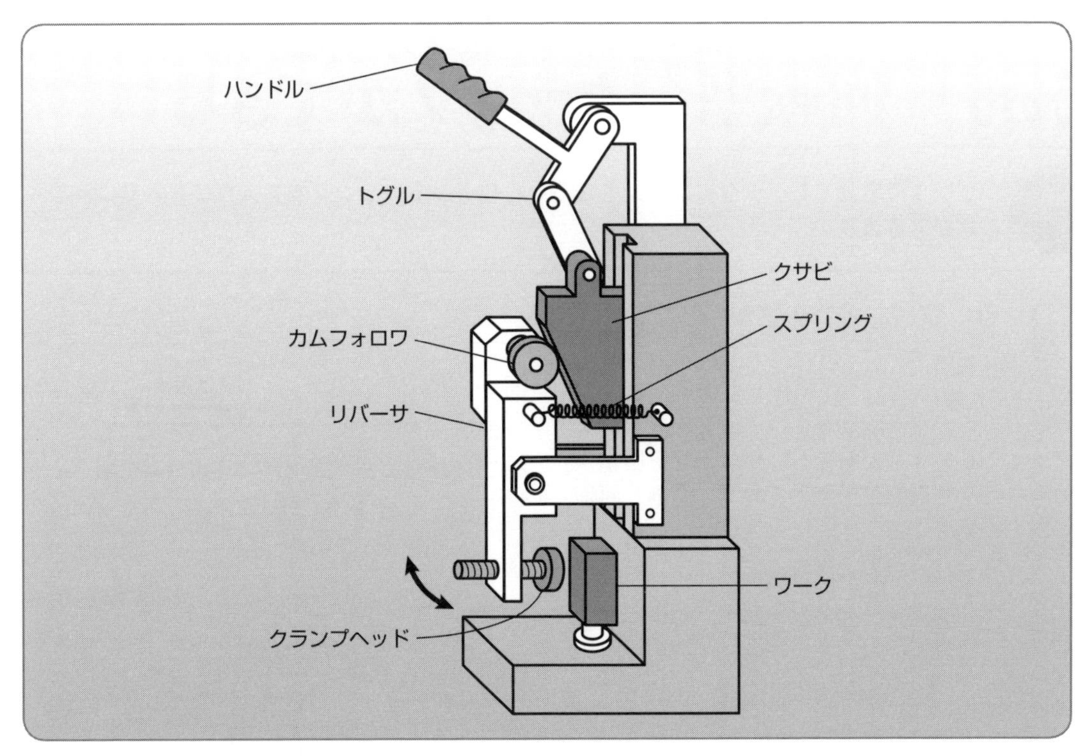

図5-5-5　クサビとトグルを使ったワークのクランプ

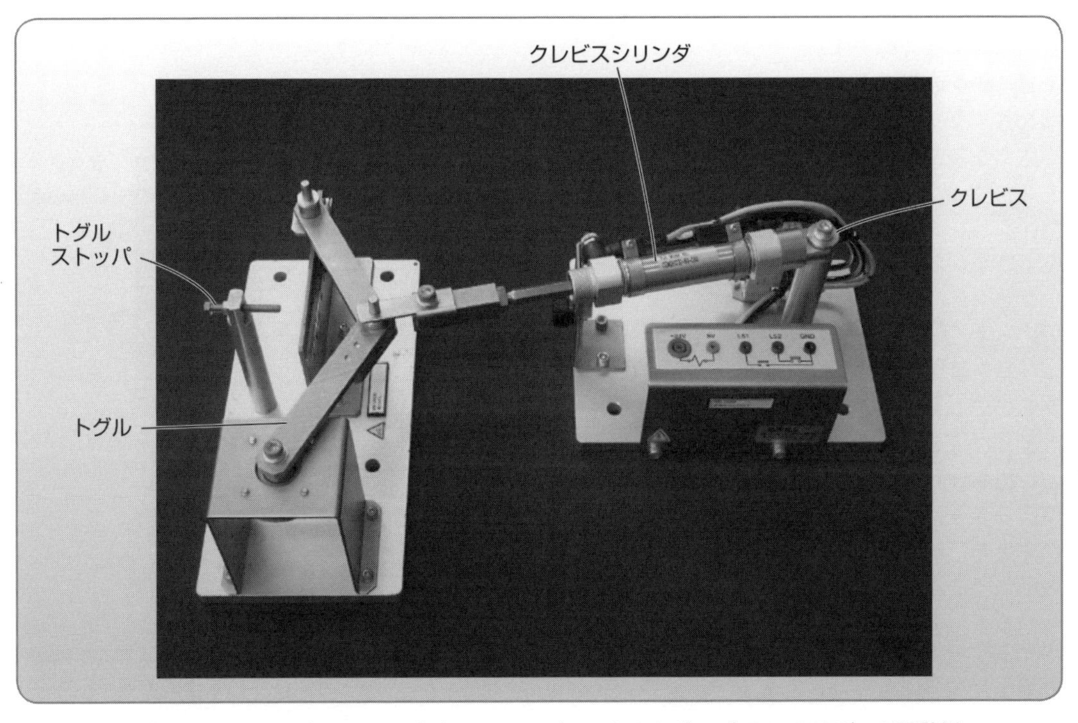

写真5-5-1　クレビスシリンダ（MM-VA220）によるトグル（MM-VM250）の駆動例

定石 5の6　ラックピニオンを使うと回転型のクランプができる

シリンダで駆動するラックピニオンを使うと、ワークをクランプするメカニズムをつくることができます。

(1)　ラックピニオンの動作

ラックピニオンは「ラック」と呼ばれる直線歯と、「ピニオン」と呼ばれる小歯車を組み合わせたものです。図5-6-1のように、ラックを動かすとピニオンが回転し、ピニオンを回転するとラックが直線運動をするので、直動と回転の運動変換をするメカニズムです。

ラックピニオンのような歯車系では、お互いの歯でかみ合って接しているので、ピニオンの円弧の移動量がラックの移動量に等しくなります。

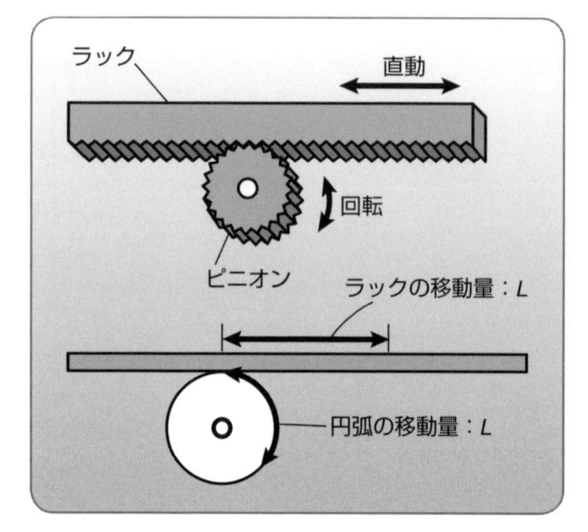

図5-6-1　ラックピニオン

(2)　ラックピニオンを使ったクランプ

図5-6-2は、ラックピニオンを使って空気圧シリンダの直進運動をクランプヘッドの回転運動に変換するものです。

ピニオンの径を大きくするとクランプする力は大きくなりますが、クランプヘッドの動きは小さくなります。ピニオンの径が決まると、クランプする力はシリンダの出力に依存するので、シリンダの径を太くするか、空気圧の圧力を上げないと強くクランプできません。

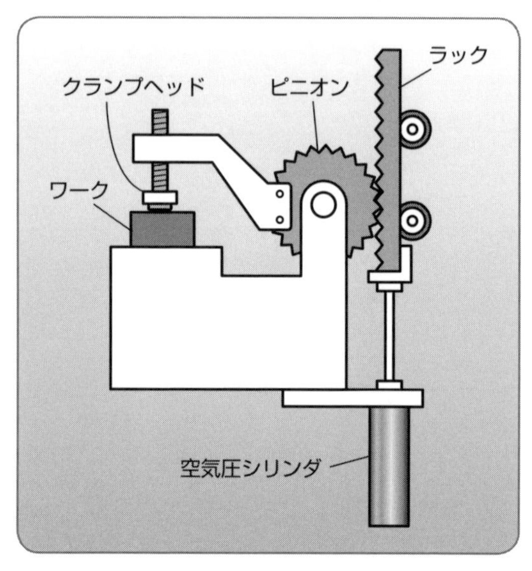

図5-6-2　ラックピニオンを使ったクランプ

(3)　トグルを使った増力

ワークにクランプヘッドが接するときに、クランプする力を大きくするのであれば、トグルのようなストロークの終端で増力するメカニズムと組み合わせることが考えられます。

図5-6-3は、ラックをトグルで駆動するように変更した例です。トグルの第1アームは回転運動になるので、駆動にはクレビスシリンダを使います。トグルが伸び切るところでクレビスシリンダの力が大きく増力されるので、ワークを大きな力でクランプできます。

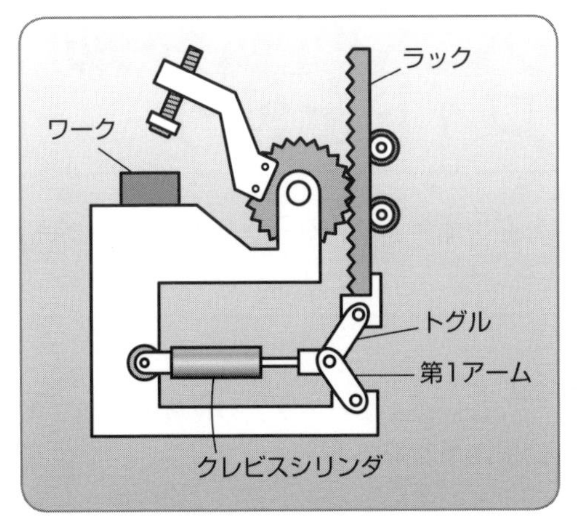

図5-6-3　トグルを使った増力

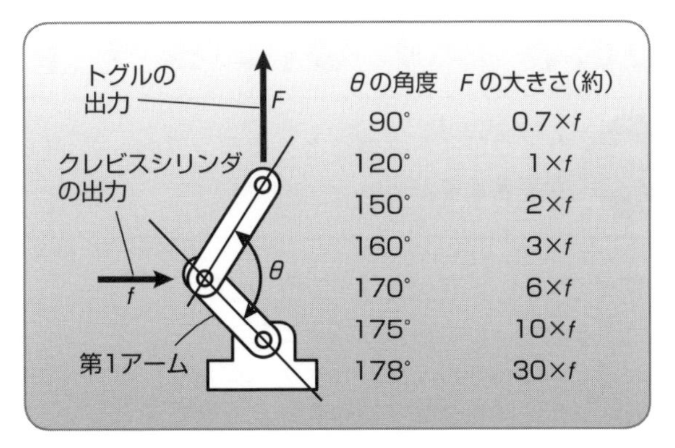

図5-6-4　トグルの出力

(4)　トグルの出力

図5-6-4のように、トグルに力fを与えたときにθの角度によってトグルが出す力Fの大きさが変化します。

θが150°を超えると2倍程度の力が出て、170°を超えると6倍程度になります。逆にθが120°よりも小さくなると、Fはfよりも小さくなるので注意します。

(5)　ラックピニオンの構造

写真5-6-1は、ラックピニオンのモデルで、直線歯のラックが前後に移動すると、小歯車のピニオンが回転します。

写真5-6-2は、ラックとピニオンのかみ合わせの部分の写真です。ラックの移動量と同じ距離だけピニオンの外周が回転します。

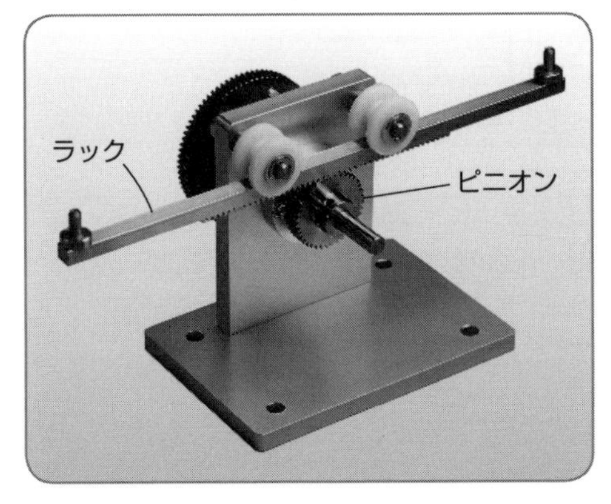

写真5-6-1　ラックピニオン（MM-VM110）

写真5-6-2　ラックとピニオンのかみ合わせ

ここがポイント

トグルを使った増力では、トグルの「く」の字の角度によって増力の倍率が変化します。
150°で2倍、160°で3倍、170°で6倍、175°で10倍程度に増力されます。

定石5の7 クランプヘッドを大きく回転移動するにはサイクロイドを使う

サイクロイドを使うと、クランプヘッドが回転しながら移動するメカニズムをつくることができます。

サイクロイドを使ったクランプ

図5-7-1は、自由に回転するピニオンがラックの歯とかみ合ったままラック上の位置を移動できるようにしたものです。ラックは動かないようにベースに固定されています。一方、ピニオンは空気圧シリンダのピストンの先に取り付けられていて、ピストンが前進後退すると、自由に回転しながら移動するようになっています。

ピニオンにクランプヘッドが付いているので、ピニオンの回転とともにクランプヘッドが回転します。

空気圧シリンダのピストンが前進してピニオンを動かすと、ピニオンは回転しながら前進してワークをクランプします。ピストンを後退すると、クランプヘッドは大きく後退させることができます。

このクランプの動きは「サイクロイド」とも呼ばれています。

また、実際の設計では直動ガイドなどを使って、ピニオンをラックに密着させておくことが必要です。

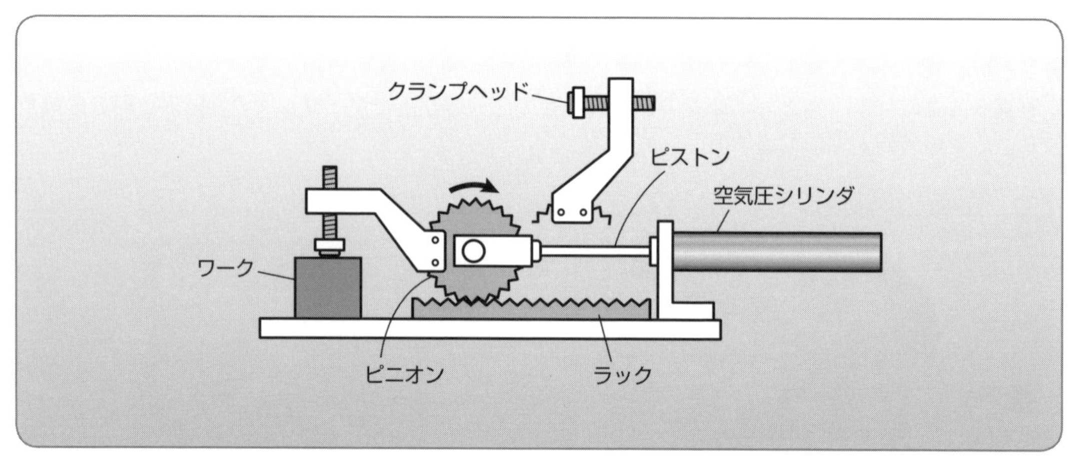

図5-7-1　サイクロイドを使ってクランプを大きく回転移動するメカニズム

定石 5の8 クランプヘッドを大きく逃がすにはレバースライド機構を使う

レバースライド機構は回転移動の終端で減速するメカニズムです。終端で減速したときに大きな力が出ることを利用してワークをクランプします。

(1) レバースライド機構を使ったクランプ

図 5-8-1 は、レバースライド機構を使ってワークをクランプする例です。レバースライド機構はストロークの終端で減速して、クランプレバーと入力レバーが直交する点が死点となり、クランプレバー側の速度が 0 になるので、この点でクランプすると大きな力が出ます。

入力レバーをクランプ開側に動かすと、クランプヘッドは大きく上に向って移動して、クランプが解除されます。

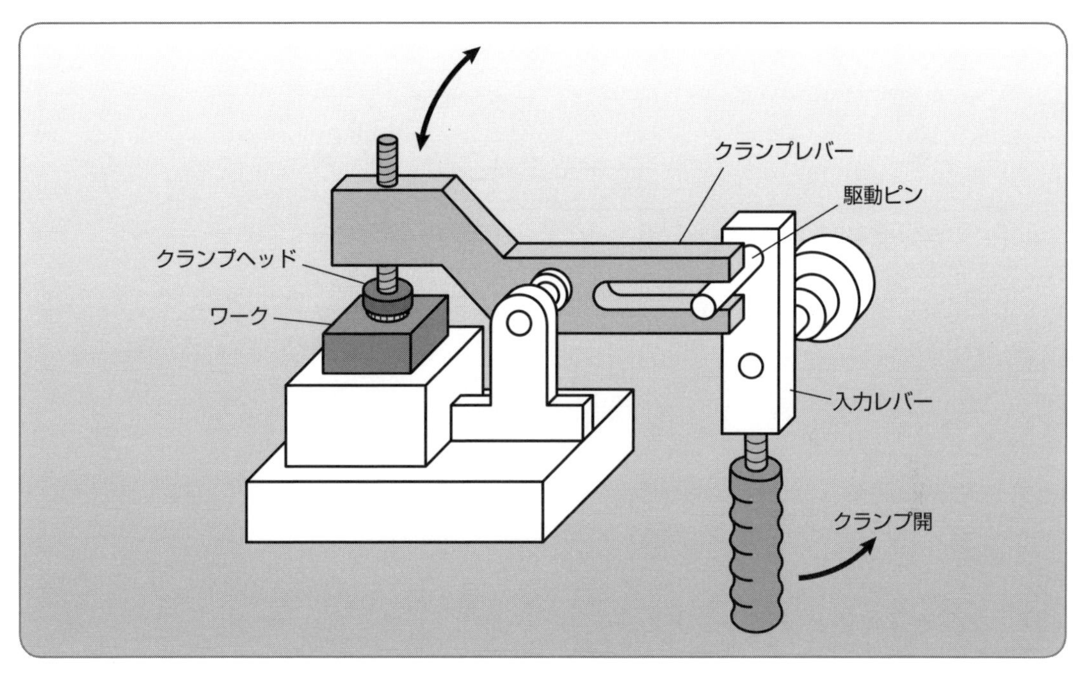

図 5-8-1 レバースライド機構を使ったクランプ

(2) クランプヘッドの回転角度

クランプレバーの回転移動量をちょうど 60°にするには、次頁の**図 5-8-2** のような配置にします。このようにすると入力レバーを両死点間で動かしたときにクランプレバーが 60°の回転運動をします。三角形 APQ は正三角形の半分の形になるので PQ：AQ＝2：1 の関係になります。

クランプレバーを 90°回転するには、**図 5-8-3** のようにクランプレバーの回転軸と入力レバーの

ここがポイント

レバースライド機構を使ったクランプでは、入力レバーの長さや回転軸の位置によってクランプの開く大きさが変化します。

回転軸を配置します。三角形PQAは直角二等辺三角形になります。このようにレバースライド機構は終端で減速する一定角度送りのメカニズムとして使われることもあります。

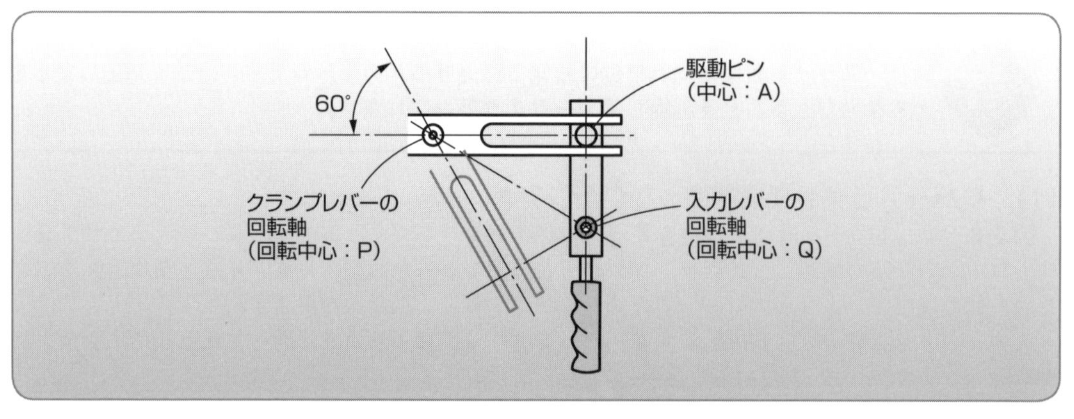

図5-8-2　クランプヘッドを60°駆動する場合

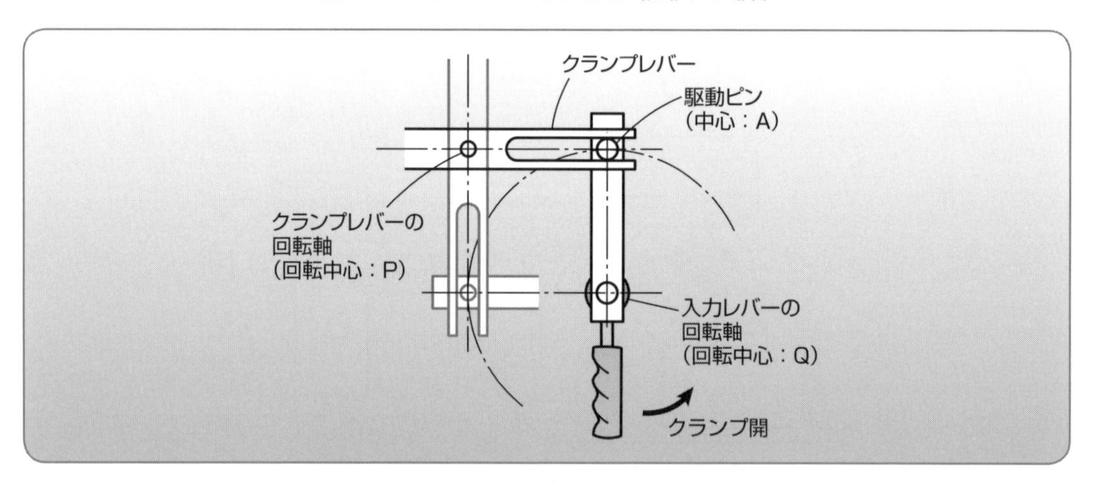

図5-8-3　クランプレバーの90°回転

(3)　レバースライド機構のモデル

写真5-8-1は、レバースライド機構のモデルです。スラッドのついた出力アームを入力レバーで駆動しています。出力アームと入力レバーが直交する点の付近で出力アームに大きな力が出るようになります。

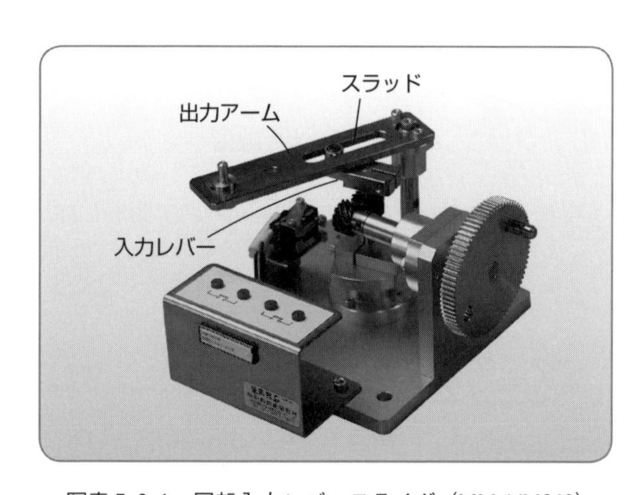

写真5-8-1　回転入力レバースライダ（MM-VM240）

定石 5の9 袋の口を開いて保持するにはフックを使う

吸着パッドを使うと、袋の両端を把持した状態のビニール袋の口を開くメカニズムをつくることができます。

(1) クランクによる袋開け機構

図 5-9-1 は、吸着パッドをモータで駆動するクランクの動作で動かしているものです。クランクアームが右向きに伸び切ったところで、吸着パッドがビニール袋に押しつけられるようになっています。

吸着パッドで袋を吸引してモータでゆっくりクランクアームを回転すると、吸着パッドは回転軸を中心に円弧を描いてビニール袋の口を開きます。クランクアームが水平になる位置で吸着パッドの速度が0に近づくので滑らかな動きになります。

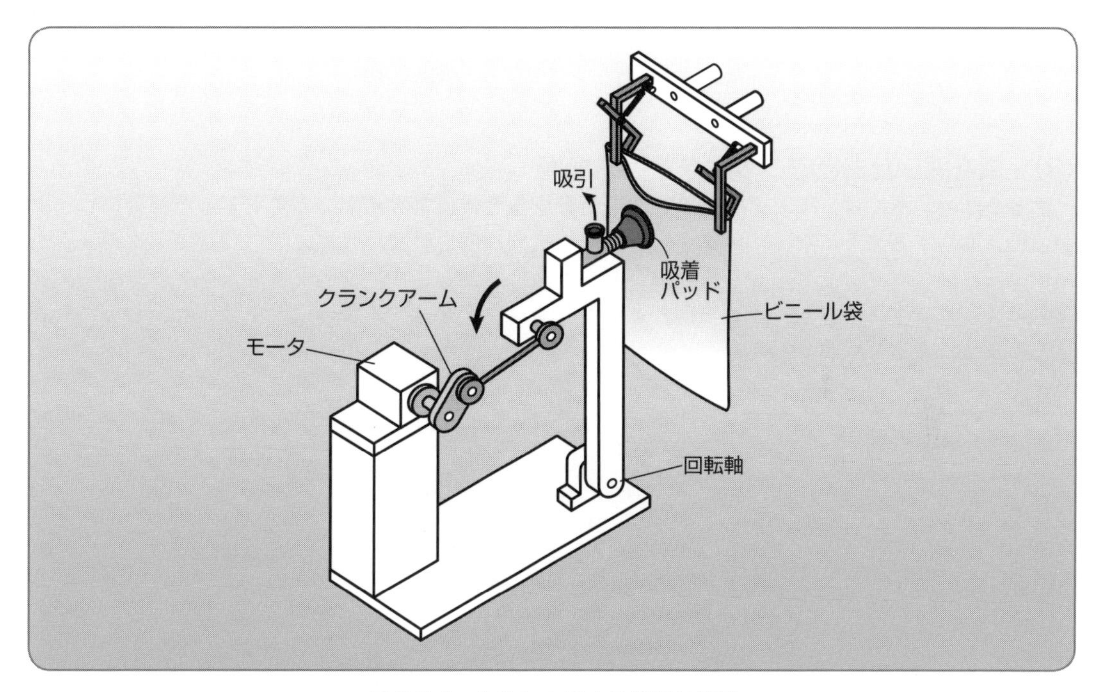

図 5-9-1 クランクによる袋開け機構

(2) 平行リンクを使った袋開け機構

次頁の**図 5-9-2** は、平行リンクを使って吸着パッドの傾きを変えずにビニール袋の口を開けるものです。少し下降しながら水平に近い動作で吸着パッドが動くようになります。

吸着パッドがストロークエンドで減速するように、ここでもクランクで駆動しています。

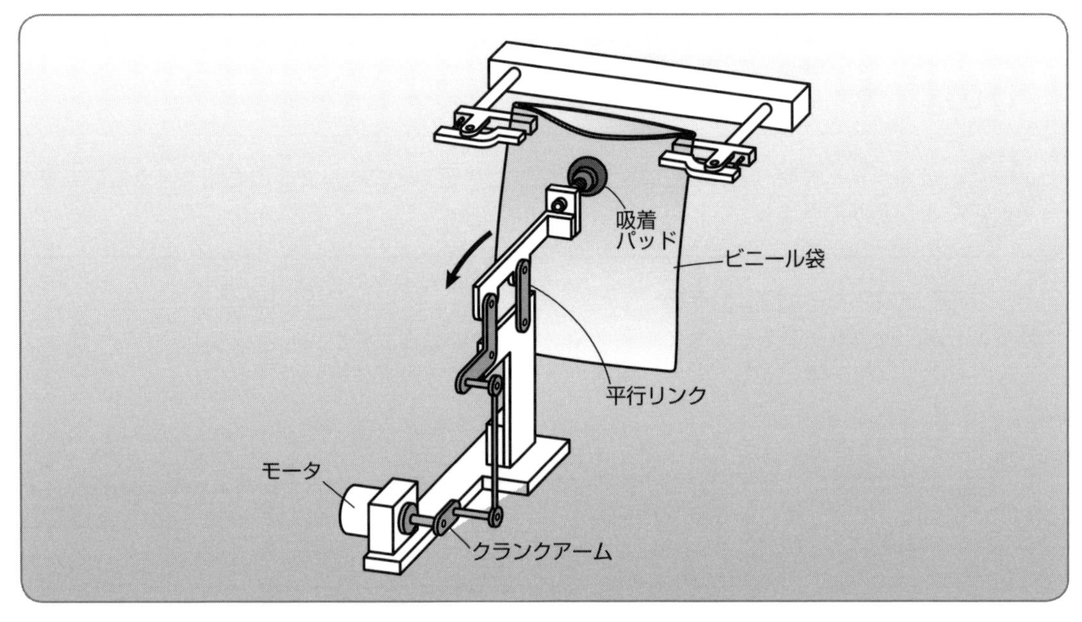

図5-9-2　平行リンクを使った袋開け機構

(3)　袋を開いたあとでフックをかける機構

図5-9-3の装置では、モータでクランクを駆動すると、直動ガイドでガイドされた移動ブロックが前後に動作するようになっています。ビニール袋の片面を吸着パッドで吸いつけて、クランクを回すと、移動ブロックをビニール袋の口が開く方向に移動します。このときカムフォロワも一緒に移動して、カムフォロワが板カムを押し上げるとフックがビニール袋の口の中に入り、しっかり押さえるようになっています。

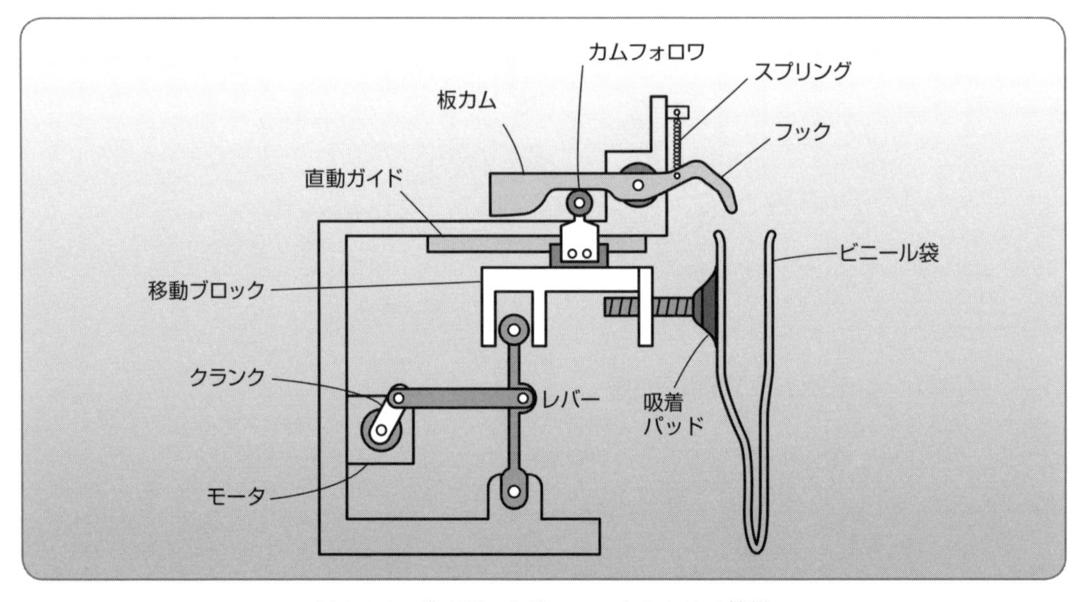

図5-9-3　袋を開いた後、フックをかける機構

第6章

スプリングを使いワークを保持するメカニズム

てこやクサビなどの増力メカニズムとスプリングを組み合わせてワークを押しつけたり、ワークをクランプして姿勢を保持するメカニズムを考えてみます。

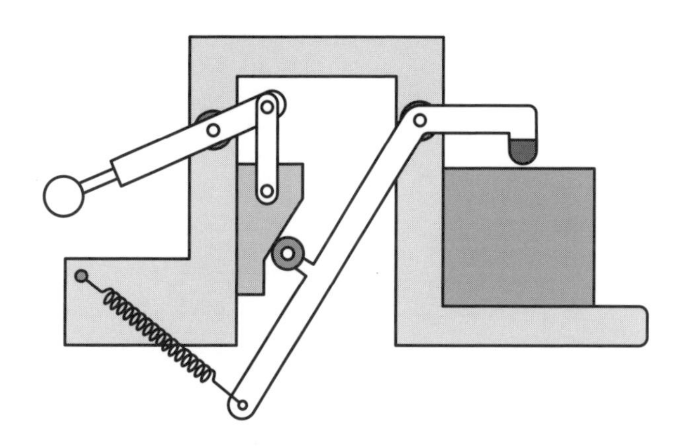

定石 6の1　てことスプリングを使ったクランプ

てこは簡単に使える増力メカニズムです。スプリングで押さえる力をてこで増力すると、しっかりとクランプするメカニズムをつくることができます。

(1)　てこを使いワークを上からクランプする

てこを使ってワークをクランプするメカニズムを考えてみます。

てこを使ってワークを押さえてみても、てこだけではその状態を維持することが難しいので、スプリングを併用します。

図6-1-1は、ワークの上からてこでクランプした例で、てこの支点と作用点の長さℓに対して、支点から力点までの長さが3倍の3ℓだったとすると、スプリングの力が3倍になってクランプされます。

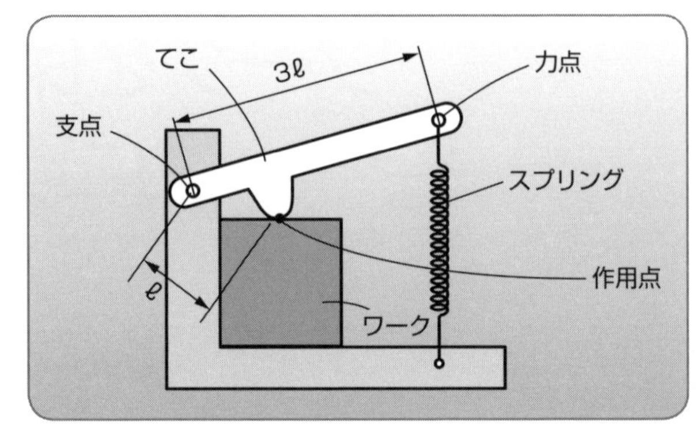

図6-1-1　ワークを上からクランプする

(2)　スプリングを下につけたクランプ

図6-1-2は、同じように上からクランプしていますが、レバーの向きを変えて、スプリングがクランプの邪魔にならないように、下側に取り付けるようにしたものです。

このようにてこの力点の位置を変えることで、スプリングを取り付ける方向を変化させることができます。

てこを支点を中心に動くレバーと考えれば、レバーの形を変化させて力を与える向きを変えていることになります。

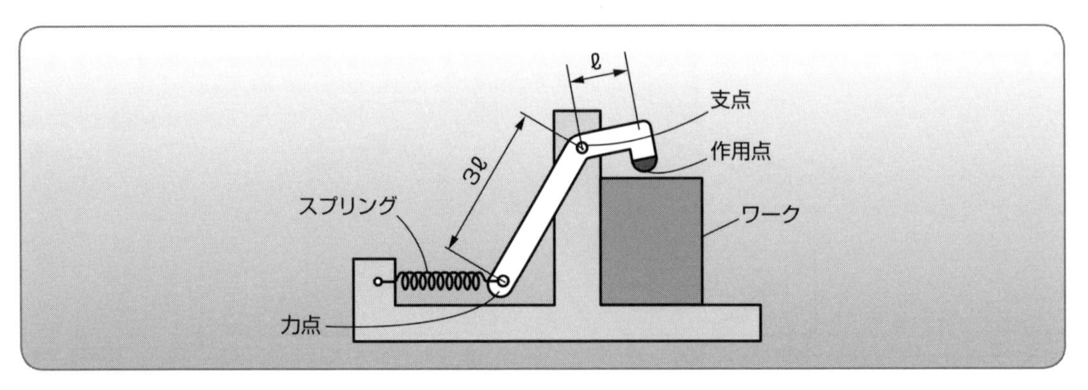

図6-1-2　スプリングを下につけたクランプ

ここがポイント

てこはレバーの一種と考えて、てこを動かす力点の位置を変えると、いろいろな方向にスプリングを取り付けられるようになります。

定石 6の2 スプリングを使ったクランプとクランプの解除

スプリングを取り付ける位置を考えることで、クランプした状態と、クランプを解除した状態を保持できるようになります。

スプリングを使ったクランプと解除

スプリングを使ってワークをクランプすると、ワークを着脱するときにクランパをスプリングの力に逆らって開いたままにしておかなければなりません。それでは不便なのでクランプを解除したら、クランパが開いたまま保持するようにしてみましょう。

図 6-2-1 のように、回転移動するクランパが、スプリングでワークをクランプしているものとします。そして、クランパを左に回したときには、スプリングがクランパの回転中心を越えたところでストッパに当るようにしておきます。

図 6-2-2 のように、ストッパに当った位置では、スプリングで引っ張っても左回りの力がかかることになるので、クランパは開いたままの状態を保持します。

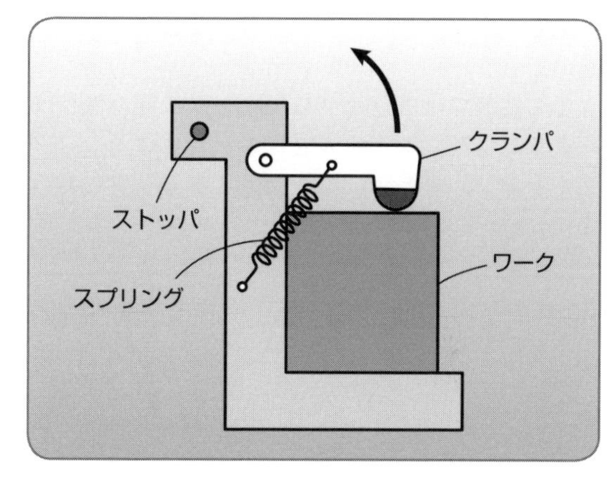

図 6-2-1　クランプした状態

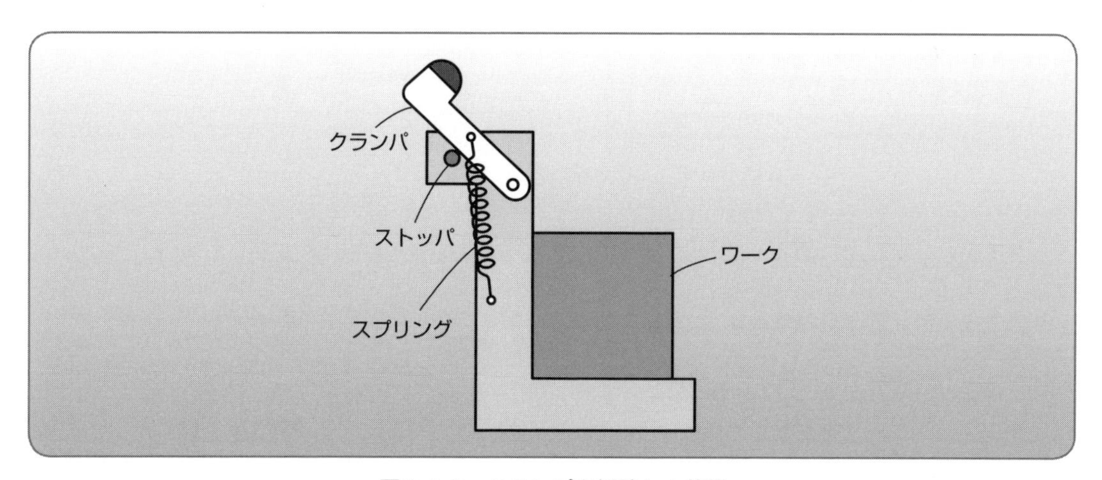

図 6-2-2　クランプを解除した状態

ここがポイント

クランパはクランプするときの状態だけでなく、ワークを着脱するときなどに開放できるように意識して設計します。

定石6の3　クランプの解除にはトグルを使う

トグルは「く」の字になっているアームが伸び切ったときに突っ張り棒の役割をします。その特性を使ってクランプを解除した状態を保持することができます。

（1）　てこを使ったワークのクランプと解除

図6-3-1は、スプリングの力とてこによって、ワークを上方向から押さえるようにクランプしたものです。

この装置ではクランプを解除した状態を保持するために、トグル機構が付けられています。

クランプ解除ハンドルを図の矢印のように下向きに押し下げると、「く」の字形になっているトグルが伸び、一直線になったところより少し行きすぎたあたりで、ストッパに当るようになっています。

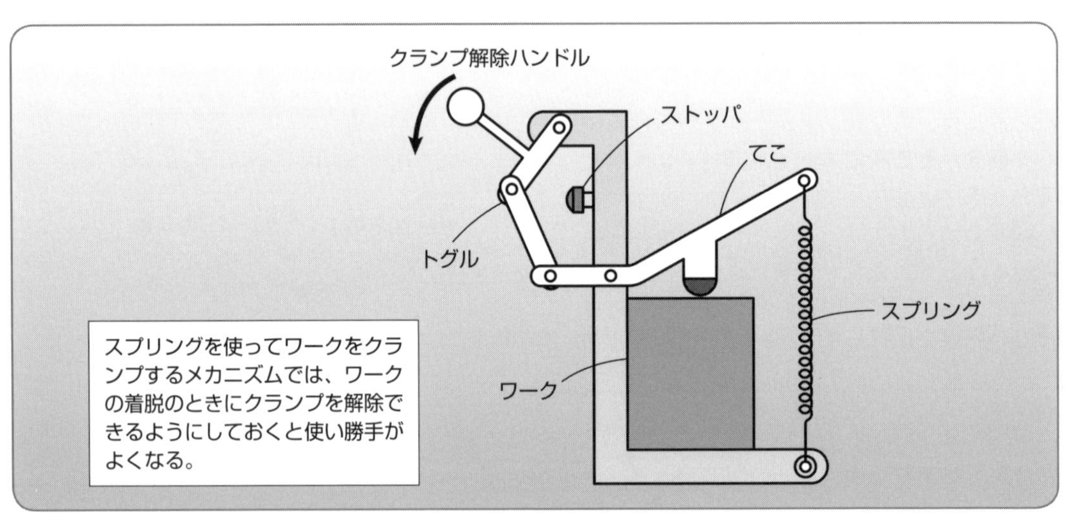

図6-3-1　てこを使ったワークのクランプ

トグルが伸び切ると、**図6-3-2**のようにトグルが突っ張り棒の役割をして、てこはその状態で保持されます。

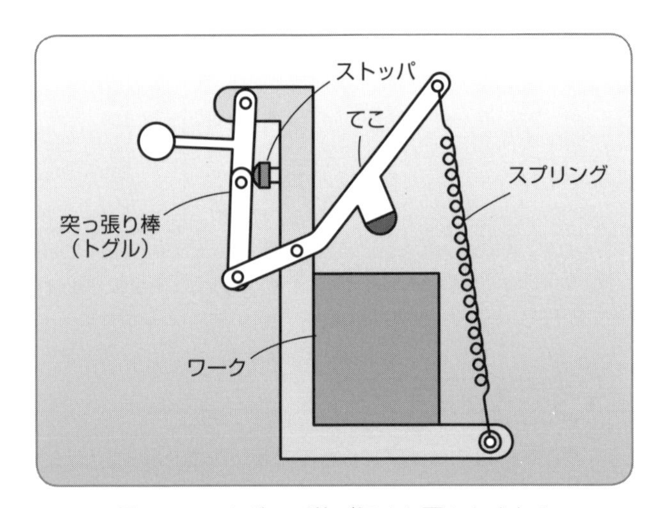

図6-3-2　トグルが伸び切ると戻らなくなる

（2）　側面からのクランプと解除

図6-3-3は、ワークを側面からスプリングの力でクランプする例です。ハンドルをトグルが伸び切るところまで矢印方向に動かすと、クランプは開いたままの状態で保持できます。

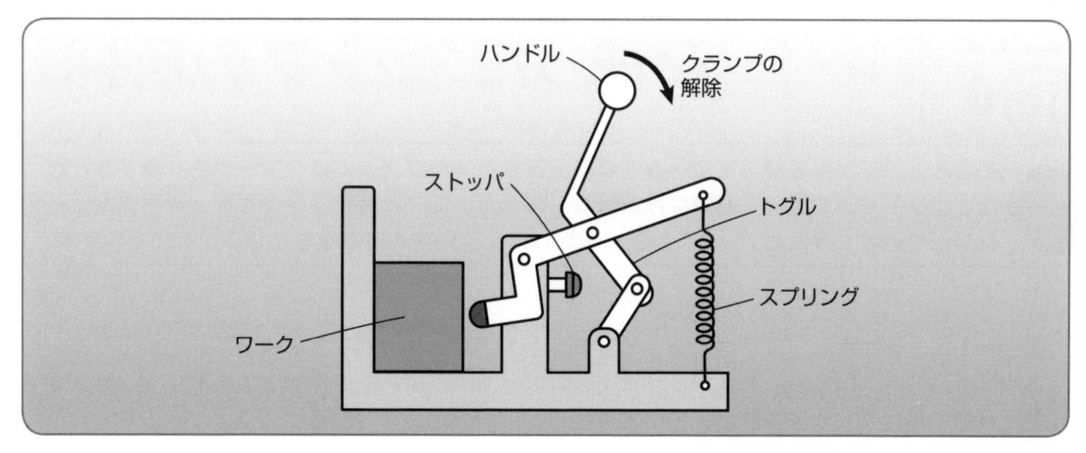

図6-3-3　側面からのクランプとクランプの解除

(3)　外トグルを使ったクランプの解除

図6-3-4は、外トグルを使ってクランプを解除して、その状態を保持するようにしたものです。クランプ解除ハンドルを図の矢印方向に動かして、ハンドルのついている棒と、リンク棒が一直線になるところより行きすぎた位置にストッパをつけておくと、クランプの解除された状態を保持できるようになります。

ただし、ハンドルをあまり重くすると自重でトグルのロックが戻ってしまう原因になるので注意します。

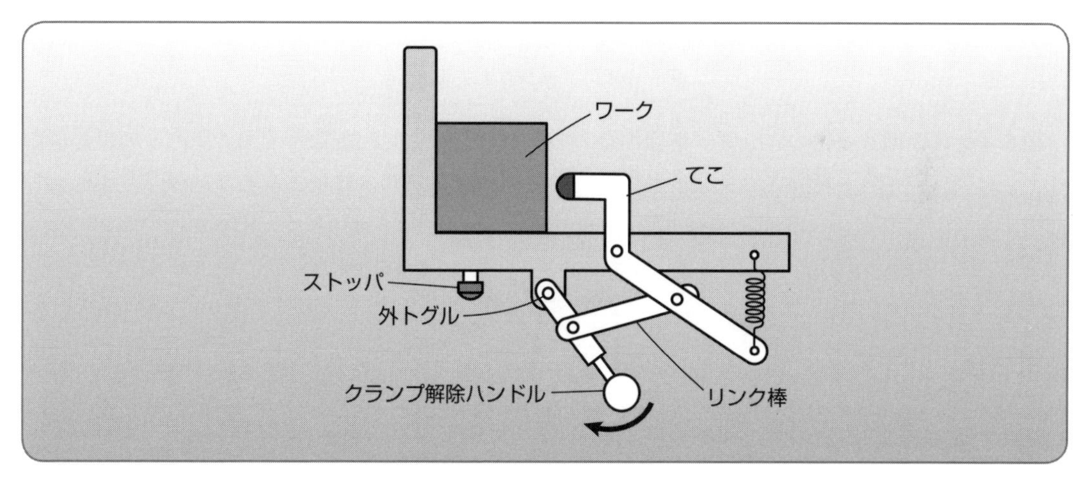

図6-3-4　外トグルを使ったクランプの解除

ここがポイント

トグルが伸び切ったときに突っ張り棒の役割をすることを利用すると、クランプを開放した状態を保持できるようになります。

定石 6の4　レバーを使ったクランプの解除

てことスプリングを使ってワークをクランプするメカニズムでは、ワークを交換するときなどにクランプを開いておかなければなりません。てことスプリングを使ったクランプにレバーを追加することで、クランプを解除したままにする機能をもたせることができます。

(1)　レバーによるクランプの解除

図 6-4-1 は、てことスプリングを使ってワークを上からクランプするメカニズムです。

このメカニズムにはレバーとストッパ爪がついていて、レバーを操作することで、クランプを解除した状態を保持できるようになっています。

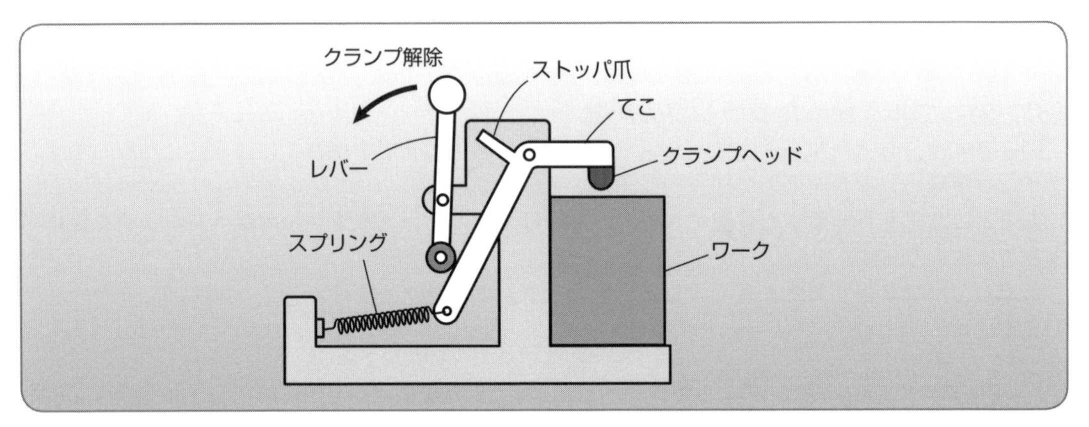

図 6-4-1　クランプした状態

図 6-4-2 は、図 6-4-1 のクランプ解除のためのレバーを操作したところです。レバーの反対側がストッパ爪に当るまで移動すると、クランプヘッドが開いた状態を保持するようになります。

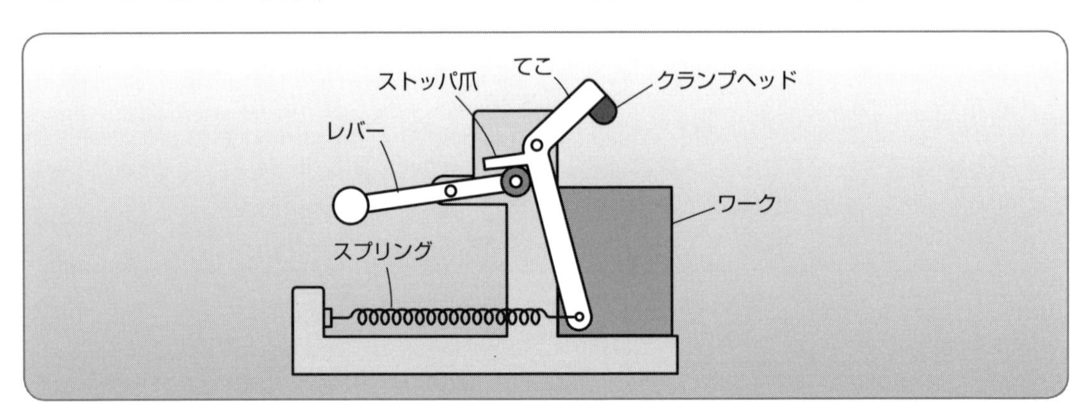

図 6-4-2　クランプの解除

(2)　横からのクランプと解除

図6-4-3は、ワークを横から押さえるようにクランプヘッドの向きを変更したものです。図6-4-2と同様にクランプ解除レバーを操作して、クランプヘッドが開いた状態を保持できるようになっています。

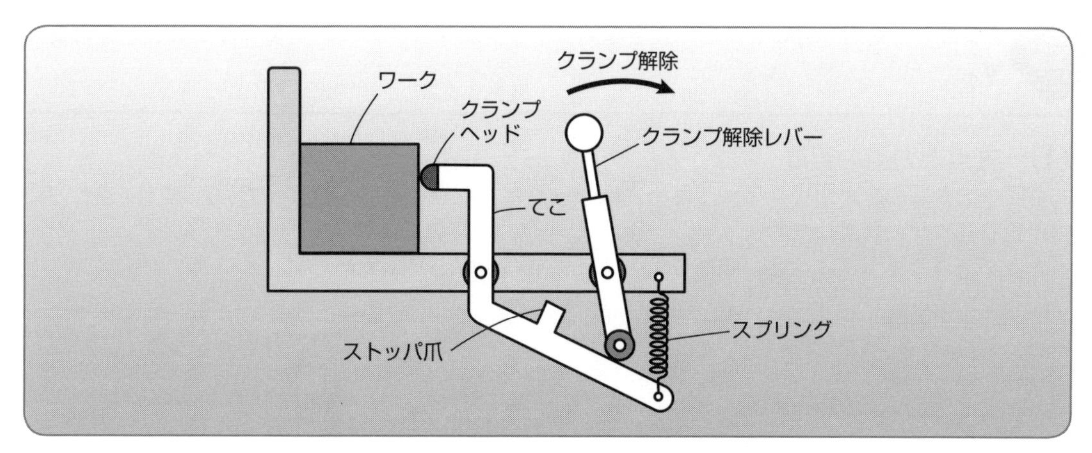

図6-4-3　横からのクランプとクランプの解除

(3)　クサビを使ったクランプの解除

図6-4-4は、てことスプリングでワークをクランプするメカニズムですが、クランプの解除にクサビ型カムを使った例です。

クランプ解除レバーを矢印の方向に操作すると、クサビ型カムが移動してクランプヘッドが上昇します。

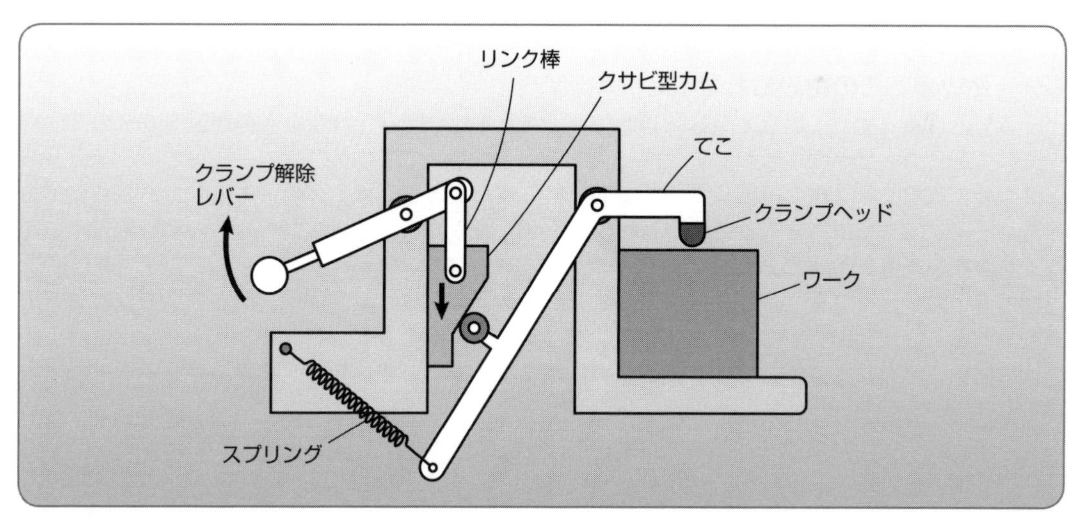

図6-4-4　クサビを使ったクランプの解除

クランプを開放したままにするには、スプリングの力をうまく利用することを考えます。

定石6の5　しっかりとクランプするにはてこを組み合わせる

2つのてこを組み合わせると、大きな力でクランプするメカニズムをつくることができます。

(1)　支点と力点の距離

てこで大きな力を出すようにするためには、支点と作用点の長さが決まっていれば、支点と力点の距離を長くすればよいでしょう。

これをそのまま形にすると、**図6-5-1**のように長いてこができあがってしまいます。

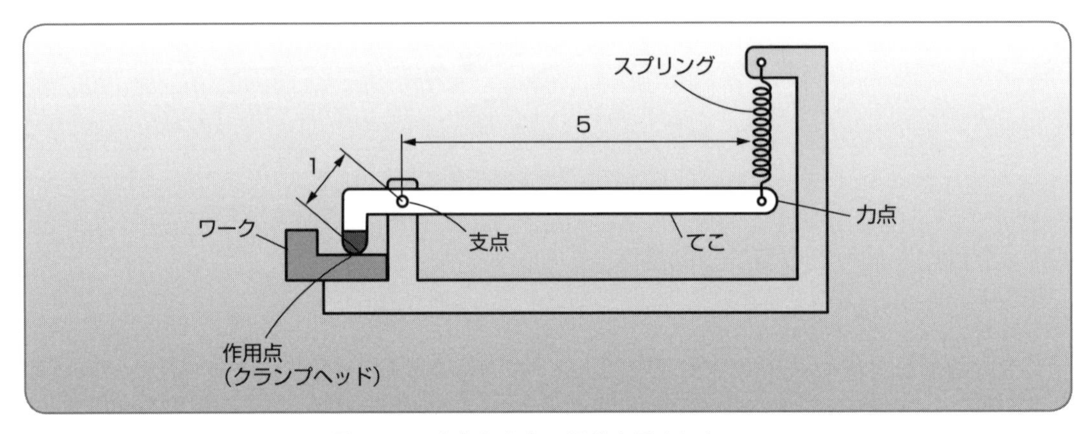

図6-5-1　支点と力点の距離を長くしたてこ

(2)　2つのてこの組み合わせ

そこで、支点と力点の間を2つに分割して、2つのてこを組み合わせたものが**図6-5-2**の2つのてこによるクランプメカニズムです。

2つのてこをリンク棒で連結して、てこ1で増力した出力を、てこ2の入力にして、さらに増力しています。てこで増力すると最終端の動きは小さくなるので、クランプヘッドの移動量が小さくなりすぎないように注意します。

図6-5-1では、てこを上からスプリングで引っ張る形になっていますが、図6-5-2ではてこ1で運動方向を180°変換しているので、スプリングは下向きに変更されています。

次に図6-5-2の、てこ1とてこ2の2つのてこの連結方法を変更して、装置をコンパクトにまと

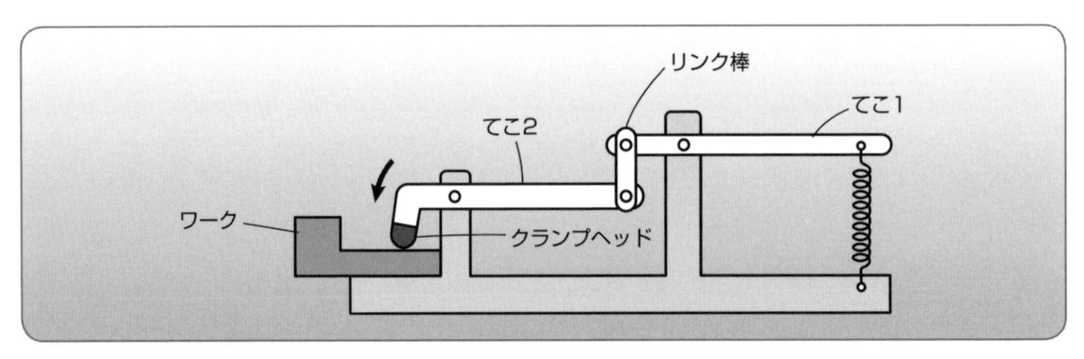

図6-5-2　2つのてこの組み合わせ

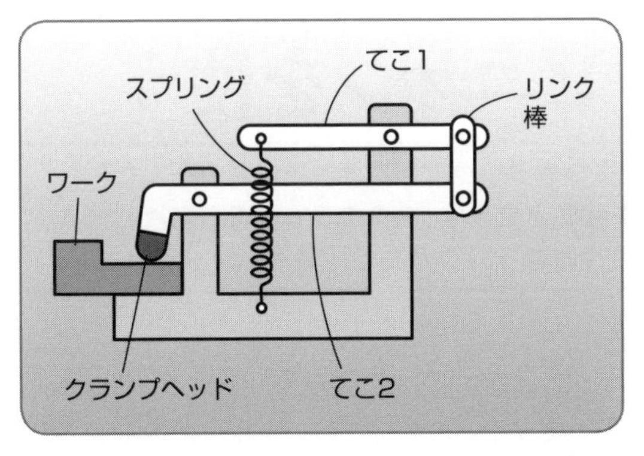

図6-5-3　コンパクトにした2つのてこの組合せ

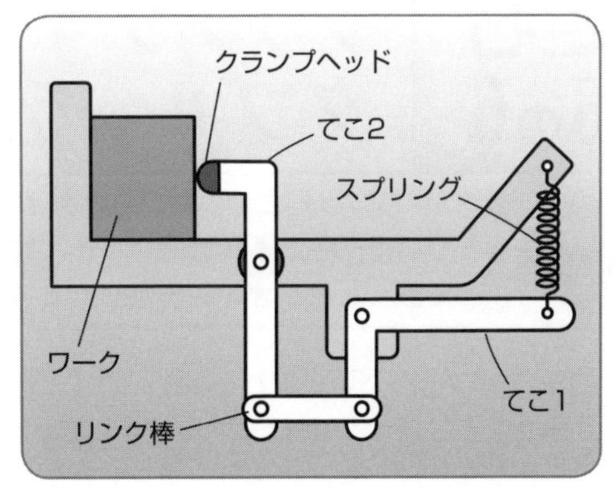

図6-5-4　2重てこによる横方向からのクランプ

めてみます。

図6-5-3はその例で、てこ1の方向を反対向きにしてスプリングの配置を変えてあります。特性は図6-5-2のものとほぼ同じですが、コンパクトにまとまっています。

(3)　2重てこによる横方向からのクランプ

図6-5-4は、てこ2の方向を90°変更して、てこの部分をベースの下側に移動した例で、クランプ方向を変更して横からクランプしています。

図6-5-5は、逆にてこ2の駆動部が上方向になるように配置を変更したものです。

図6-5-6は、図6-5-3と同じような構造ですが、ワークを横方向からクランプするように変更してあります。

ここで紹介したいくつかの例はてこを回転軸をもつレバーと考えて、運動の方向を変更したものです。レバーの形状と取り付け方法によって、いろいろな方向から駆動できるようになるわけです。

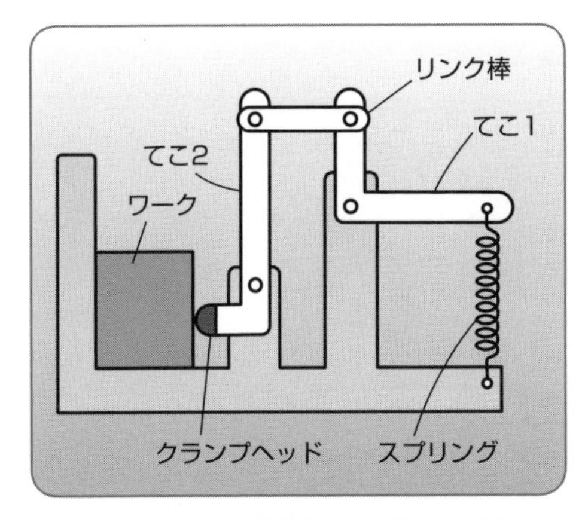

図6-5-5　てこの駆動部を上側に配置したクランプ

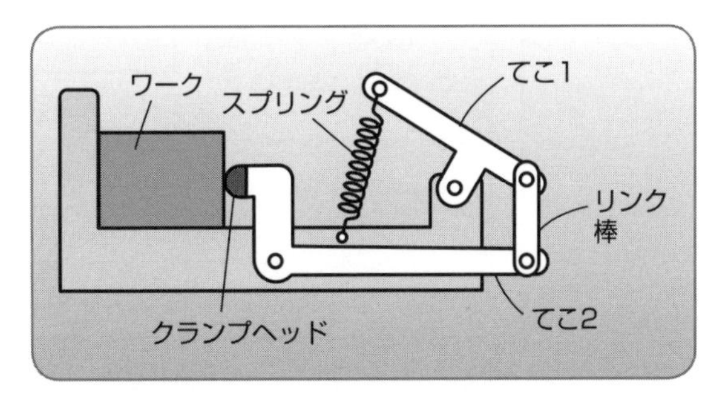

図6-5-6　てこを横長にしたクランプ

ここがポイント

てこのような単純なメカニズムでも、メカニズムを分割してみると応用範囲が広がります。

定石 6の6 クランプする順序をつけるには ダブル・ラックピニオンを使う

ダブル・ラックピニオンは、直動ガイドされた2つのラックでピニオンをはさみ込んだ形になっていて、ピニオンを動かすことでラックを移動させます。2つのラックのうち片一方を止めておくとピニオンを移動したときに、もう片方のラックが動く仕組みになっています。

(1)　ダブル・ラックピニオンによる位置決め

図6-6-1は、ダブル・ラックピニオンを使ったワークの位置決め装置の例です。空気圧シリンダの先に取り付けたピニオンは、自由に回転できるようになっています。このピニオンの上下にスライドガイドされたラックをつけたものがダブル・ラックピニオンです。2つのラックは水平方向に直動ガイドされていて、図の左右方向にスライドして動けるようになっています。この2つのラックを順番に動かすためにラック2にはスプリングをつけてあります。

最初は、ラック2はスプリングの力でストッパに押しつけられて止まっているので、シリンダが前進するとピニオンは前進しながらⒶの方向に回転します。このピニオンの回転によってラック1が前進して、位置決め1がワークに当ってワークを壁に押しつけます。

ワークが壁に密着すると、ラック1は完全に停止しますが、その後もシリンダは前進を続けようとします。

シリンダの力がスプリングの力に打ち勝つと、ラック1が停止しているので、ピニオンはⒶと反対方向に回転してラック2を前進させて、ワークの上部を位置決め2で押さえつけることになります。

シリンダが後退すると、ラック2が先に戻り、ラック2がストッパに当ったところでラック1が元の位置に戻り始めます。

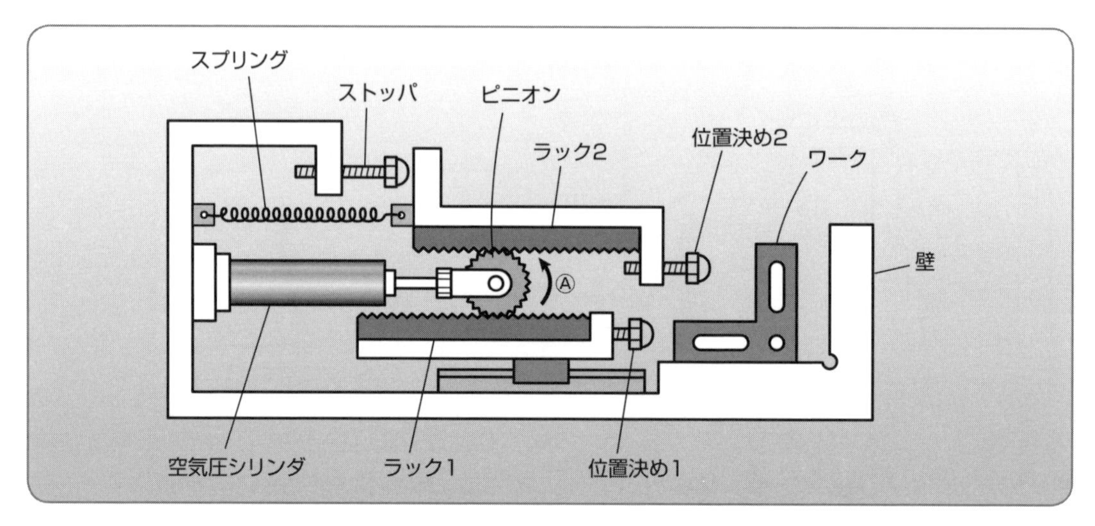

図6-6-1　1つのシリンダによるダブル位置決め

(2)　実際のダブル・ラックピニオン

写真6-6-1は、実際のダブル・ラックピニオンのモデルです。ラック２はスプリングで写真の左方向に引っ張られています。中央の自由に回転するピニオンを写真の右方向に前進すると、ラック１が前進して、前進端に達するとラック２が前進を始めて、ラック２の前進端で停止します。ピニオンを戻すと、まず、ラック２がスプリングの力で後退して、後進端で停止します。続いてラック１が後退するような順序動作をします。

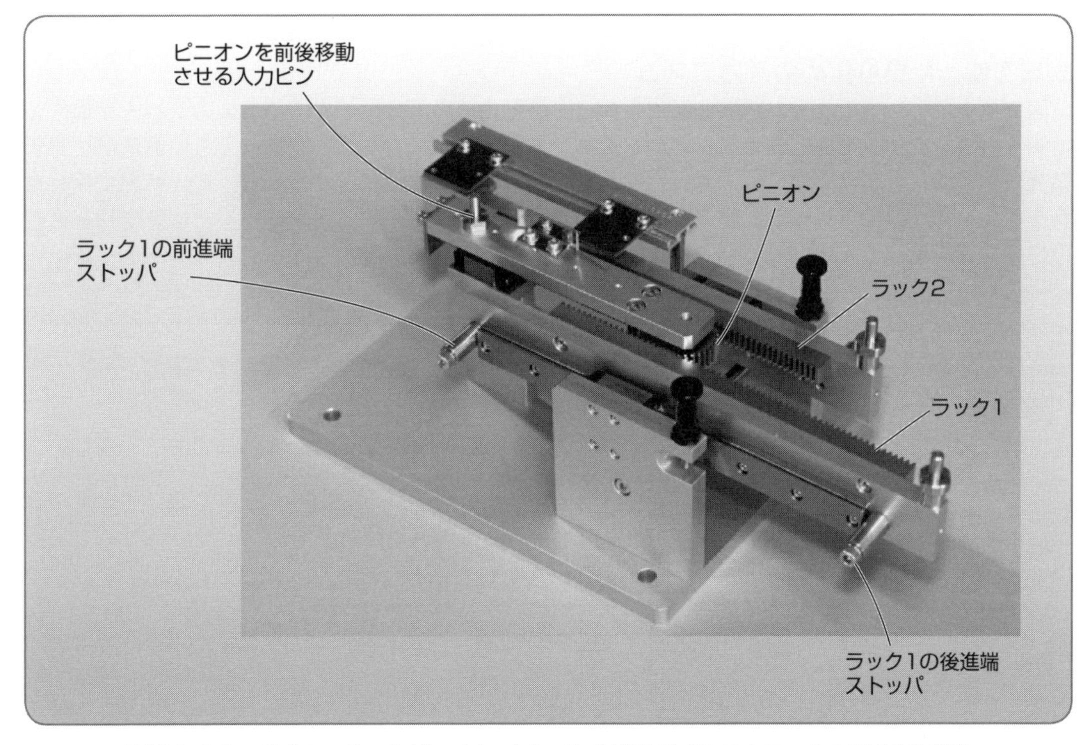

写真6-6-1　ダブル・ラックピニオン（イコライザ型ダブルストローク MM-VML310）

写真6-6-2はダブル・ラックピニオンの駆動部です。入力ピンを動かして中央のピニオンを駆動するとラック１とラック２が順番に動作します。

写真6-6-2　ダブル・ラックピニオンの駆動部

定石6の7 スプリングと鋼球を使うと戻り止めのメカニズムができる

スプリングと鋼球を使うと、クラッチのような一方向にしか動かないメカニズムをつくることができます。この機能をクランプの戻り止めに使ってみましょう。

鋼球を使った戻り止めのメカニズム

図6-7-1は、棒状のツールバーと鋼球を使った戻り止めのメカニズムです。入力レバーを操作して弾性のあるツールを前進させてワークをクランプします。入力レバーを戻しても、鋼球がクサビに食い込んで、スプリングによって戻ろうとするツールバーを停止させるので、その状態で保持されます。ロック解除レバーを操作して鋼球を図の右側に戻してやると、ツールバーはスプリングの力によって後退します。

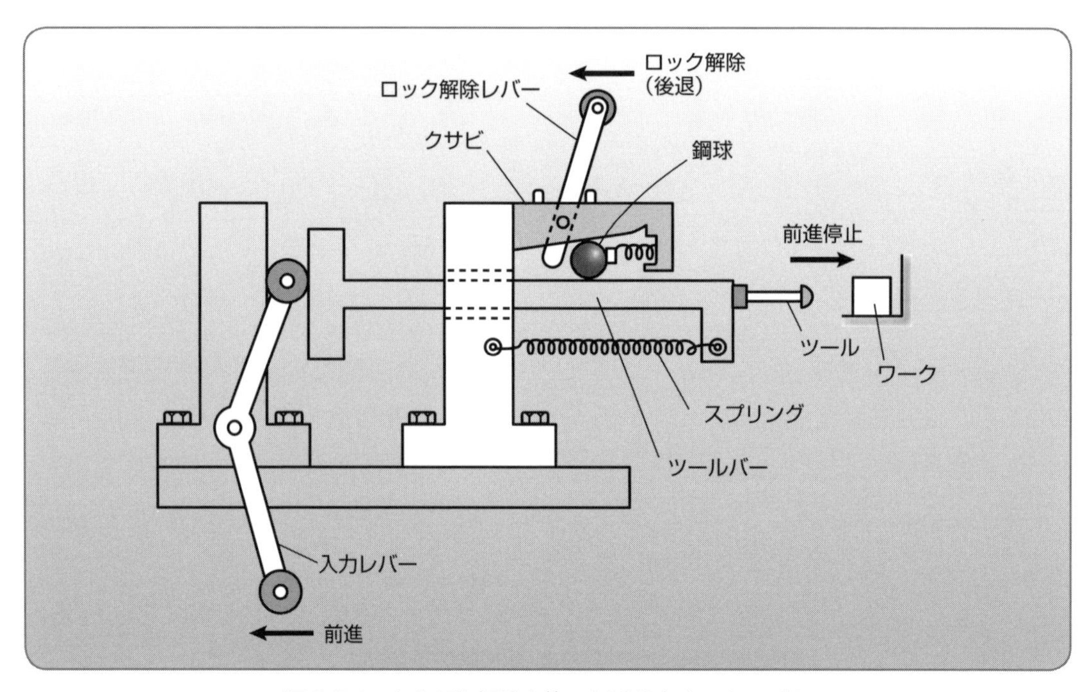

図6-7-1　クサビと鋼球を使った戻り止めメカニズム

ここがポイント

鋼球を使った戻り止めのメカニズムでは、止まった状態でツールでワークを押しつけておく力がないのでツールの先端にゴムをつけるなどして弾性をもたせておくようにします。

第7章

つぶしたり切断したりするメカニズム

増力するメカニズムを利用して、ワークをつぶしたり、切断したりするからくりを考えてみましょう。増力には、ねじや歯車、てこやトグルなど一般的なメカニズムを使います。

送りねじ（MM-VM140）

定石 7の1　つぶす力を簡単に増力するにはねじを使う

ねじを使えば、大きな増力を得られるので簡単につぶすメカニズムをつくることができます。ただし、大きく増力した分、ハンドルを何回転もしなくてはならないのが欠点です。

(1)　ねじを使ってつぶす

図 7-1-1 は、ねじを使って増力した力でワークをつぶすメカニズムです。ハンドルを1回転するたびにねじのリードが1個分進むので、ハンドルを何回も回転しないとつぶす位置まで下降しません。

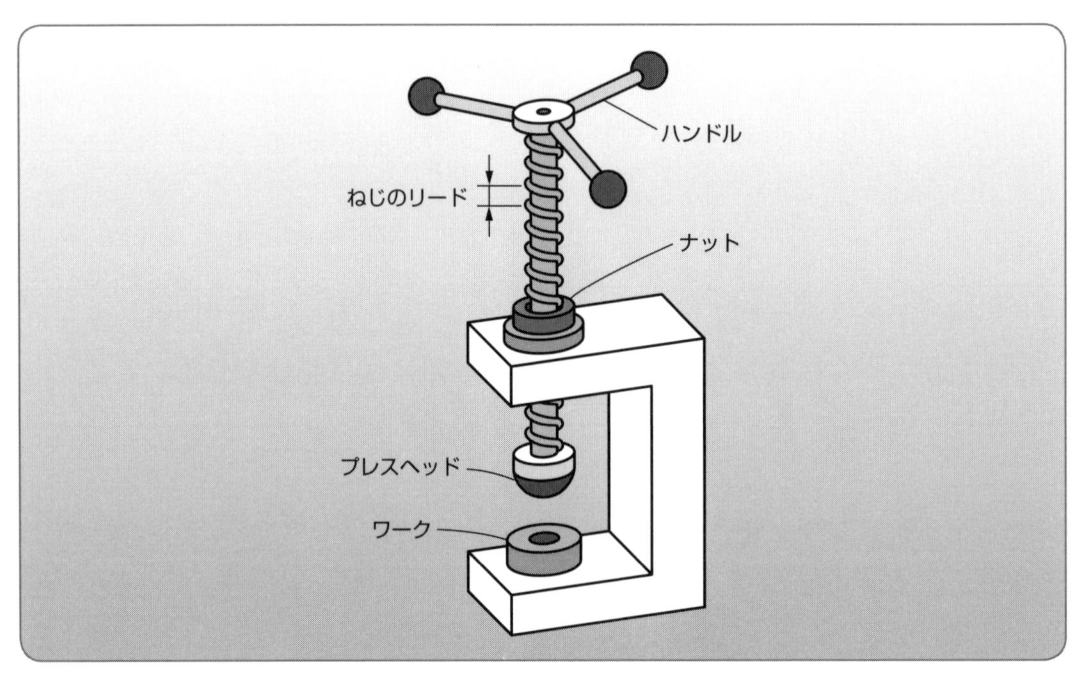

図 7-1-1　ねじを使いワークをつぶすメカニズム

図 7-1-2 は、ねじにつけたナットの入った移動ブロックを下降し、ワークをつぶすメカニズムをつくったものです。

直動ガイドを使ってヘッドが垂直に動作するようになっていますが、ワークをつぶすときに、あまり大きな力をかけるとナットと移動ブロックの間でこじれる力がかかって、うまく動作しなくなることがあるので注意します。

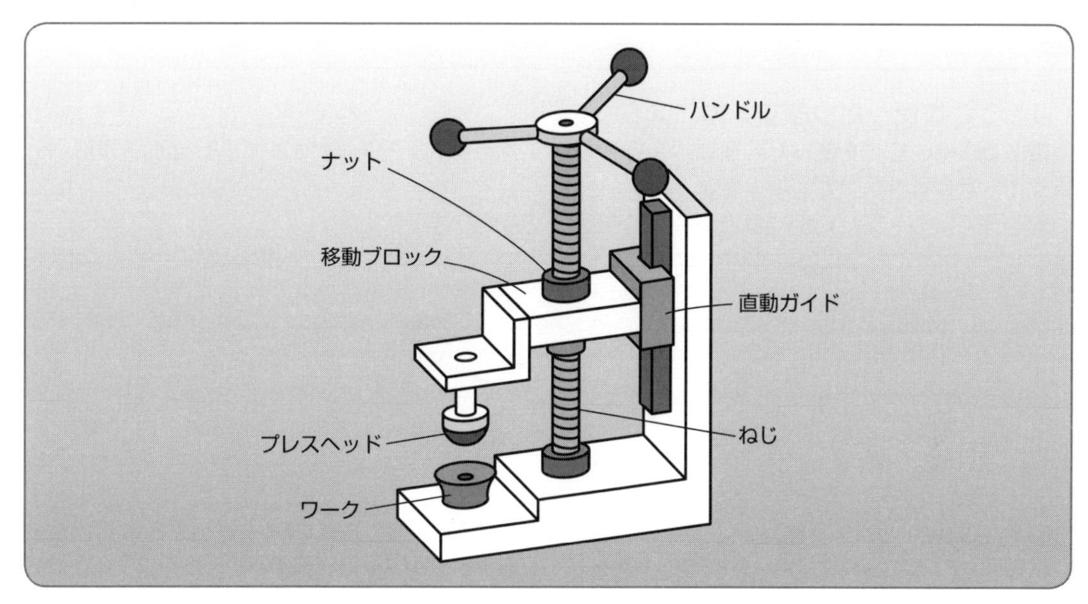

図 7-1-2　移動ブロックを使いワークをつぶすメカニズム

(2)　ねじを使った直動メカニズム

写真 7-1-1 はねじを使った直動メカニズムです。入力歯車を回転すると、ねじが回転してナットについている移動ブロックを前後に移動します。ねじの回転と一緒に移動ブロックが回転しないように移動ブロックには回り止めが必要です。

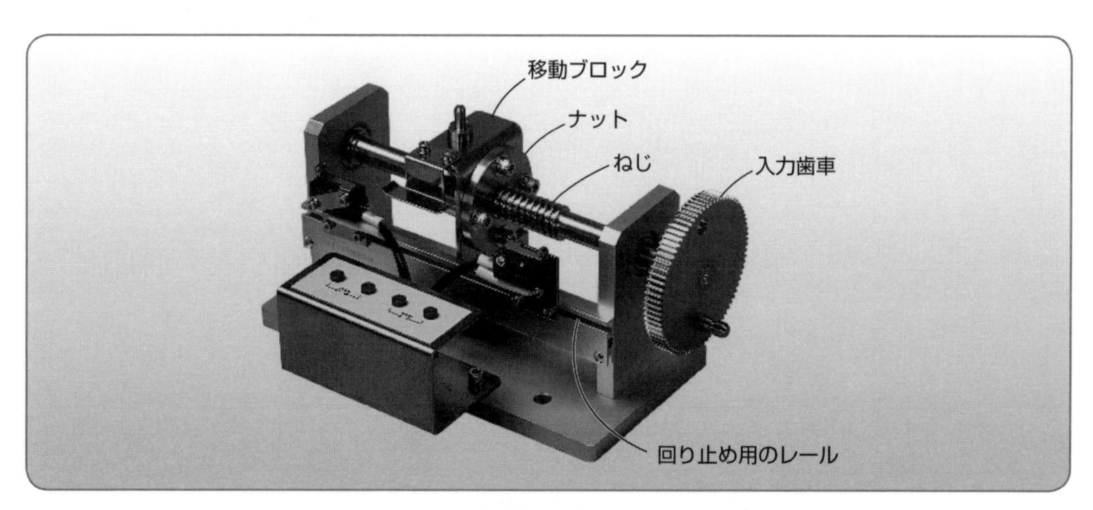

写真 7-1-1　直動送りねじ（MM-VM140）

定石7の2　つぶすメカニズムにはてこを使う

てこのような増力機構を使うと、強い力でつぶすメカニズムをつくることができます。

(1)　てこを使ったつぶすメカニズム

図 7-2-1 は、てこを使った普通に考えられる「つぶすメカニズム」です。てこは支点と作用点、支点と力点の長さ比で力が増力されます。

この例ではハンドルにかけた力が3倍になってつぶす力に現れます。

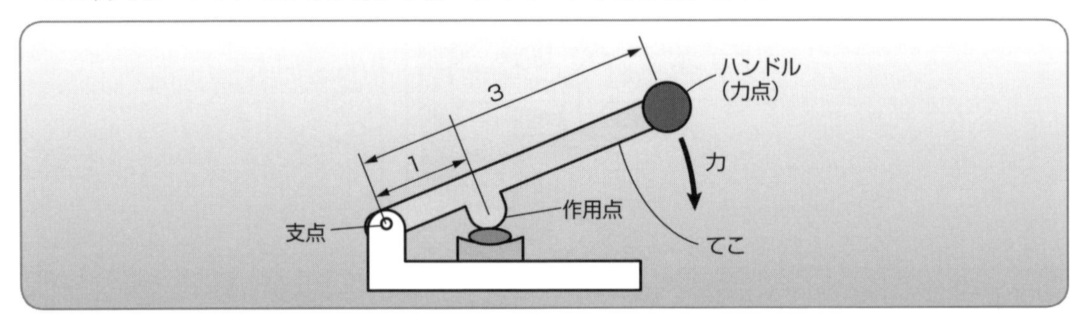

図 7-2-1　てこを使ったつぶすメカニズム

(2)　力をかけやすくしたメカニズム

図 7-2-2 のように、てこの力点と作用点の位置関係を少し変化させてみると、ハンドルを操作しやすくなります。

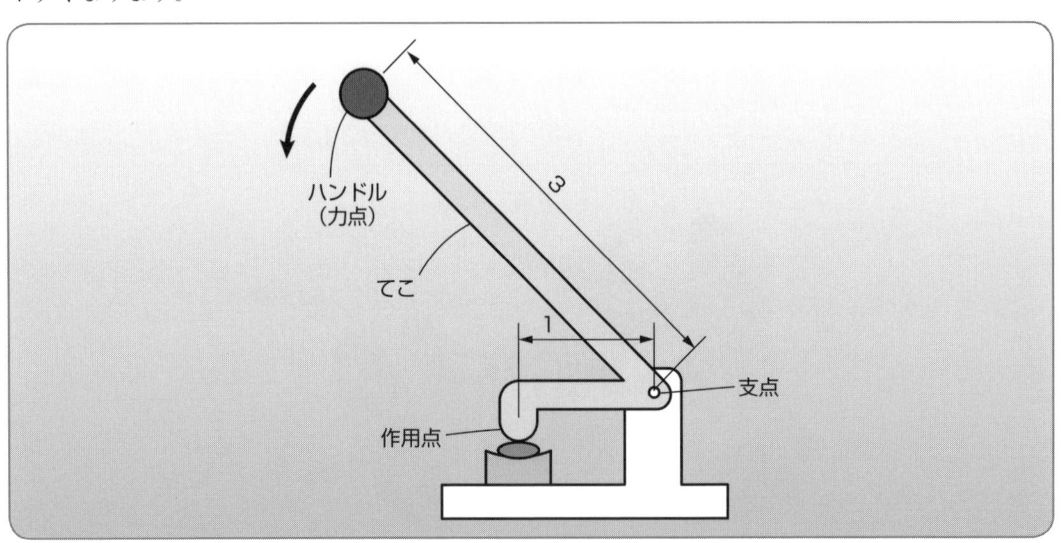

図 7-2-2　力をかけやすくした構造

ここがポイント

てこの増力は支点を中心にして、力点までの距離と作用点までの距離の比で決まってきます。力点と作用点の位置関係を調節して使い勝手のよい角度に設定します。

定石7の3 ハンドルを操作して直進運動でつぶすにはラックピニオンを使う

ねじでは遅いし、てこでは円弧運動になって真っ直ぐにつぶせません。そこでラックピニオンのような速い動作で直進するメカニズムを使うと、真っ直ぐにワークをつぶす装置をつくることができます。

（1） ラックピニオンを使ったつぶすメカニズム

図7-3-1は、ハンドルを下げたときにピニオンが回転して直線歯であるラックを押し下げるものです。

ピニオンの径を大きくしておくと、ラックの移動ストロークが長くなり、速く動作します。

ラックの直線運動とピニオンの回転軸をしっかりガイドしておかないと、ガタの大きな装置になってしまいます。ピニオンの径をあまり大きくしすぎると、つぶす力が小さくなってしまうので注意します。

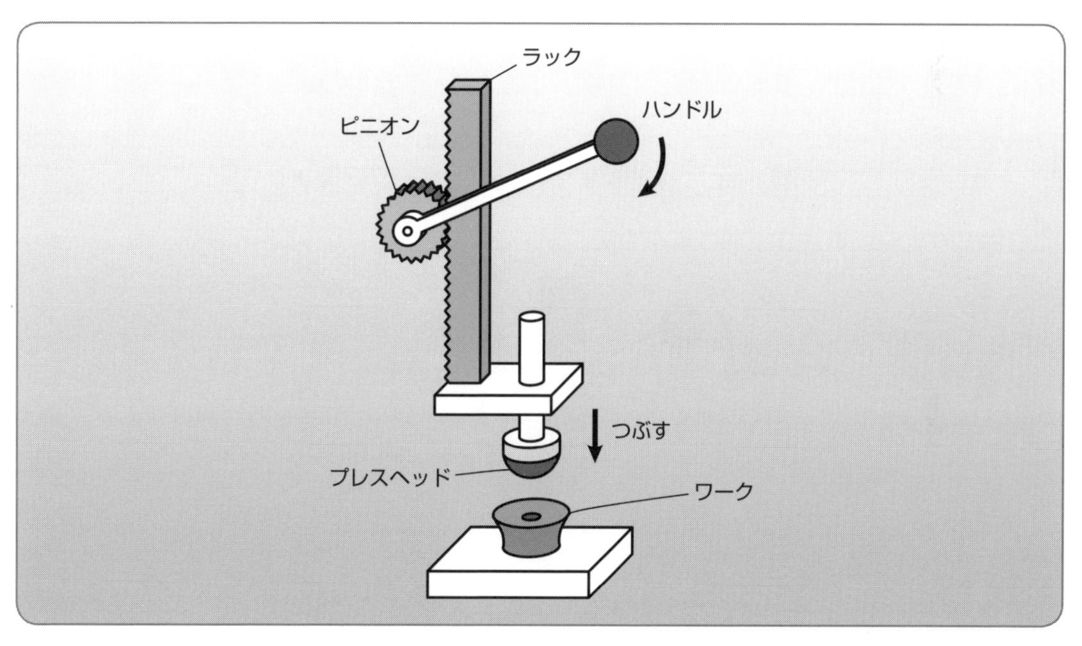

図7-3-1　ラックピニオンを使ったつぶすメカニズム

ここがポイント

ラックピニオンでワークを大きな力でつぶすには、ハンドルを長くして、てこの力を利用します。速度を上げるために、ピニオンの径を大きくするとつぶす力が小さくなってしまうので注意します。

(2) ハンドル位置の変更

ハンドルを反対側に持っていくには、**図 7-3-2** のように逆転用歯車を追加してピニオンの回転方向を逆転します。

図 7-3-3 は、ハンドルを反対側につけるためにラックの向きを裏返して取り付けたものです。

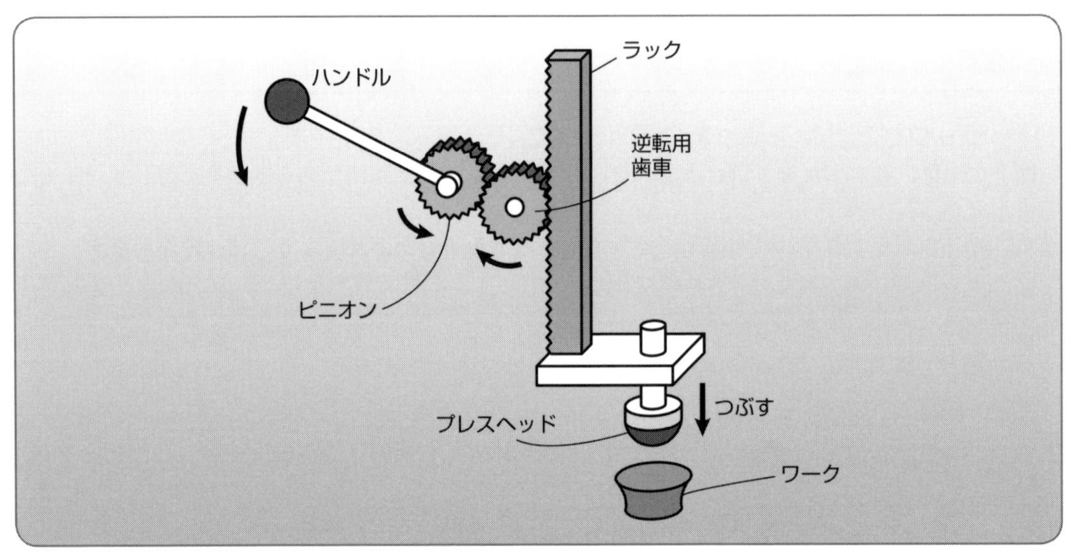

図 7-3-2　逆転用歯車を使ったハンドル位置の変更

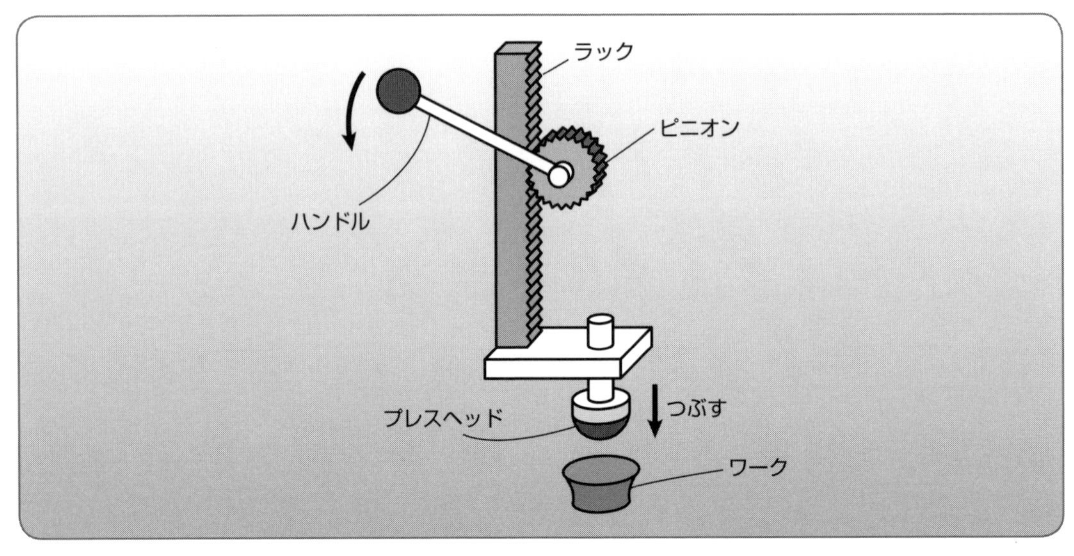

図 7-3-3　ラックを反対向きにしたハンドル位置の変更

定石7の4 てこの力を大きくするにはてこをダブルで使う

定石の要旨 てこを2重に使うことで、大きな力でつぶすメカニズムをつくることができます。

(1) 2重てこを使ったつぶすメカニズム

図7-4-1は、2つのてこを組み合わせてより大きな力を出してワークをつぶすメカニズムです。

てこ1で増力して、さらにてこ2で増力します。てこは均等変換メカニズムですから、増力するとその分ヘッドの移動量は小さくなるので注意します。

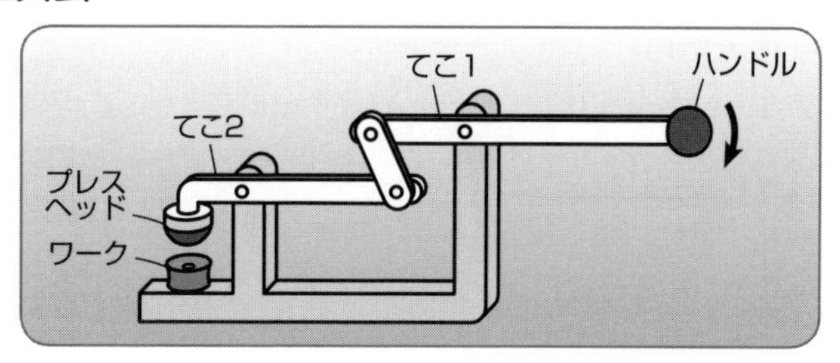

図7-4-1　2つのてこによるつぶすメカニズム

(2) レバーを使いコンパクトな構造にする

2つのてこを単純に並べると装置が大きくなりがちなので、てこ1をレバーと考えて運動方向を変換して装置をコンパクトにしたものが**図7-4-2**です。図7-4-1と同じような特性になりますが、レバーを曲げてハンドルを反対方向に出すようにしてあるので、図7-4-2の方がコンパクトにまとまっています。

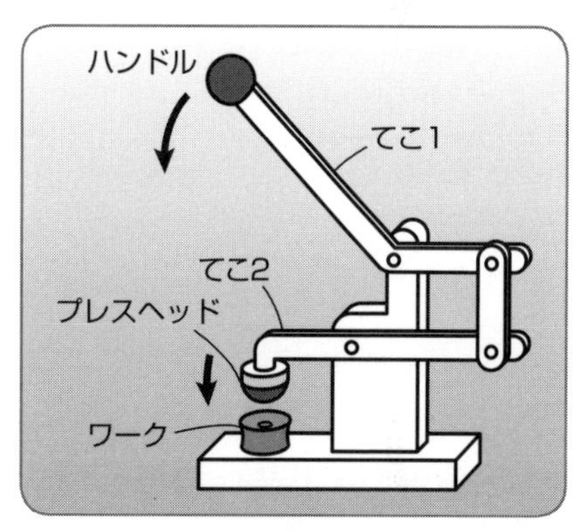

図7-4-2　レバーを使ってコンパクトにした2重てこのメカニズム

(3) 2つのてこを交差させる

図7-4-3は、2つのてこを交差させて2重てこにしたものです。

てこの基本の型はどれも同じですが、使い勝手などを考えてどのような形にリンクさせるかを検討します。

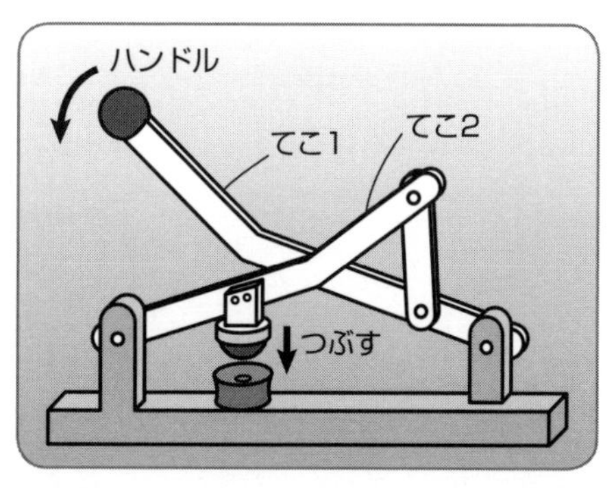

図7-4-3　2つのてこを交差させた2重てこのメカニズム

1つのてこで大きな力を出そうとすると、てこの長さが長くなってしまいます。てこを2つに分けて方向を変えることで、コンパクトで大きな力を出すメカニズムがつくれます。

定石 7の5　最終端において強い力でつぶすにはトグルを使う

定石の要旨　トグルは２つのリンク棒を「く」の字の形に組み合わせたもので、「く」の字が一直線に近づくときに大きな力を出すことができます。

（1）　直動ガイドとトグルを使う

図 7-5-1 は、ハンドルを下げるとトグルが伸びる方向に動き、伸び切る少し手前でワークをつぶすように設定してあります。

トグルの「く」の字がなす角度 θ が170°近くになると、ハンドルから与えた力の数倍の力でワークをつぶすことができます。

直動ガイドを使ってヘッドが垂直に移動するようになっています。

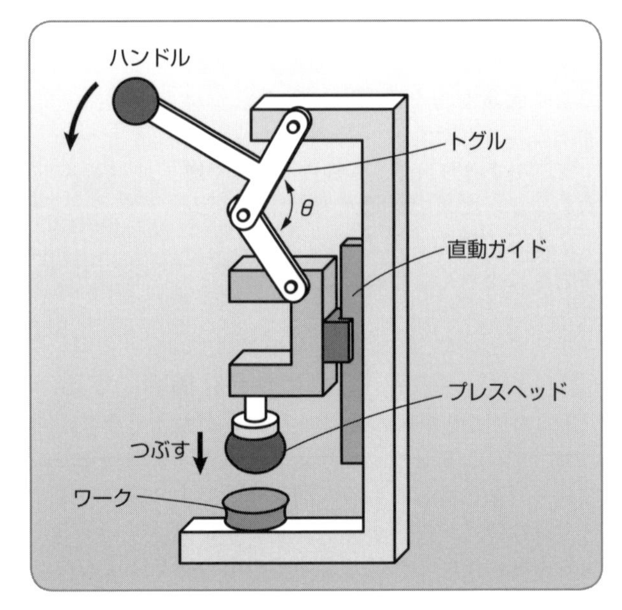

図 7-5-1　直動ガイドを使ったつぶすメカニズム

（2）　直動ガイドの代わりにレバーをつける

図 7-5-2 は、直動ガイドの代わりにレバーをつけたものです。図 7-5-1 と比較するとこちらの方がシンプルで安価に仕上がります。この例のように、直動にガイドされている部分はレバーで代用できないか検討してみるとよいでしょう。

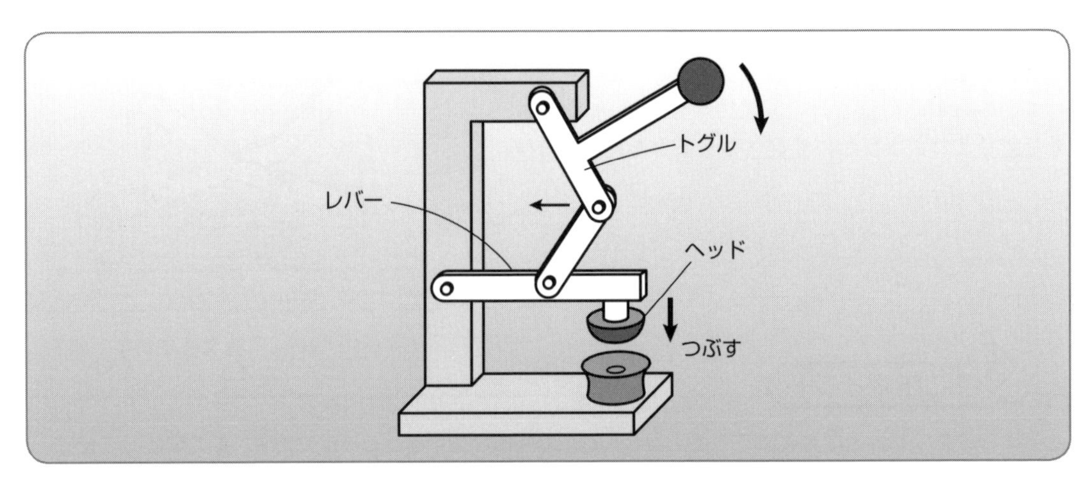

図 7-5-2　レバーとトグルを組み合わせたつぶすメカニズム

定石7の6 ワークを送りながら切断するにはラチェット送りを使う

定石の要旨 カマボコのようなものをスライスするときに、ワークのピッチ送りと切断をワンモーションで行うようにすると一定の厚みに切断しやすくなります。

ワークをきざむ装置

図7-6-1 は台の上に載っているカマボコのような姿をしたワークを薄くきざむ装置です。人がハンドルを下向きに動かすと、カッタが下がってワークを切ります。ハンドルを持ち上げると、送り爪がラチェットホイールを回すのでワークは少し手前に送られます。

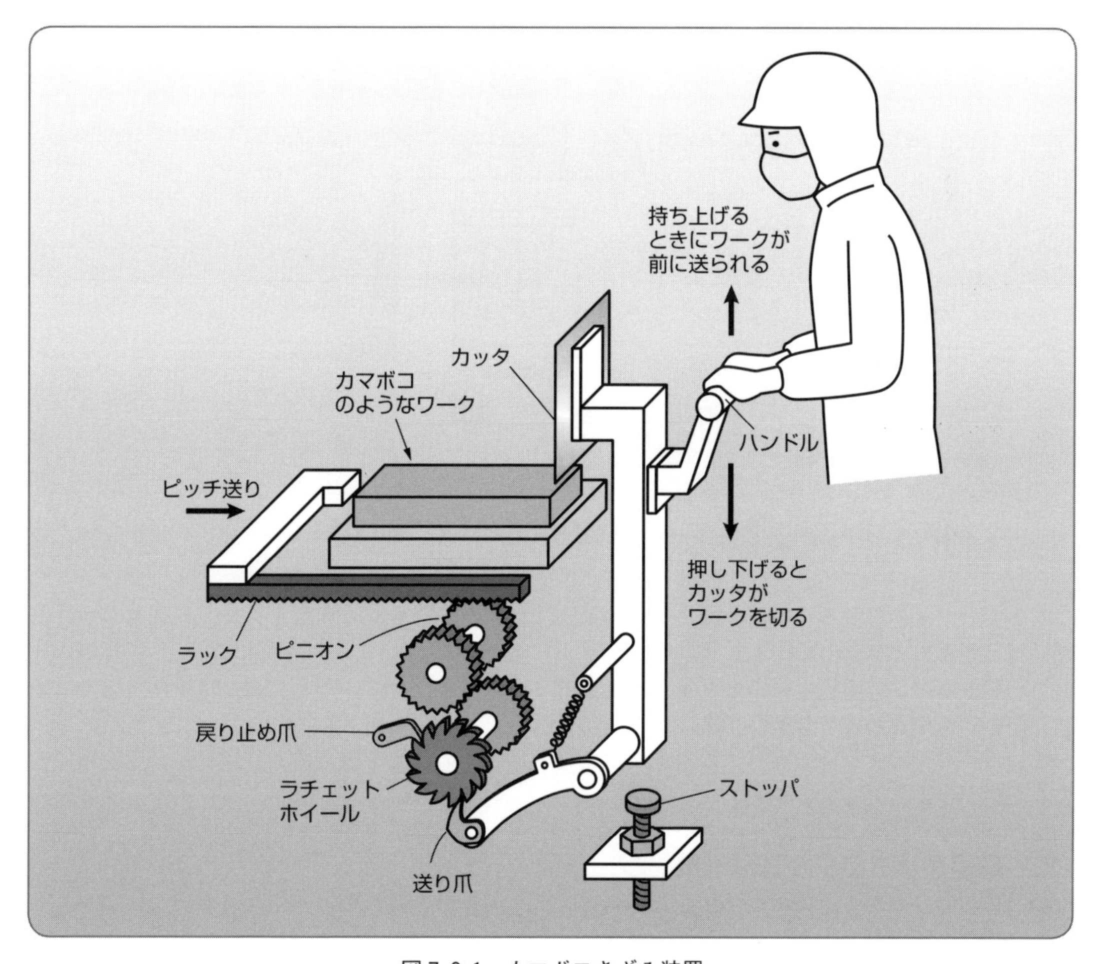

図7-6-1　カマボコきざみ装置

定石7の7　構造体に影響せずに力をかけるにははさみ込むメカニズムを考える

プレス作業のように強い力を必要とする作業の場合、大きな力が発生します。この力を構造体で受けるようにすると、思わぬガタなどが生じ耐久性が低くなることがあります。このようなときには、はさみ込む力でプレスするからくりにするとよいでしょう。

(1)　プレスの反力

図7-7-1は、金属板を油圧シリンダでプレスするものですが、プレスするときに反力が構造体にかかってしまいます。

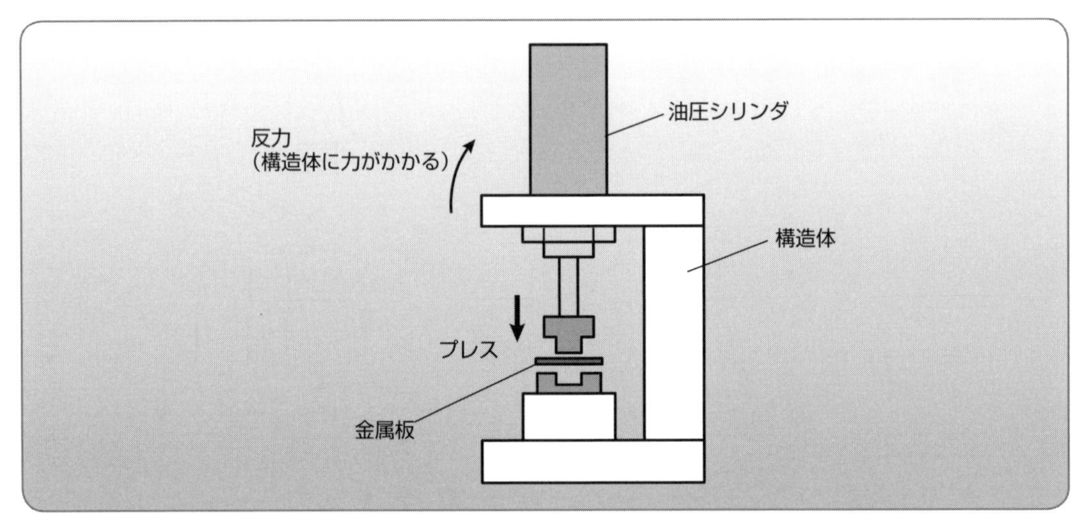

図7-7-1　金属板を油圧シリンダでプレスする

あるいはクルミを割るために、**図7-7-2**のような装置をつくってみても、クルミに体重をかけただけでは割ることは難しいでしょう。

この装置では、体重以上の力をクルミにかけることはできません。そしてここに全体重をかけると、テーブルがたわんでしまいます。

この2つの例のように、プレスの力をかけたときに、その反力を構造体で受けると、構造体に大きな負担がかかってしまいます。

(2)　負担の小さいクルミ割り機

構造体に力がかからないようにするためには、クルミをはさみ込むようにします。

図7-7-3がその例で、クレビスシリンダでどんなに力を出しても、テーブルに負担がかかることはありません。

このようにプレスやカシメ、あるいは切断などといった大きな力をかける作業部分には、ワークをはさみ込むメカニズムが有効なことがよくあります。

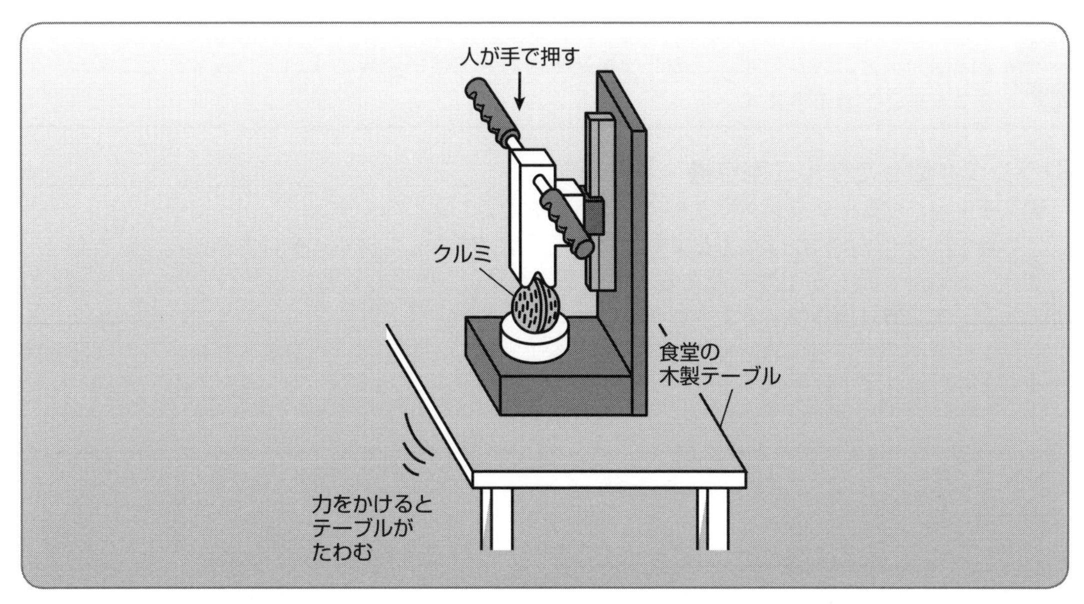

図 7-7-2　使えないクルミ割り機

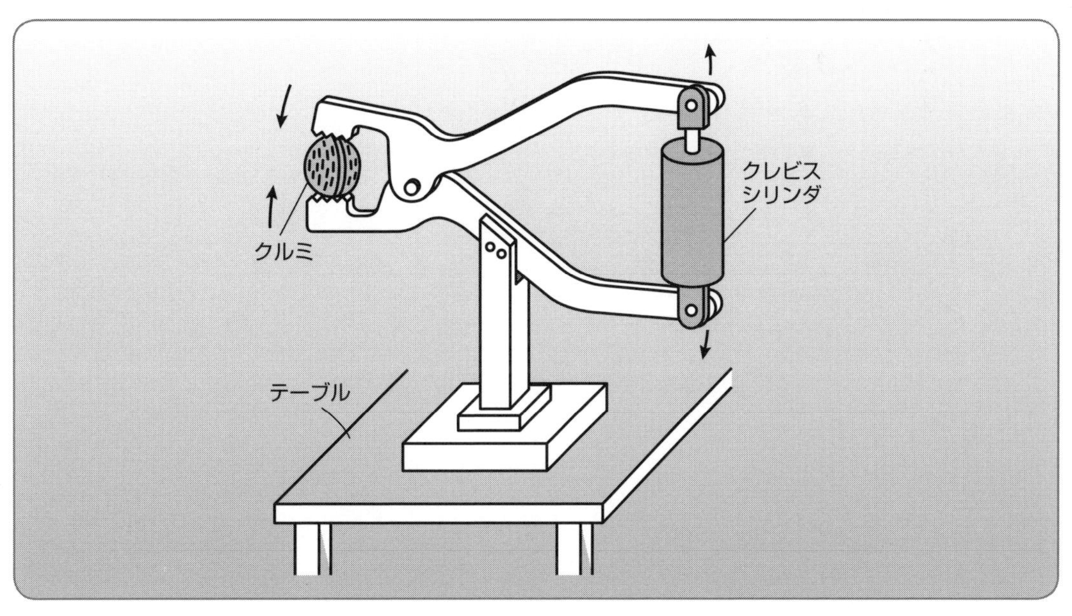

図 7-7-3　テーブルに負担がかからないように工夫したクルミ割り機

定石 7の8　てことクランクを組み合わせるとはさみ込むときに大きな力が出る

てこは一定倍率の増力メカニズムですが、クランクはストロークの終端で力が大きくなる終端増力メカニズムです。この2つを組み合わせて使い勝手のよい「つぶすメカニズム」をつくることができます。

クランクを使ったクルミ割り機

図7-8-1は、てことクランクでクルミを割る力を増力したものです。

この例ではハンドルにかけた力をてこによって3倍に増力してクルミをはさみ込んでいます。

また、クランク角θが120°を超えると、クランクによってさらにはさみ込む力が増力されるので、ハンドルを楽に操作できるようになります。

クランク角が180°に近い場所でクルミが割れるようにしておくと、ハンドルにかける力は最小限ですむようになります。

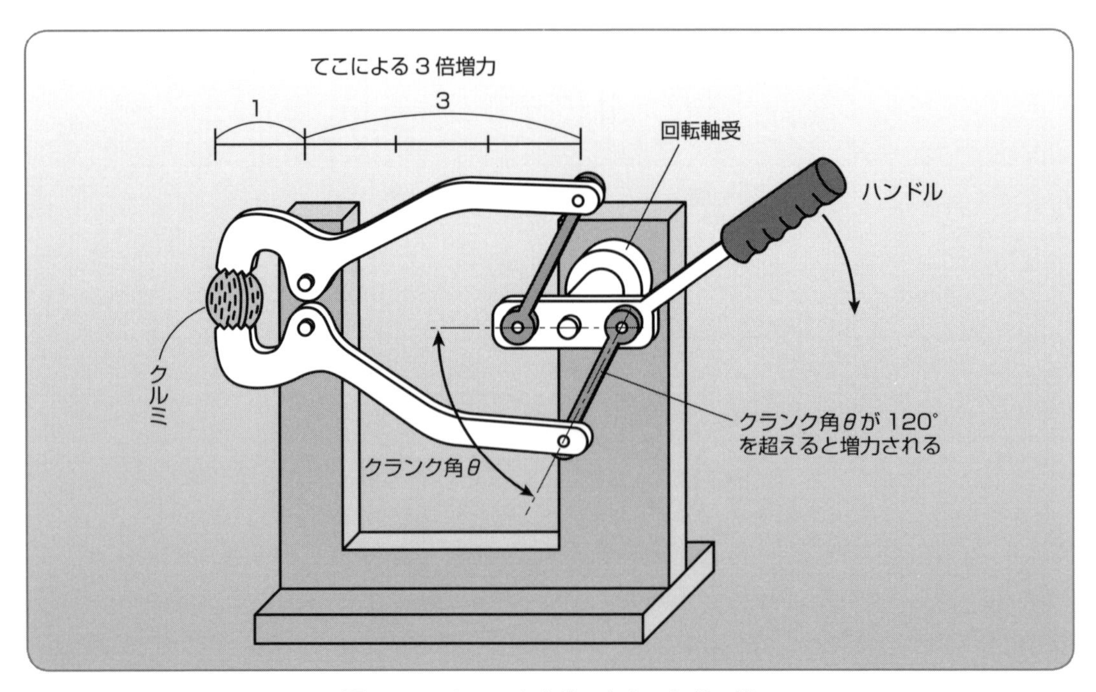

図7-8-1　クランクを使ったクルミ割り機

ここがポイント

てこによる単純増力とクランクなどの終端増力を組み合わせると、効果的に力をコントロールできるようになります。

定石 7の9 はさみ込むメカニズムはトグルで増力する

トグルで増力して大きな力ではさみ込むメカニズムを考えてみます。
トグルの回転アームをレバーと考えてハンドルをつけると、力をかけるハンドルを自由な方向につけることができるようになります。

(1) トグルを使ったクルミ割り機

図 7-9-1 は、トグルを使ったクルミ割り機です。ハンドルを矢印方向に倒すと、トグルリンクが伸びて回転アームとトグルリンクがなす角度が 180°に近づくと、大きな力で割ることができます。

図 7-9-2 は、トグルがつくる「く」の字を逆にして、ハンドルを反対側につけたものです。

このようにトグルの向きを変えることで駆動部を移動できるようになります。

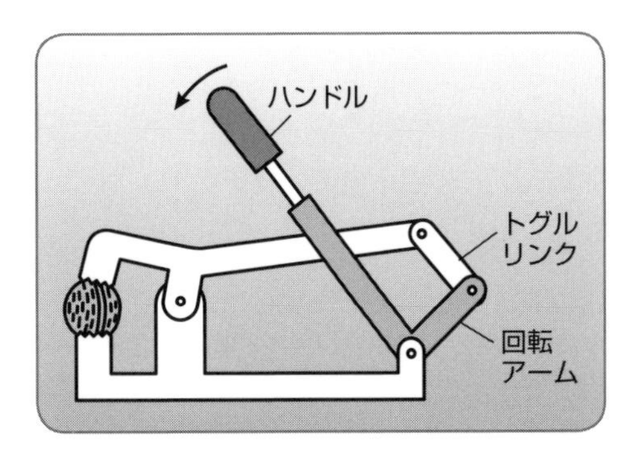

図 7-9-1　トグルを使ったクルミ割り機

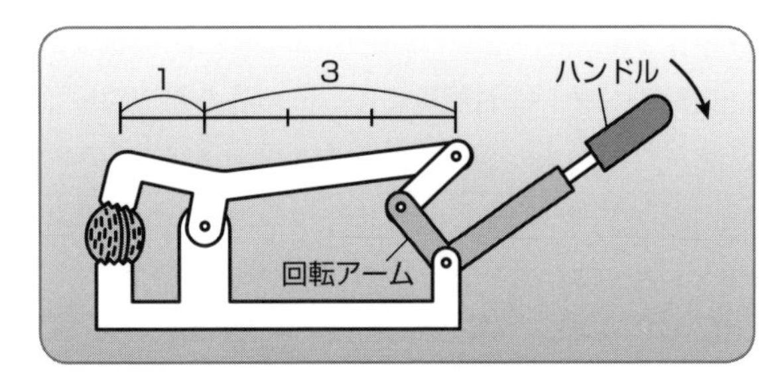

図 7-9-2　トグルのハンドルを反対にしたクルミ割り機

(2) 外トグルを使ったクルミ割り機

図 7-9-3 は、外トグルを使った例です。ハンドルを矢印の方向に動かしていき、トグルリンクとハンドルが直線に近づくにつれて力も大きくなっていきます。

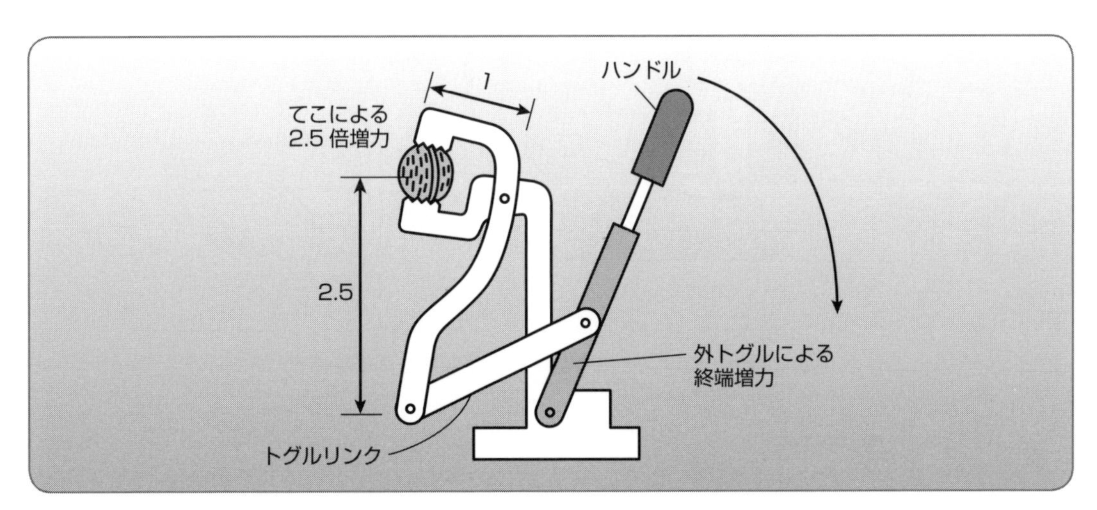

図 7-9-3　外トグルを使ったクルミ割り機

定石7の10　1つのシリンダで上下同時にプレスするメカニズムにはリンクを使う

カムとリンクを使うと、1つのシリンダの1往復でワークの下面と上面からはさみ込むようにプレスするメカニズムをつくることができます。

リンクを使ったプレス装置

図7-10-1は、ワーク受けが上昇し、プレスヘッドが下降するプレスユニットです。シリンダを前進すると、受け上昇用カムが前進してワーク受けが上昇します。ワーク受けはワーク下面に当ったところでカムのドゥエルによって停止します。

受けが上昇するのと同時にトグルが伸び、てこを駆動して、てこの先端のリンクを介してプレスヘッドが下降します。

プレスヘッドはワークの上面からプレスします。そのときに受け上昇用カムのドゥエルの位置にワーク受けが載るようにしておくと、ワーク受けはしっかりとワーク下面からワークを支えるようになります。

プレスヘッドはトグルとてこで増力されてワークを上面からプレスするので、ワークの上面に大きな力がかかり、それをワーク受けで受けとめる構造になっています。

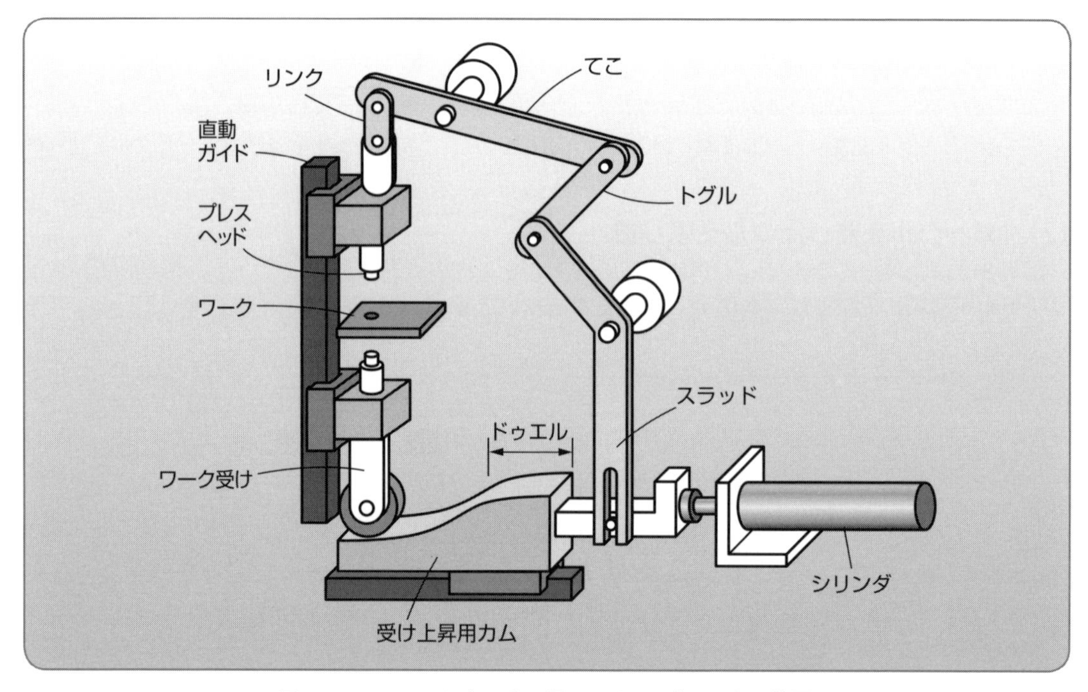

図7-10-1　ワークをはさみ込むようにプレスする装置

第8章

拘束リンク棒を使った多重運動

　拘束リンク棒を使うと、メカニズムを単一のアクチュエータで動かす場合でも、動きながら回転するなどといった複合動作ができるようになります。
　拘束リンク棒は、直進動作をしながら姿勢を変更する場所や、単純な回転運動にもう1つの運動を追加するような多重動作の動きをつくるときなどに利用します。

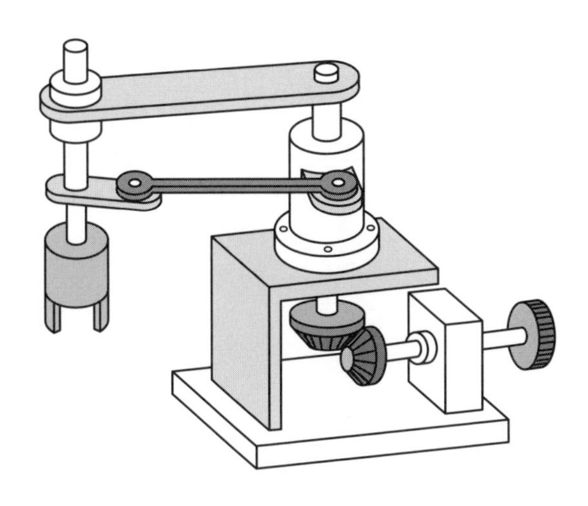

定石 8の1　多重運動をつくるには拘束リンク棒を使う

拘束リンク棒を使うと、単純な直進運動や回転運動にもう１つの運動を追加したような多重運動の動作をつくることができます。

（1）　拘束リンク棒の機能

リンク棒は棒に２つの穴があいた構造なので、２つの穴の距離が一定になります。そこでリンク棒はリンク棒の片方の穴につけた回転軸と相手の軸との距離を一定に保つものと考えることができます。

２つの軸間の距離を一定に保つことで、新たな運動をつくり出すような使い方をするリンク棒のことを「拘束リンク棒」と呼びます。拘束リンク棒の運動は、可動側が拘束リンク棒の固定側の回転軸に近づいたときに、リンクアームが伸びるのと同じ動作になると考えると、わかりやすいかもしれません。

図 8-1-1 の例では、水平に移動するスライドブロックに上下ユニットを取り付けて、上下ユニットを拘束リンク棒に連結したものです。スライドブロックを前進させると、拘束リンク棒はA→B→Cの順に移動します。拘束リンク棒が垂直になるBの位置では上下ユニットが上昇端に達し、その後、下降してCの位置まで移動します。Bの位置では拘束リンク棒が伸びたと同じ効果が得られます。

このように前進するだけで上下動作も行うようになるのは、拘束リンク棒の機能によるものです。

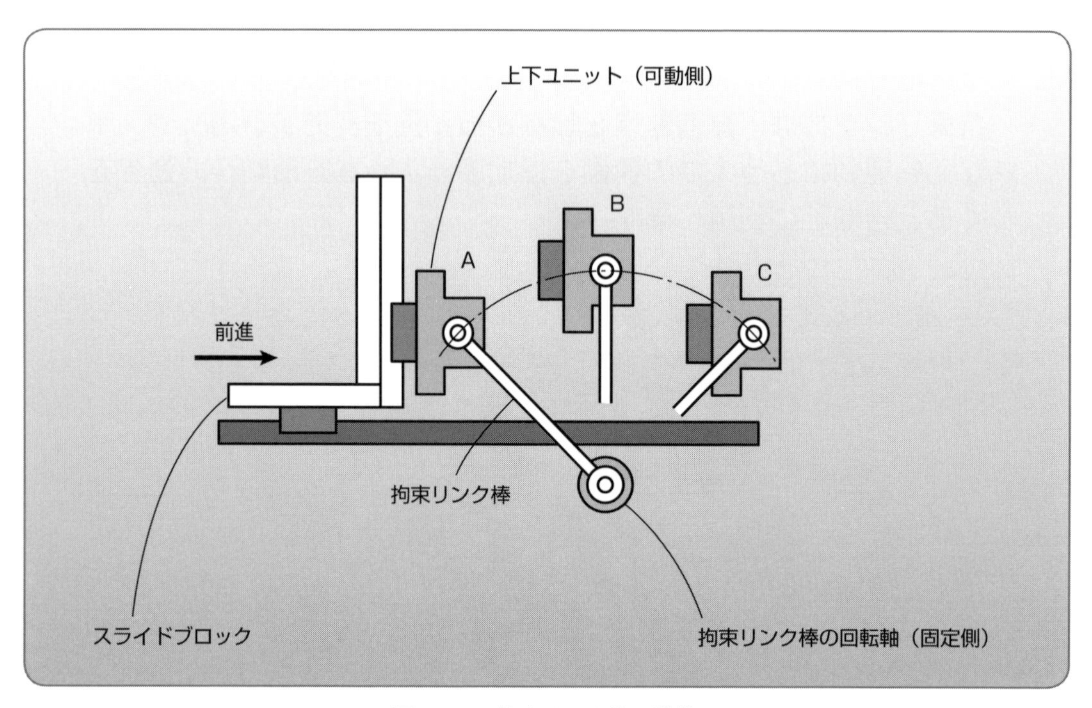

図 8-1-1　拘束リンク棒の機能

(2)　回転移動の拘束リンク棒の機能

回転の場合にも拘束リンク棒を使うことができます。

図 8-1-2 はその例で、回転アームが回転すると、拘束リンク棒に連結しているスライドブロックが回転アームの先端方向に移動します。

このようにアクチュエータを使わなくても、スライドブロックの位置を変化させることができるようになります。

A から C へ移動したときに、スライドブロックは回転アームに沿って下降するので、C の位置では拘束リンク棒の長さが伸びたような効果があると考えてみてもいいでしょう。

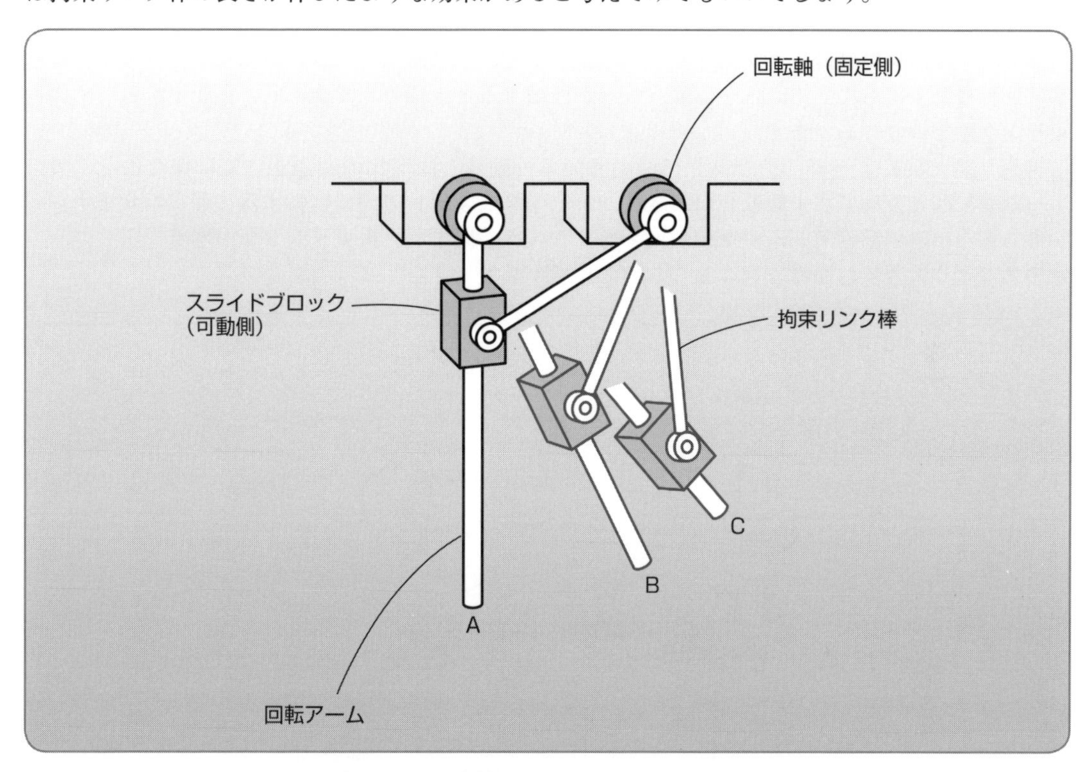

図 8-1-2　回転移動の拘束リンク棒の機能

ここがポイント

拘束リンク棒の可動側が拘束リンク棒の固定側に近づくような動作をするときに、拘束リンク棒が伸びるような効果があります。

定石 8の2　水平回転しながらチャックの向きを変えるには拘束リンク棒を使う

旋回型のピック＆プレイスユニットのチャックの向きを、アクチュエータを使わずに変化させるようなケースでは拘束リンク棒を使うことがあります。

水平回転アームと拘束リンク棒

図 8-2-1 は、旋回型のピック＆プレイスユニットで、水平回転アームが回転して、チャックを水平に回転移動するものです。水平回転アームが回転するときにチャックの向きを変更するために拘束リンク棒をつけてあります。

拘束リンク棒によって、チャックについている可動側と固定側の距離が一定に保たれるので、アームが矢印 a 方向に水平回転したときに、チャックは矢印 b 方向に回転することになります。

もちろん、水平回転アームの回転角度をあまり大きく回すと、拘束リンク棒が邪魔になって、一定の角度より大きくは回転できなくなるので注意が必要です。

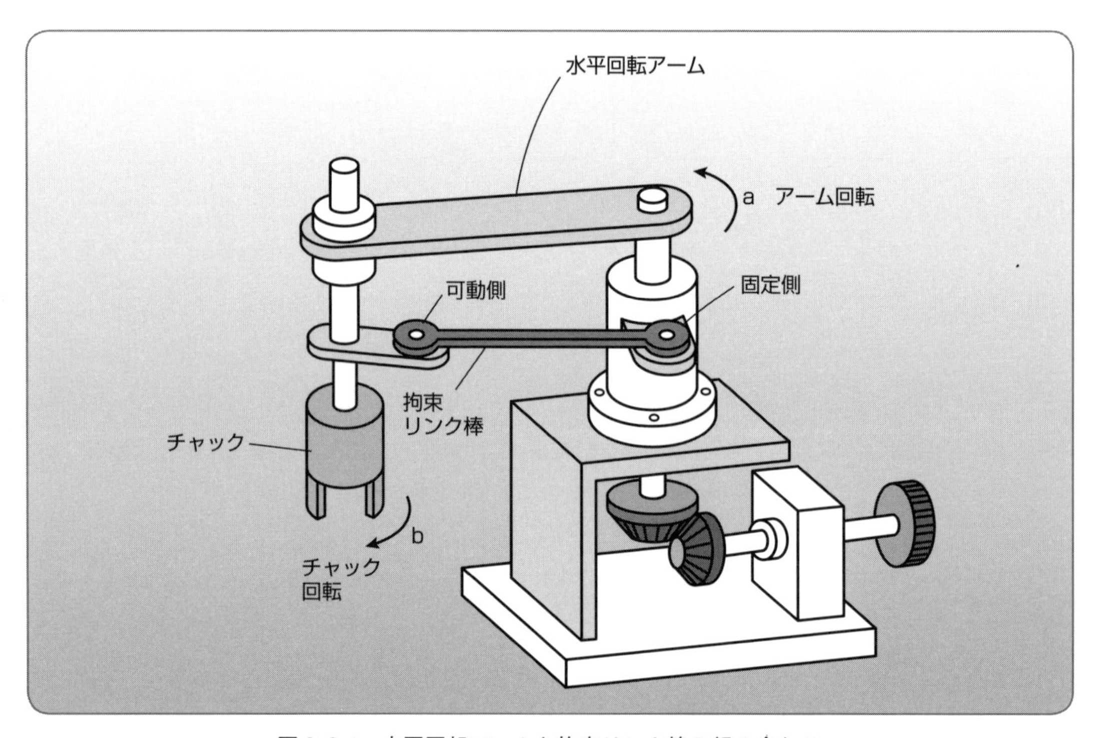

図 8-2-1　水平回転アームと拘束リンク棒の組み合わせ

定石 8の3 拘束リンク棒を使うと垂直回転移動しながらチャックの向きを変更できる

拘束リンク棒を上手に使うと、1つのアクチュエータで旋回とチャックの向きの変更の2つの動作を複合した動きをつくれるようになります。

拘束リンク棒を使った垂直回転アーム

図 8-3-1 は垂直回転アームの先にチャックを取り付けたものです。

垂直回転アームをa方向に回転すると、拘束リンク棒の可動側が固定側から離れる方向に動こうとするので、ちょうどリンク棒が短くなっていくような動作をすることになります。そこで、垂直回転アームの上昇とともにチャックは矢印b方向に動くことになります。その結果、最終端でチャックが水平方向に向くように動作します。

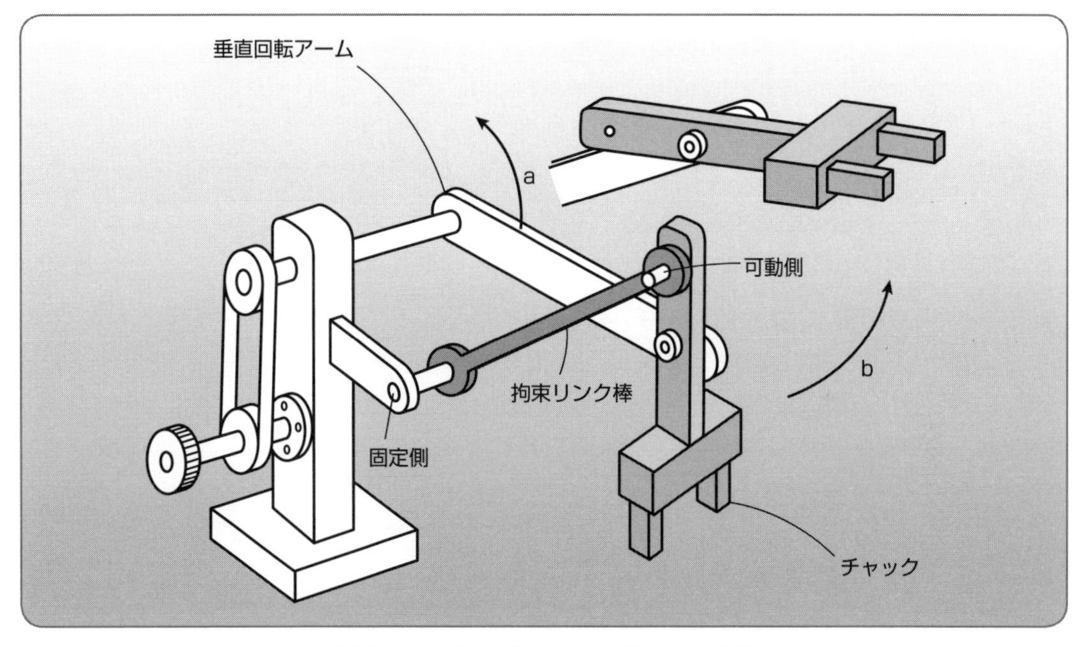

図 8-3-1　垂直回転アームと拘束リンク棒

ここがポイント

拘束リンク棒が引っ張られるように動作するときには、拘束リンク棒が動きとともに短くなっていくような効果があるというイメージをもつとわかりやすいでしょう。

定石 8の4　拘束リンク棒を使うと高速に動かすピックアップユニットができる

コンベヤ上のワークをつかんで高速に移動するときなどでは、1つのアクチュエータでユニットを動かすことがよくあります。このようなときにワークやチャックの姿勢を変えるために拘束リンク棒を使うとうまくいくことがあります。

（1）　拘束リンク棒を使った方向変換

図8-4-1 はコンベヤで送られてきたワークをコンベヤ先端でつかみ、方向を変えて排出するピックアップユニットです。拘束リンク棒を長くして、固定側を遠くに配置することで拘束リンク棒の可動側が垂直に近い動きになるようにしてあります。

このようにすると、小さく横移動しただけでチャックを90°回転することができます。

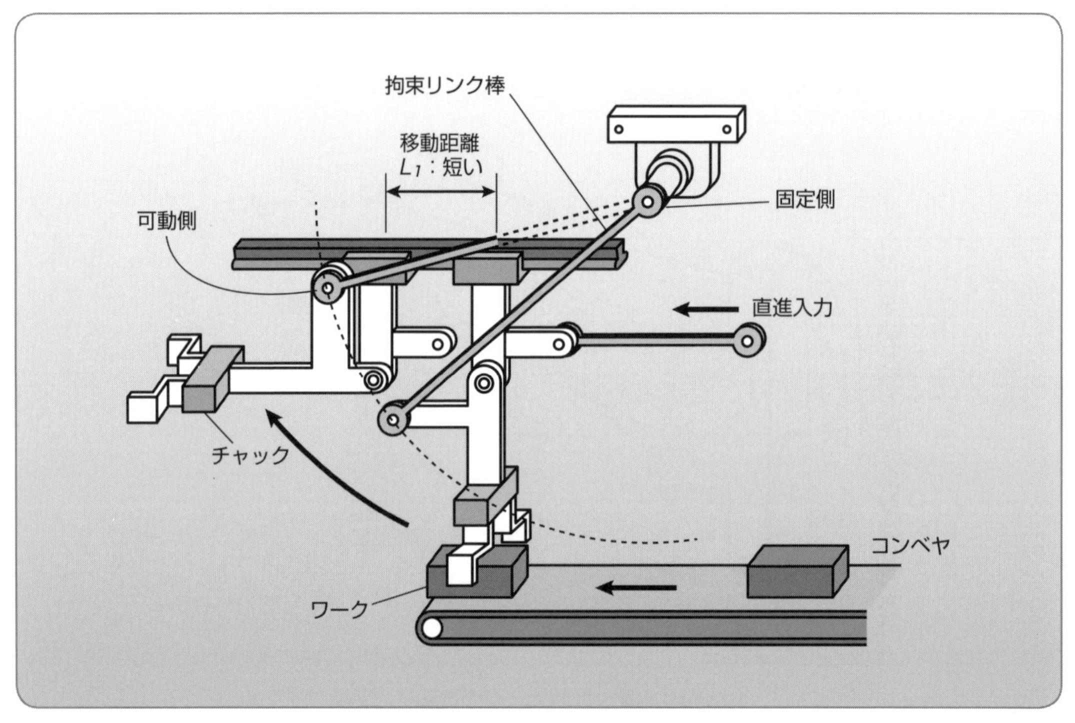

図8-4-1　小さな移動で回転する

(2)　移動量の変更

横に大きく移動させたいときには、拘束リンク棒が大きな円弧を描くようにします。たとえば**図8-4-2**のようにすると、ワークを遠くまで運ぶことができるようになります。

拘束リンク棒の固定側の点Pを右側にずらし、さらにチャックが垂直になるように上下に調節します。すると90°振れるまでに必要な移動距離L_2が短くなります。

次に点Pを左側にずらして、さらにチャックが垂直になるように上下に調整します。するとチャックの先端はいったん右側に振れるようになるので、チャック先端の運動軌跡に注意が必要です。点Pを左側にずらしたときには、拘束リンク棒の可動側の点Qがまず遠ざかり、P–Qが垂直になる点を越えると近づいてくるという動作をイメージするとよいでしょう。

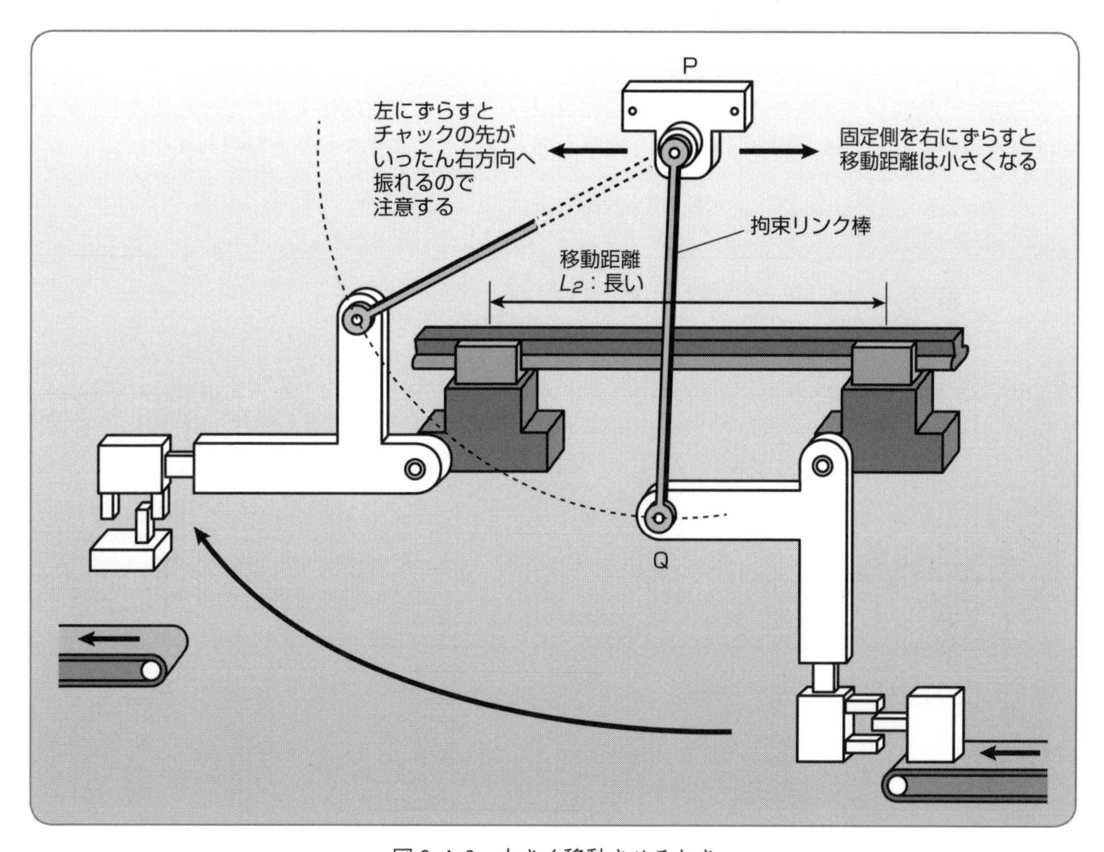

図8-4-2　大きく移動させるとき

ここがポイント

拘束リンク棒の固定側の位置を変化させることで方向変換の特性が変わってきます。この例のように拘束リンク棒が大きな円弧を描くようにすると、方向変換を完了するまでの距離が長くなるのでワークを遠くまで運ぶことができるようになります。

定石 8の5　拘束リンク棒を使ったテーブル上のワークの自動移載ユニット

傾斜が可能な可動テーブルと拘束リンク棒を使って、ワークを自動的に受け渡すユニットをつくることができます。

拘束リンク棒によるテーブルの傾斜

図 8-5-1 は、直動ガイドされたスライドブロックに可動テーブルを取り付けたものです。可動テーブルに拘束リンク棒をつけて、スライドブロックを図の右方向に移動すると、自動的に可動テーブルが傾斜するようになっています。

この場合、拘束リンク棒の可動側が固定側に近づいてくる方向に動作することになるので、可動テーブルの動きとしては、拘束リンク棒を伸ばしたときと同じような動作が得られます。

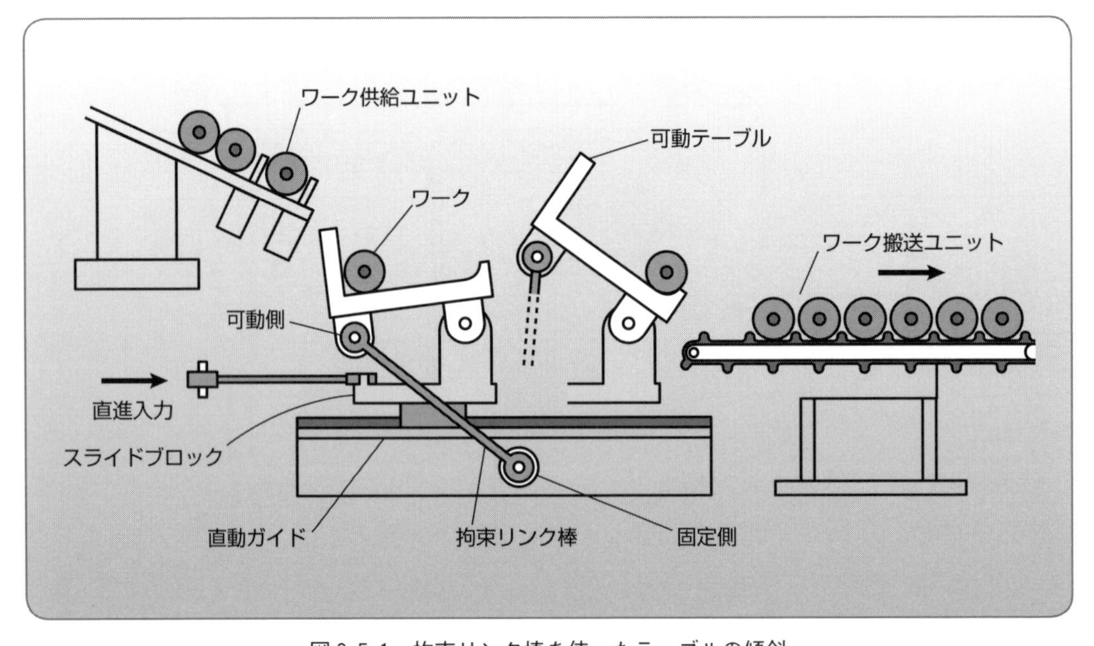

図 8-5-1　拘束リンク棒を使ったテーブルの傾斜

ここがポイント

拘束リンク棒を使わずにテーブルを動かしてみると、可動側と固定側の位置関係が垂直になったときが、もっとも近づくポイントになります。そこで、拘束リンク棒を取り付けると、その垂直の位置で可動側が一番高い位置に押し上げられることになります。

第9章

ワークやパレットを搬送するメカニズム

　ワークを搬送したり、パレットに載ったワークを移動端で自動的に排出したりするメカニズムを考えてみます。

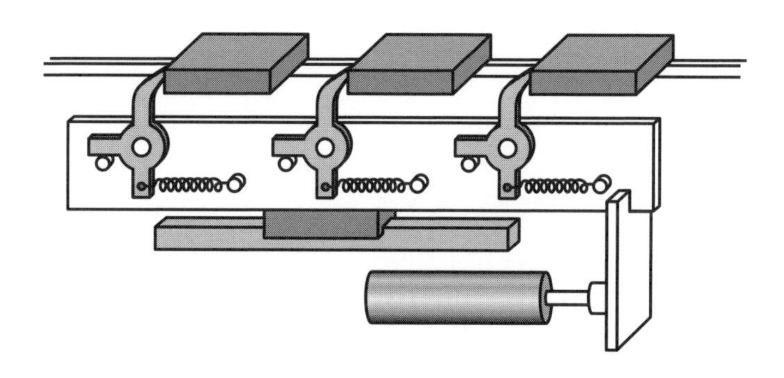

定石 9の1　移動端でテーブルを傾けるには可動テーブルとリンク機構を使う

可動テーブルとリンク機構を使うと、テーブルに載せたワークを移動端で自動的に排出するメカニズムをつくることができます。

(1)　可動テーブルの傾斜

テーブルを移動して移動端でそのテーブルを傾けるには可動テーブルを用意します。

図 9-1-1 はその例で、移動ブロックの上に可動テーブルを載せて、回転中心を軸にして可動テーブルを傾けることができるようにしてあります。

シリンダを前進して前進端でトリガレバーが壁に当たると、**図 9-1-2** のようにテーブルが傾斜します。可動テーブル上にワークなどが載せられていれば、傾きによって自動的に排出されます。

この構造では、トリガレバーが壁に当たったときのスピードによっては衝撃が大きくなるので注意します。

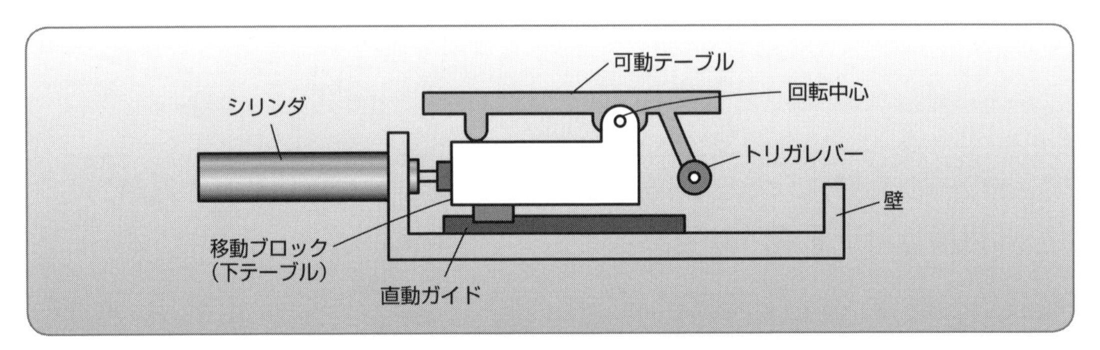

図 9-1-1　テーブルを 2 重にする

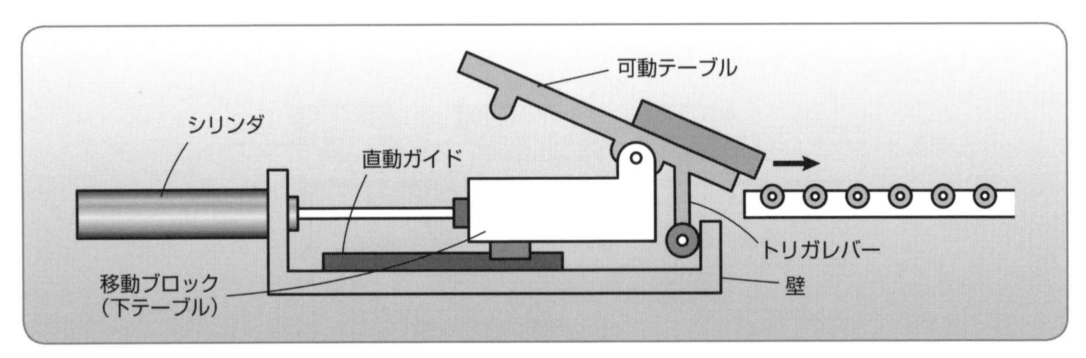

図 9-1-2　トリガレバーが壁に当ってテーブルが傾く

(2)　平行リンクを使ったテーブルの傾斜

図 9-1-3 のように、平行リンクを使って可動テーブルを持ち上げる構造にしておくこともできます。

平行リンクを使ったものの方が構造は多少複雑になりますが、可動テーブルの傾き具合の調整などが楽にできるようになります。

また、リンク1とレバー2がトグルの形になるので、可動テーブルは減速しながら比較的ゆるやかに上昇します。

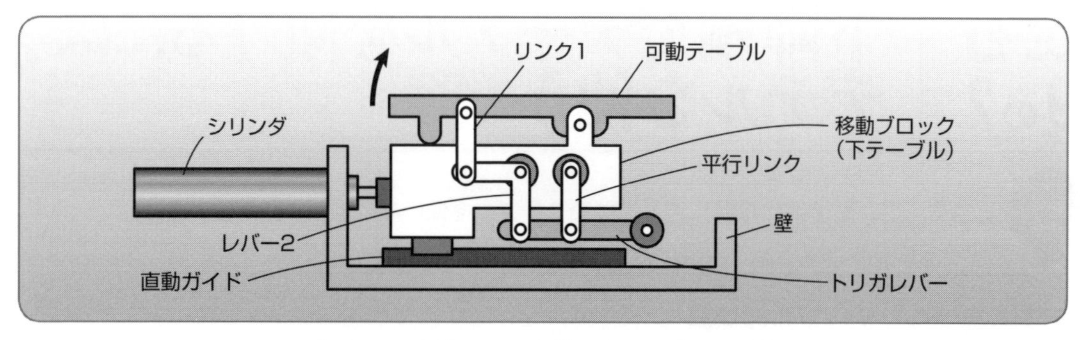

図9-1-3　平行リンクを使ったテーブルの設計

(3)　可動テーブルを後ろ向きに傾けるリンクの構造

上記とは別の方法として、レクタを使うと、90°の方向変換ができるので、水平方向の運動を垂直方向に変換できます。レクタを使ってテーブルの片端を持ち上げてみましょう。

図9-1-4は、移動ブロックを前進して、レクタについているヘッドが前進端の壁に当たったところで可動テーブルを後ろ向きに傾けるためのリンク構造です。ヘッドが壁に当たったときの力をレクタを使って上向きの力に変換しています。上向きの力はそのままリンクで可動テーブルの前側を持ち上げる力として利用しています。

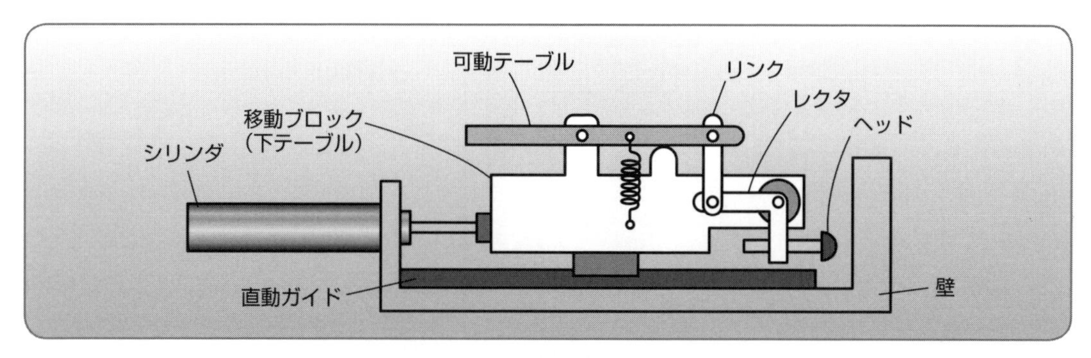

図9-1-4　前進端で後ろに傾ける

(4)　前進端で前向きに傾ける

図9-1-5は、図9-1-4と同じ構造のリンク機構で、やはりレクタとリンクを使ってヘッドの水平方向の動作を垂直方向に変換しています。リンクが押し上げる位置を可動テーブルの回転軸の後ろ側にすることで、可動テーブルが前向きに傾くようにしています。

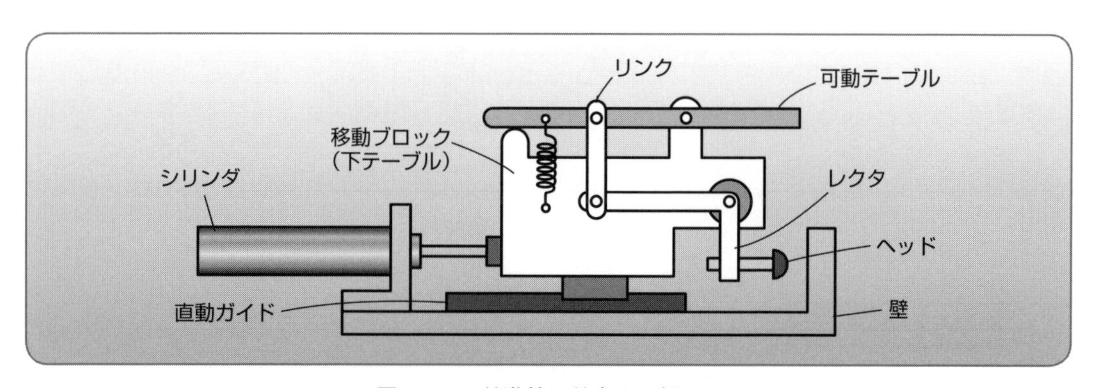

図9-1-5　前進端で前向きに傾ける

定石9の2　下降端でテーブルを傾けるにはデテルを使う

可動テーブルを上下に移動して下降端でテーブルを傾けるにはデテルを使います。

デテルを使ったテーブルの傾斜

デテルは「じゃま棒」の意味があります。デテルそのものは固定されていて動きませんが、相手がデテルに当たったときに相手の状態を変化させるじゃま棒がデテルです。

図9-2-1 は、２重テーブルになっていて、上の可動テーブルは回転軸を中心に動くようになっています。

図9-2-2 のようにテーブルが下降して、可動テーブルの右端がデテルに当たると傾斜するように動作します。可動テーブルの上に載せたワークの自動排出などに利用します。

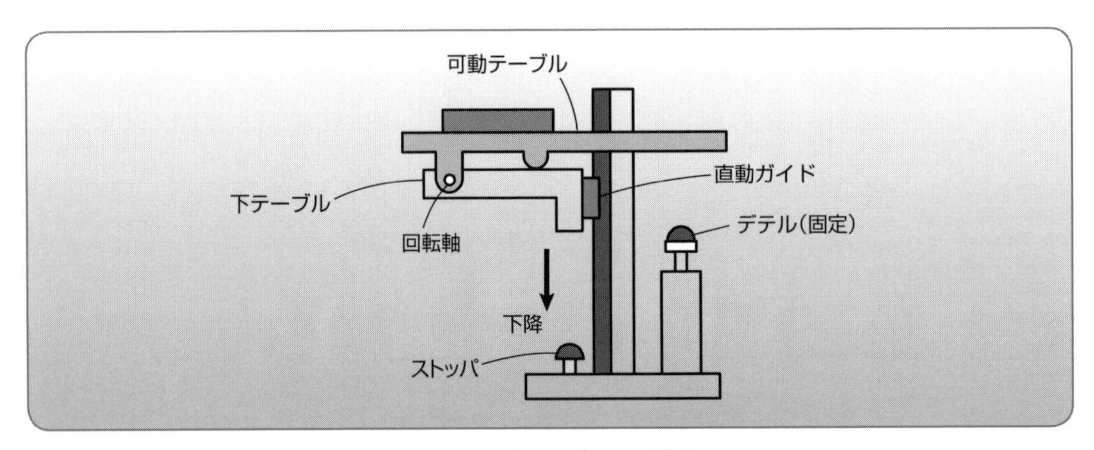

図9-2-1　２重テーブルを下降する

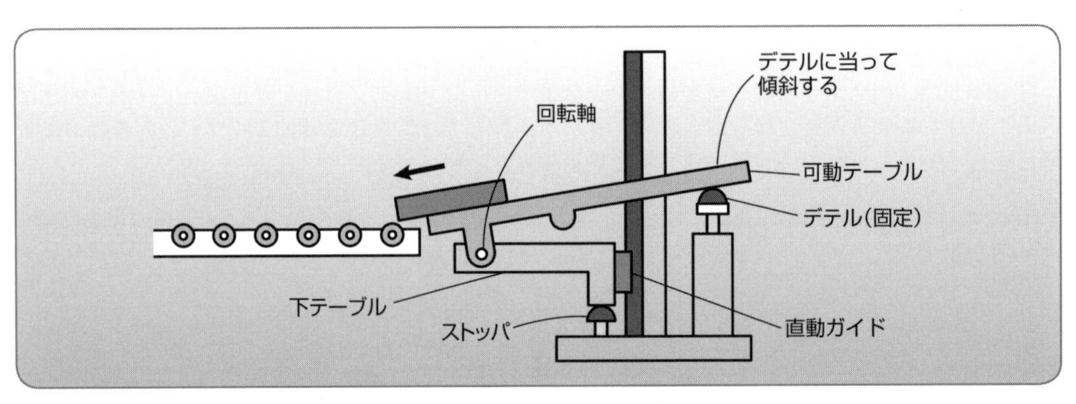

図9-2-2　下降端での傾斜

デテルは固定されているので動きませんが、相手がデテルに当ると相手の状態を変化させます。

定石 9の3 上昇端で可動テーブルを傾けるにはリバーサを使う

上下に動く2重テーブルが上昇端に到達したときにデテルを使って可動テーブルを傾けるには、リバーサを使って運動方向を変換するとうまくいきます。

デテルとリバーサの組み合わせ

図9-3-1は、下テーブルがシリンダで上昇してきて上昇端で可動テーブルを傾けるようにしたものです。上昇端にデテルを配置してみると、テーブルに直接デテルを当てるのが難しいので、リバーサを使って運動方向を180°変換してあります。

このように実際に力がかかる向きと異なる方向に、デテルを使って動かすときには、運動方向を変換するリバーサなどのレバーの機能を使うことを考えるとよいでしょう。

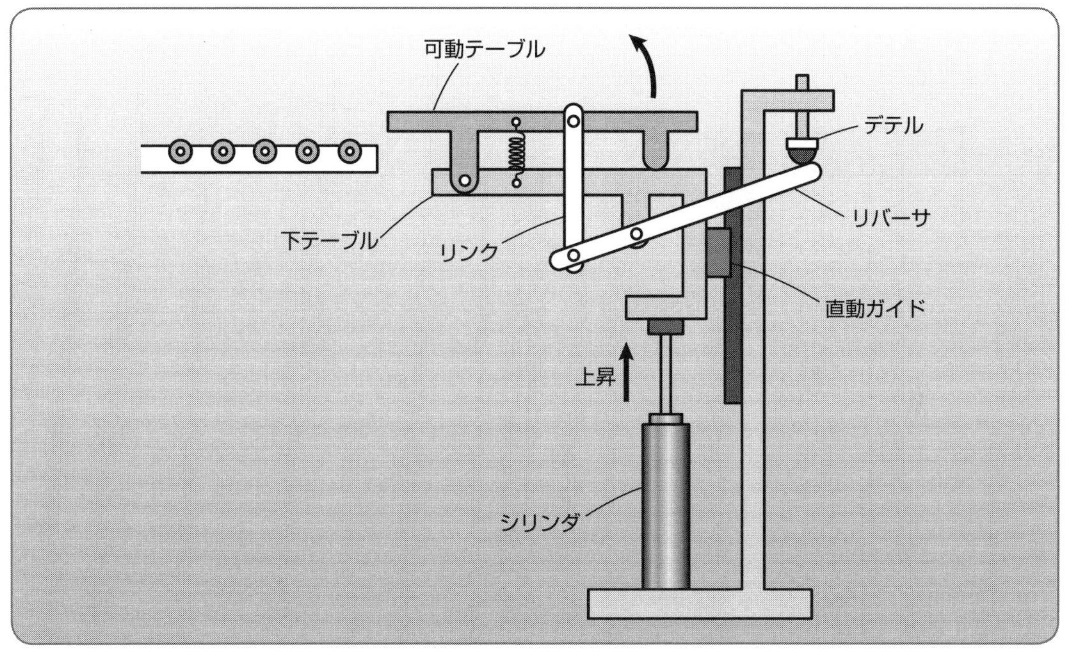

図9-3-1　可動テーブルが上昇端で傾く

ここがポイント

力がかかる向きと逆方向に動かしたいときには、180°運動方向を変換するリバーサを利用することを考えます。

定石 9の4　直進してからテーブルを傾けるにはスラッドと拘束リンク棒を使う

スラッドと拘束リンク棒を使うと、ストロークの後半でテーブルが傾斜する装置をつくることができます。

(1)　拘束リンク棒を使った可動テーブルの傾斜

図9-4-1のシリンダを前進すると、連結ピンがスラッドの中をすべって移動する間、可動テーブルは水平のまま直進します。連結ピンがスラッドの左の端に当たると、可動テーブルの右肩が上昇してテーブルが傾斜します。

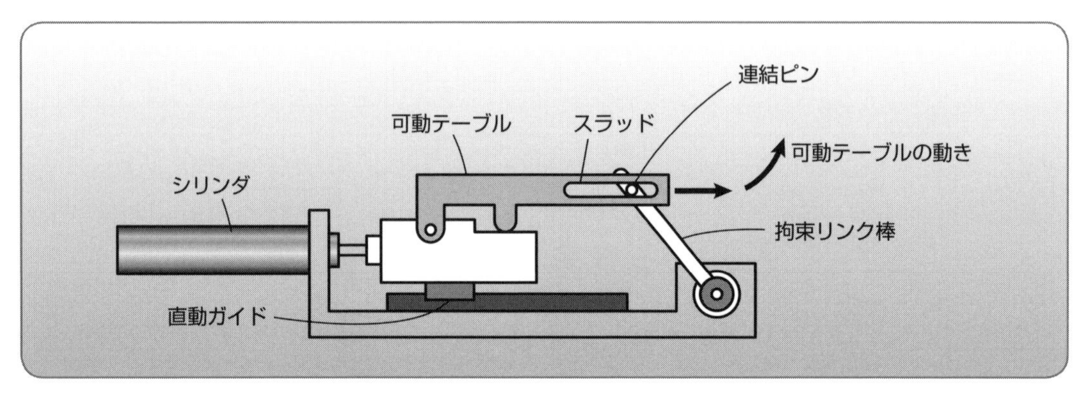

図9-4-1　直進してから後向きに傾斜する

図9-4-2では、テーブルを右に移動すると、連結ピンはスラッドの中をすべって移動し、ピンがスラッドの左の端に達すると、可動テーブルの左肩を持ち上げるように可動テーブルが傾斜します。

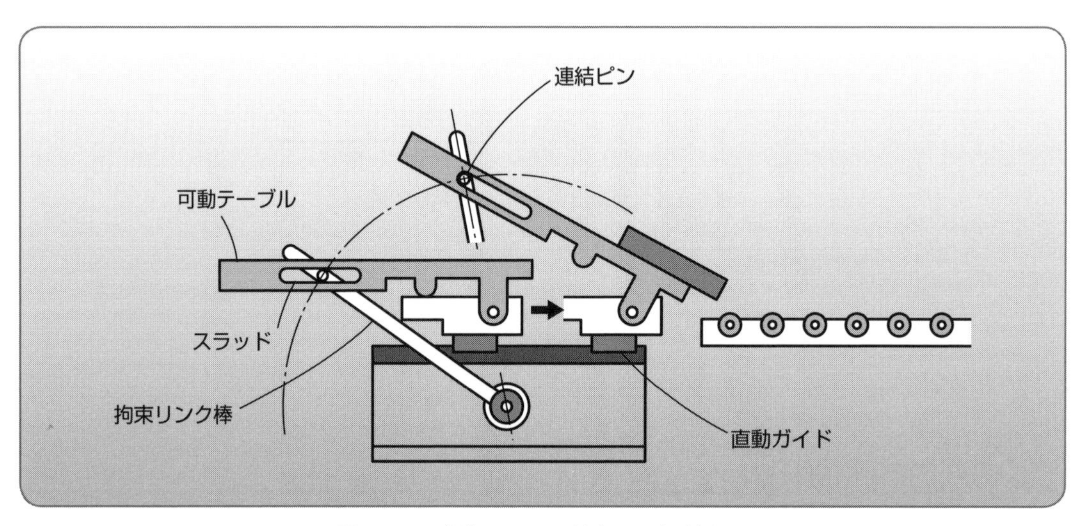

図9-4-2　直進してから前向きに傾斜する

(2)　直進後にテーブルを傾斜する

図9-4-3の装置は、下テーブルの回転軸に可動テーブルを取り付けた2重テーブルの構造になっています。

装置の上側に拘束リンク棒がつけられていて、可動テーブルの駆動ピンが拘束リンク棒のスラッドで連結するようになっています。

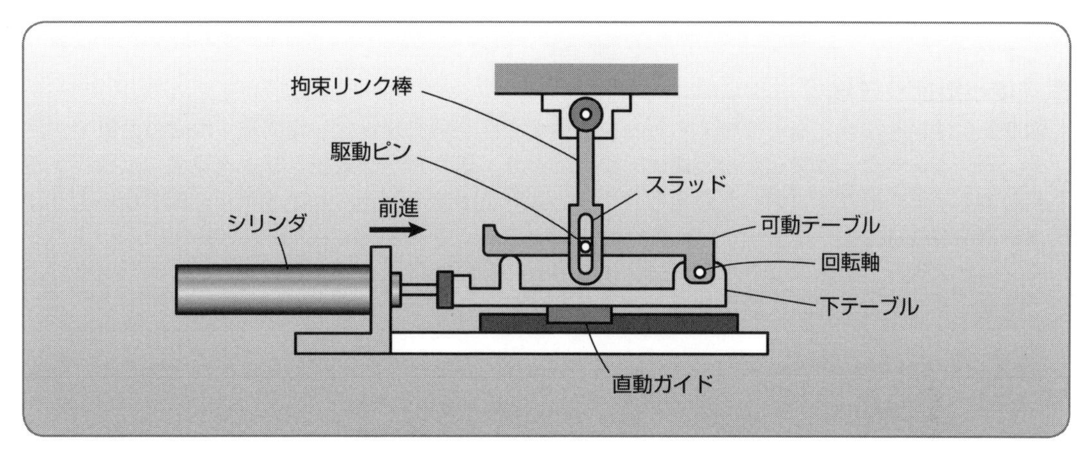

図9-4-3　スラッドつきの拘束リンク棒

シリンダを前進すると、下テーブルが前進して、拘束リンク棒も右へ回転移動します。さらに前進してスラッドの下側の先端が駆動ピンに当たったところから、可動テーブルの駆動ピンが持ち上げられるように動作して、テーブルが左上りに傾斜します。

図9-4-4は、テーブルが傾斜したときのイメージです。ただし、可動テーブルと拘束リンク棒のなす角が180°に近づくにつれて、可動テーブルを持ち上げる力が弱くなるので注意が必要です。

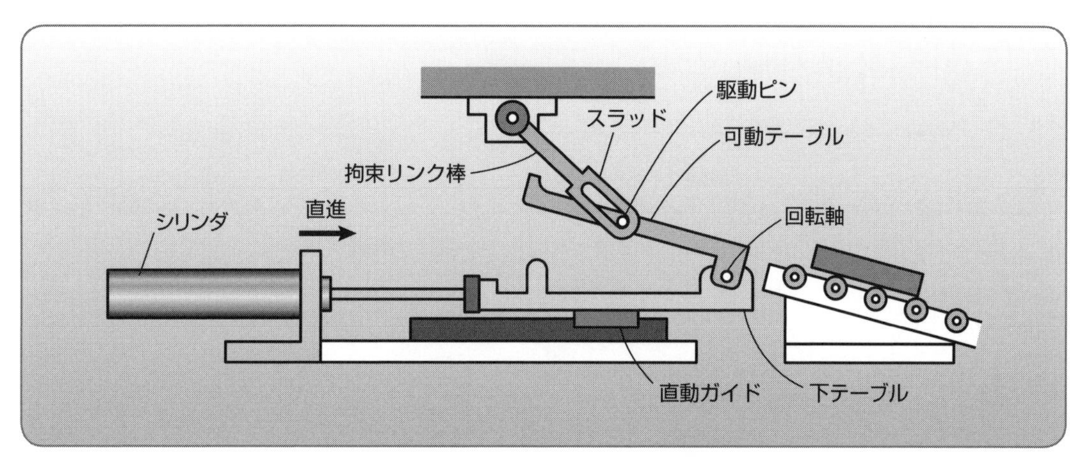

図9-4-4　直進してからテーブルが傾斜する

定石 9の5 突起のついたチェーンコンベヤをピッチ送りするには送り爪を使う

定石の要旨

チェーンコンベヤに突起をつけておき、それにスプリングを使った送り爪を組み合わせることで、一定間隔のピッチ送りをするメカニズムをつくることができます。

爪を使ったピッチ送り

図 9-5-1 は、チェーンなどでつくられたコンベヤを送り爪を使って一定間隔ずつ送る装置です。

チェーンコンベヤには突起が一定間隔でついており、送り爪が空気圧シリンダ駆動で１往復すると突起の１ピッチ分だけコンベヤが送られます。送り爪が戻るときにコンベヤが逆転しないように戻り止め爪がつけてあります。

コンベヤを送ったときに行きすぎが発生する場合には、空気圧シリンダのかわりにクランクのような終端で減速するメカニズムを使って送り爪を駆動するようにします。

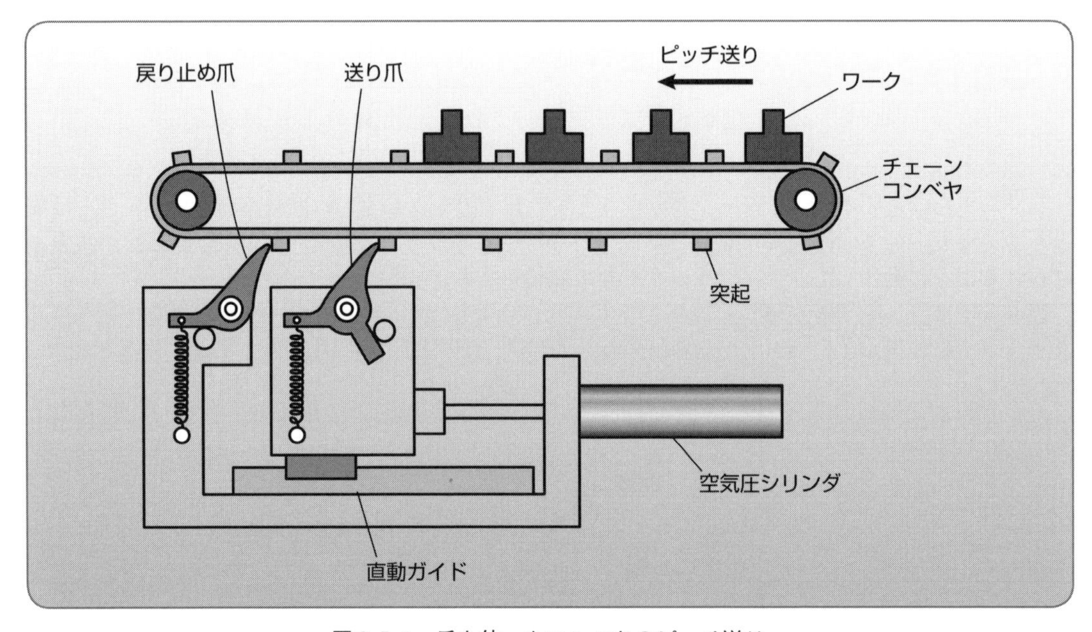

図 9-5-1　爪を使ったコンベヤのピッチ送り

ここがポイント

送り爪を使ったピッチ送りではコンベヤの搬送と位置決めを同時に行うことができます。シリンダの送り速度をあまり速くするとコンベヤがオーバーランして行きすぎることがあるので注意します。

定石9の6 送路に置かれたパレットを送るには送り爪を使う

直進ガイドされた送路に並べられたパレットを一定間隔ずつ送るメカニズムを考えてみます。送り爪が戻るときに空振りするようにスプリングを利用します。

爪を使ったパレットのピッチ送り

爪を使って固定テーブルに載せたパレットを直接ピッチ送りする装置を考えてみます。

図9-6-1のように、送路に置かれたパレットを一定のピッチで搬送します。

送り装置はシリンダを使い、シリンダの1往復でパレットが1ピッチ進んで次の場所に移動するようにしてみましょう。

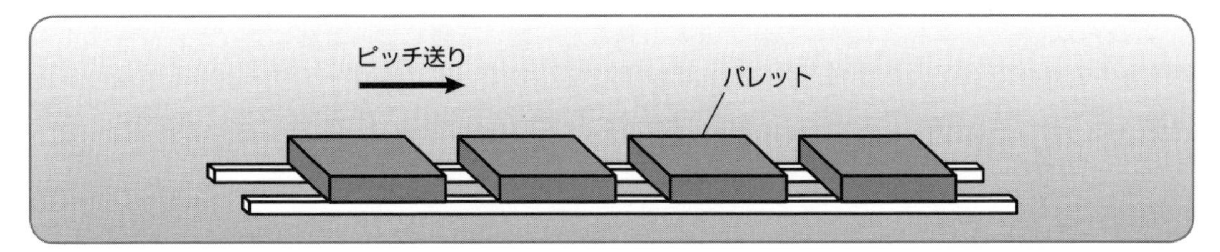

図9-6-1　送路に置かれたパレット

図9-6-2のような送り爪をつくったとすると、空気圧シリンダが前進してパレットが送られるときには送り爪はストッパでロックされるので、シリンダのストロークで押された分だけ移動します。

シリンダが戻るときには送り爪はパレットに押されて爪の先端が下がるので、その場にパレットは置きざりになります。スプリングが強すぎると、シリンダが戻るときにパレットが浮き上るので注意します。

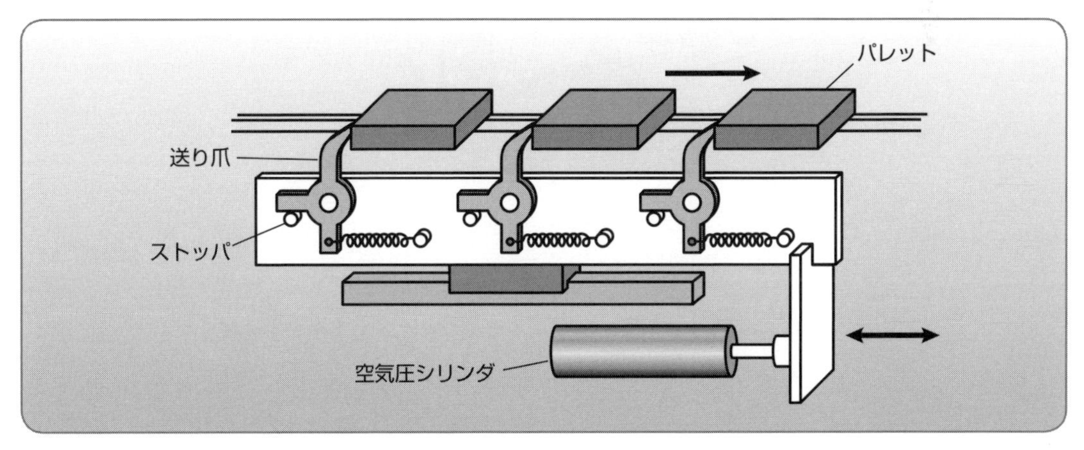

図9-6-2　爪を使ったパレットのピッチ送り

定石 9の7 ローラコンベヤを傾けるにはトグルを利用する

ローラコンベヤのような重いものを持ち上げるには、トグルで増力する方法を利用するとうまくいくことがあります。

トップローラコンベヤを上下させる

図 9-7-1 は、トグルを使ってトップローラコンベヤを上下させる装置です。トグルの回転アームと一体になったトリガローラコンベヤの上に重いワーク1が乗ると、トグルが伸びる方向にトグルの回転アームが回転して、トップローラコンベヤを傾斜させます。

同時にエスケープストッパが下降するので、ワーク2がトップローラコンベヤから排出コンベヤへ移動します。

トリガローラコンベヤはトグル回転アームの動きと一緒に下降して、連結コンベヤにワーク1が乗り移るとスプリングによってトグルが元の位置に戻るので、トリガローラコンベヤも最初の位置に戻ります。

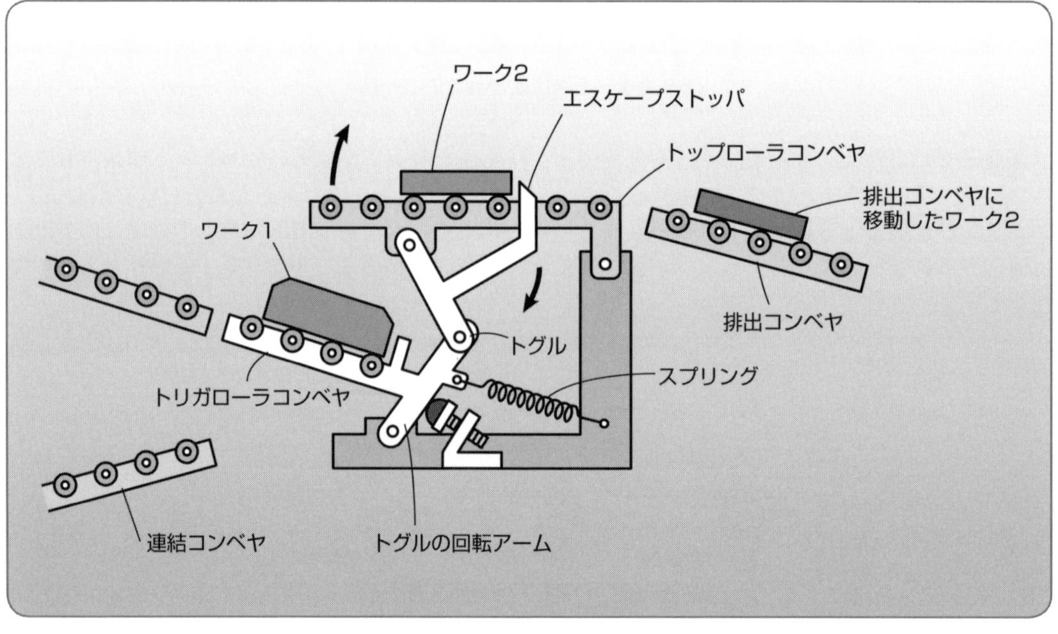

図 9-7-1　トグルを使ったトップローラコンベヤを上下させる装置

第10章

ヒールスプリングフォローを使った複合動作

　スプリングフォローを使うと、単一のアクチュエータで駆動するメカニズムであっても、タイミングの異なる複数の出力を取り出すことができるようになります。

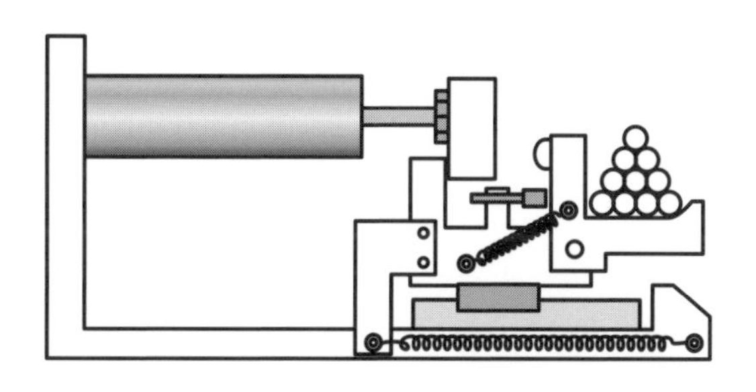

定石10の1　1つのアクチュエータで2つの動作をさせるにはスプリングフォローを使う

1つのアクチュエータの全ストロークのうちの前半と後半で装置の異なる部分を動かすようなタイミングをつくるには、スプリングフォローを使います。

(1)　スプリングフォロー

図10-1-1は、スプリングフォローを使って出力ブロックの動きを途中で停止できるようにしたものです。出力ブロックのカムフォロワはスプリングの力でレバーに接触しています。クランクを回転してレバーを動かすと、出力ブロックもレバーと一緒に前進します。ストッパが前にあるので、出力ブロックはストッパで停止しますが、レバーはさらに回転させることができます。

この出力ブロックはスプリングによってレバーの動きに追従して、任意の位置で停止することができるスプリングフォローになっています。「スプリングフォロー」とは、スプリングを使って相手の動きに追従することを意味します。

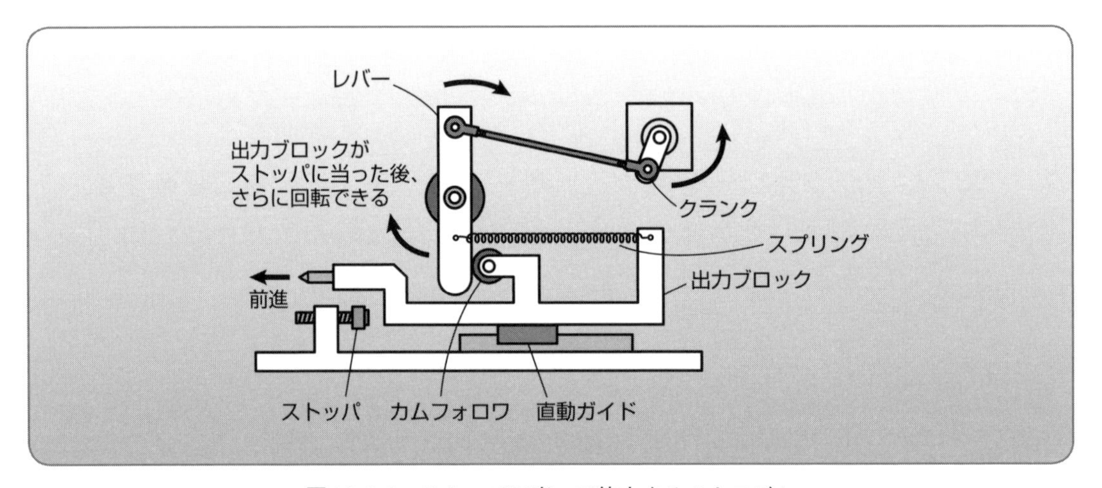

図10-1-1　ストッパに当って停止するメカニズム

(2)　ヒールスプリングフォロー

図10-1-2は、ヒールスプリングフォローの簡単な例です。シリンダの1往復の動作から、フォローブロックによる短いストロークと、空気圧シリンダ自身の長いストロークの2つのタイミングをつくることができます。

空気圧シリンダのストロークをyとして、フォローブロックが動けるストロークをxとしてみます。

空気圧シリンダが前進を開始するとフォローブロックも同時に前進して、xの距離だけ前進するとストッパに当ってフォローブロックは停止します。

シリンダはさらに先に進んでyの位置まで移動します。その後シリンダが後退するときは、まずフォローブロックは止まったまま、シリンダだけが後退します。シリンダが$y-x$の距離だけ後退するとフォローブロックにシリンダヘッドが当って、フォローブロックはシリンダとともに元の位置まで後退します。シリンダヘッドの動きに後ろからフォローブロックがついてくるような動作をするので、このようなスプリングの使い方をしたものを「ヒールスプリングフォロー」と呼びます。

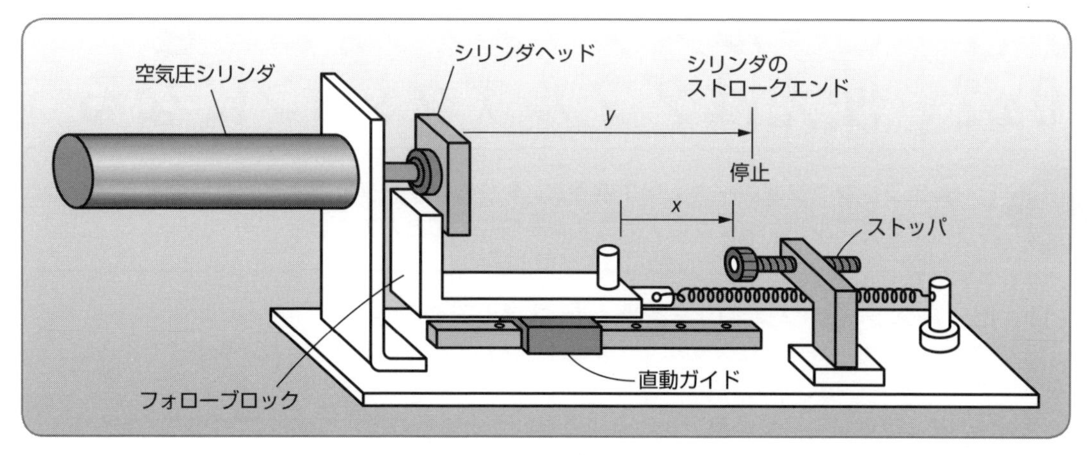

図 10-1-2　ヒールスプリングフォロー

(3)　2 つのタイミングで動くメカニズム

もう 1 つの例として、前半ではユニットを前進させて後半ではユニットの一部を下降させるというからくりをつくることを考えてみます。

図 10-1-3 のシリンダの先にはプッシャがついていて、シリンダの動きと一緒に前後に移動します。

シリンダが前進するとフォローブロックがスプリング 1 で引っ張られて、図の右方向に移動します。フォローブロックはストッパ 1 に当たると停止します。その後もシリンダは前進してプッシャがレバーに当たるとツールを押し下げるように動作します。

このようにスプリングフォローを使うと、1 つのアクチュエータでタイミングの異なる 2 つの動作ができるようになります。

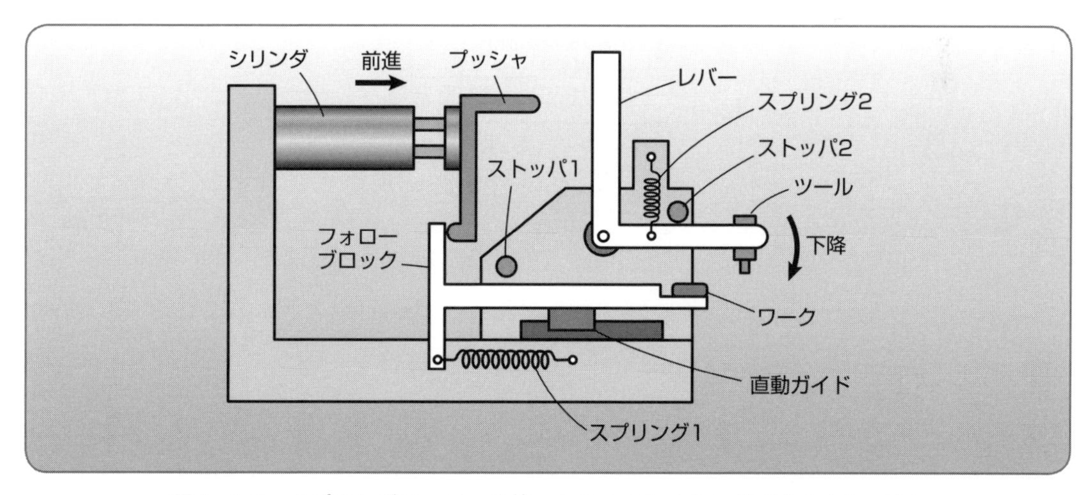

図 10-1-3　スプリングフォローを使った 2 つのタイミングで動くメカニズム

定石10の2　ヒールスプリングフォローを使えばダブルアクションになる

ヒールスプリングフォローを上手に使うと、1つのシリンダでタイミングが異なる2つの動作をするダブルアクションのメカニズムをつくることができます。

(1)　ヒールスプリングフォローを使ったダブルアクション

図10-2-1は、出力ブロックにスプリングをつけて、レバーとカムフォロワが密着するようにしたものです。

レバーの後をカムフォロワが追いかけるような動作をするので、ヒールスプリングフォローになっています。ヒールスプリングフォローでは、出力ブロックにつけたスプリングの反対側は固定部に取り付けます。こうすることで出力ブロックがストッパに当った後は、レバーにスプリングの力がかからないようになります。

クレビスシリンダが伸びると、フックが引っ張る側に移動します。出力ブロックはストッパに当ったところで停止しますが、レバーはその後も動作を続けて、そのあとでプッシャがフックを押し下げます。

フックは押し下げられると下降しますが、プッシャが離れると元に戻るようになっているものとします。

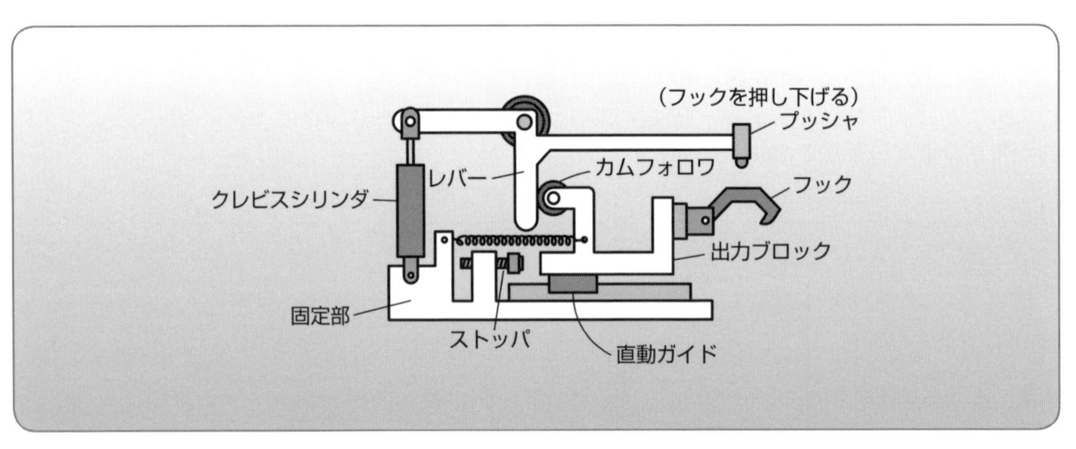

図10-2-1　ヒールスプリングフォローによる中途停止

ここがポイント

単純な往復運動からいくつかのタイミングが異なる出力を取り出すには、スプリングフォローとストッパを使って、全ストロークを分割してみるとよいでしょう。

図10-2-2は、クレビスシリンダが伸び切ったときの状態で、プッシャがフックを押し下げています。クレビスシリンダを後退すると、まずプッシャが上昇してフックを元に戻してから出力ブロックが元の位置に戻ります。

このようにスプリングとストッパを利用してダブルアクションを行う装置を構成することができます。

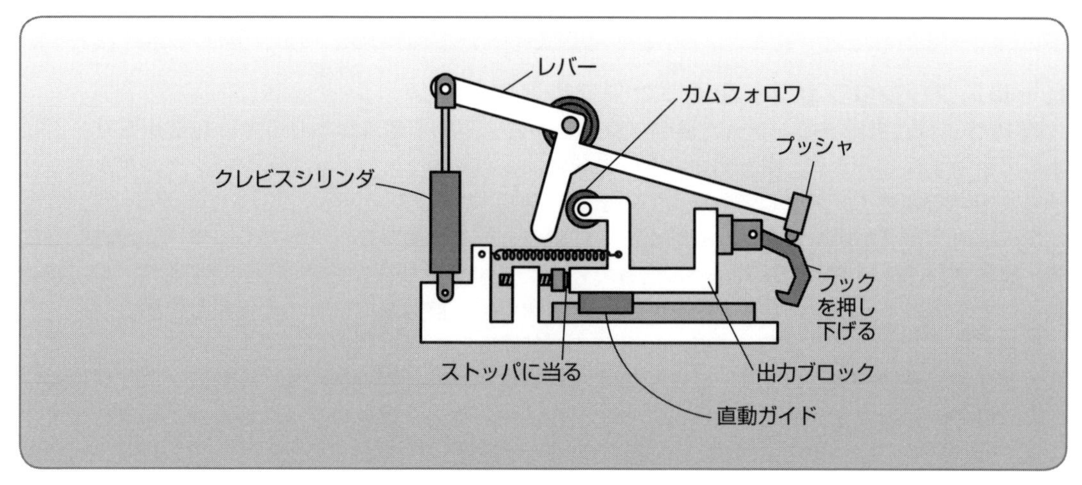

図 10-2-2　動作終了時

(2)　2つの動作タイミング

図 10-2-3 はこのタイミングを描いたものです。

クレビスシリンダが図 10-2-3 の (1) のように単調に上昇すると、出力ブロックが (2) のように動いてストッパに当り、フックが停止します。

クレビスシリンダがさらに上昇すると (3) のタイミングでプッシャがフックに当ってフックを押し下げます。

このようにヒールスプリングフォローを使うと、アクチェエータは1つでも2つの異なるタイミングの出力を取り出せます。

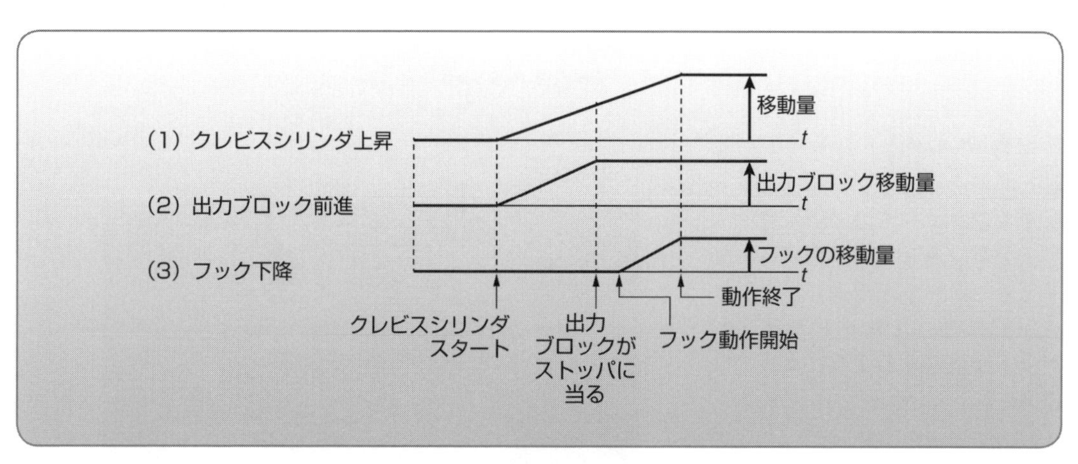

図 10-2-3　1つのシリンダで2つのタイミングをつくる

定石 10の3　テーブルの移動端でワークを移載するにはヒールスプリングフォローを使う

スプリングフォローを使うと、1 つのシリンダの動作で 2 つの異なる動作をつくることができます。ヒールスプリングフォローを使って、1 つのシリンダでワークを運んで自動的に移載する装置を考えてみます。

ヒールスプリングフォローを使ったダブルアクション

図 10-3-1 は、直動ガイドされた移動ブロックが直進運動をするユニットで、空気圧シリンダによって駆動されています。移動ブロックの先端には、回転軸をもつ L 字型のワークホルダが取り付けられていてスプリング 1 で支えられています。

空気圧シリンダが前進すると、直動ガイドに載っている移動ブロックとともにワークが前進します。移動ブロックは前進端ストッパに当って停止しますが、シリンダはさらに前進して、L 字型のワークホルダに当ります。するとワークホルダは傾いて、前進端でワークを移載します。

移動ブロックはスプリング 2 で引っ張られて空気圧シリンダの動きに追従するので、ヒールスプリングフォローになっています。ヒールスプリングフォローとワークホルダの間はクロッグになっているので、移動ブロックがストッパに当ってから少し時間を置いてワークホルダが傾斜します。

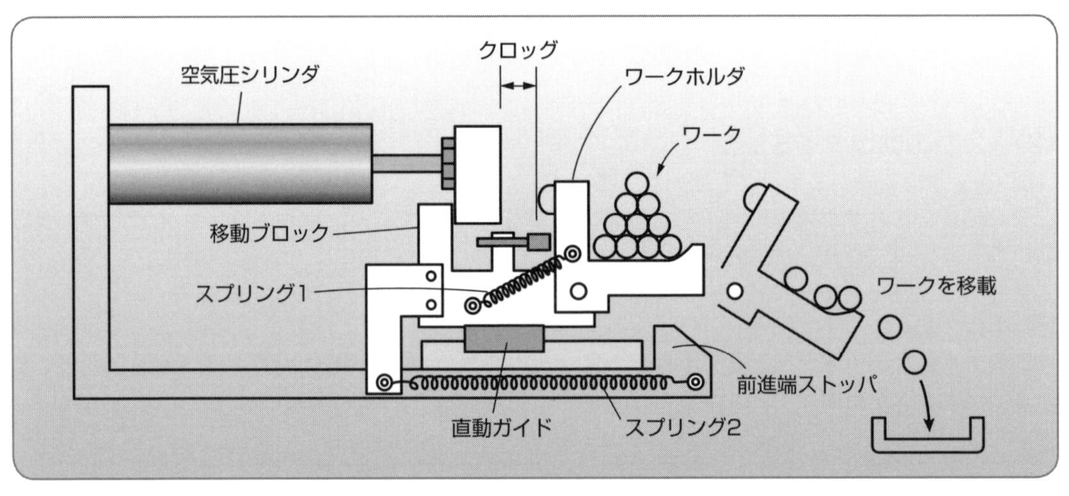

図 10-3-1　ワークホルダの移動と傾斜

写真 10-3-1 は、バケットの移動と傾斜をさせるダブルアクションをするユニットのモデルです。

入力ピンを写真の右方向に移動するとバケットが前進します。ストッパに当って停止した後、バケットが傾斜するようになっています。

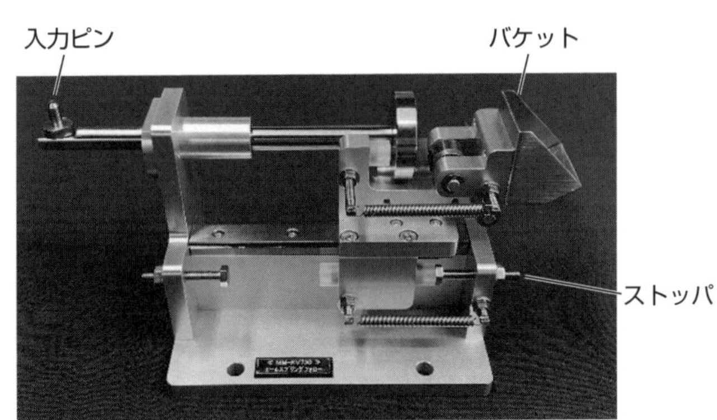

写真 10-3-1　移動供給バケット（MM-KV730）

定石 10の4 1つのシリンダでワークを持ち上げて移動するにはスプリングフォローを使う

板カムとスプリングフォローを使うと、シリンダ1本の動作でワークの上昇と、チャックによる横移動をする装置をつくることができます。

(1) ワーク上昇ユニットと水平移動ユニット

図10-4-1は、ワーク上昇ユニットの垂直シリンダでワークを持ち上げて水平移動ユニットの吸着チャックに受け渡し、受け取ったワークを水平シリンダで横方向に移動する装置です。水平移動ユニットの吸着チャックはスプリングがついていて、板カムによって上下するようになっています。

動作順序としては、まず垂直シリンダが上昇してワークを吸着チャックの位置まで上昇させます。ワークを吸着したらシリンダが前進してワークをコンベヤ上に移動します。吸着チャックはカムによって上下するようになっています。

このワーク上昇ユニットと、水平移動ユニットの2つのユニットの動作を1本のシリンダで行うようにしてみましょう。

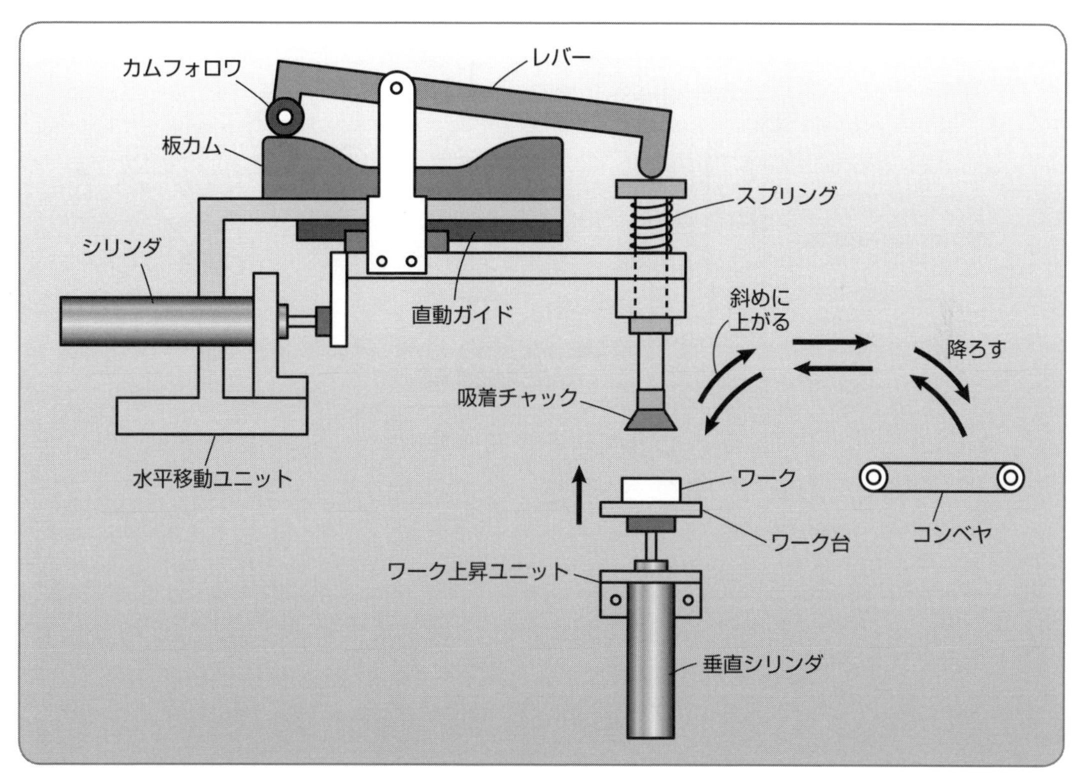

図10-4-1 ワーク上昇ユニットと水平移動ユニット

(2)　ヒールスプリングフォローによる複合動作

図10-4-2がそのシステム例です。ワーク上昇カムはヒールスプリングフォローになっていて、シリンダの前進と一緒に図の右方向へ前進して、ワーク台を押し上げます。押し上げられたワークは、吸着チャックに触れたところで吸着します。

さらにシリンダが前進すると、ワーク上昇カムはストッパ1で停止しますが、今度はシリンダがスプリング2のついている駆動バーを押すようにして前進するので、吸着チャックは板カムの曲線に合わせて上昇しながら前進します。

このように、2つの動作タイミングの異なるユニットを1本のシリンダで動作させるときなどにヒールスプリングフォローが使われます。

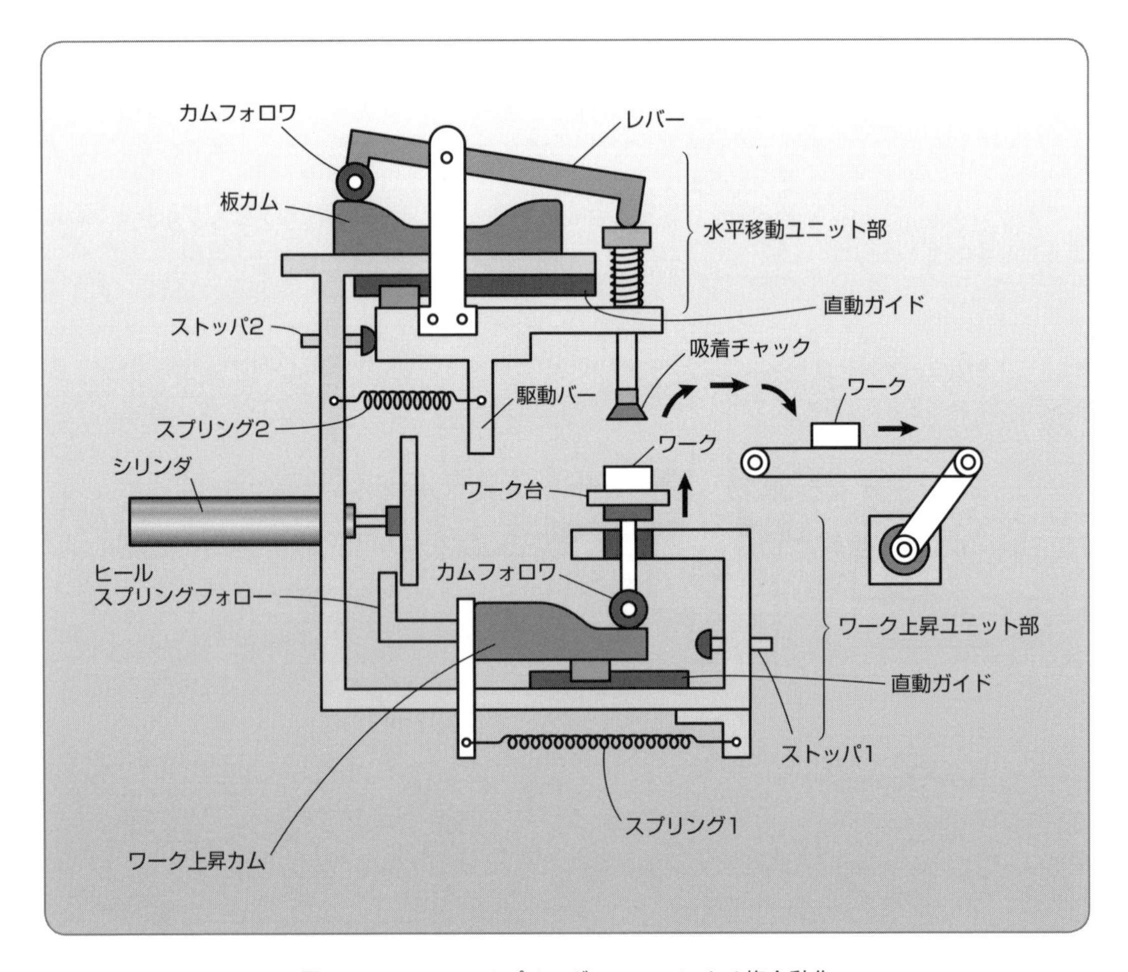

図10-4-2　ヒールスプリングフォローによる複合動作

ここがポイント

2つの動作タイミングの異なるユニットを1本のシリンダで動作させるときなどには、ヒールスプリングフォローを使うことを考えてみましょう。

定石 10の5 1つのシリンダによるピック&リムーバはスプリングフォローでつくる

スプリングフォローを使うと、コンベヤ上に流れてくるワークを拾い上げて排出するような動作をするピック＆リムーバを、1本のシリンダで動かすことができるようになります。

レバーで駆動するピック＆リムーバ

図10-5-1は、ワークを拾い上げて排出するピック＆リムーバの例です。

シリンダが前進すると、直動ガイド1に載せられている部分がシリンダの動きと一緒にスプリングに引っ張られて前進します。

ヒールブロックがストッパに当たると、直動ガイド1のスライドする部分は停止しますが、シリンダはさらに前進してリンクを押してレバーを駆動します。するとレバーの先端についているピンがスラッドを押し下げるので、吸着チャックが直動ガイド2に沿って下降します。下降端でワークに接したところでワークを吸着してからシリンダを戻すと、吸着チャックが上昇してから後退します。

後退端で吸着を切るとワークの排出が完了します。

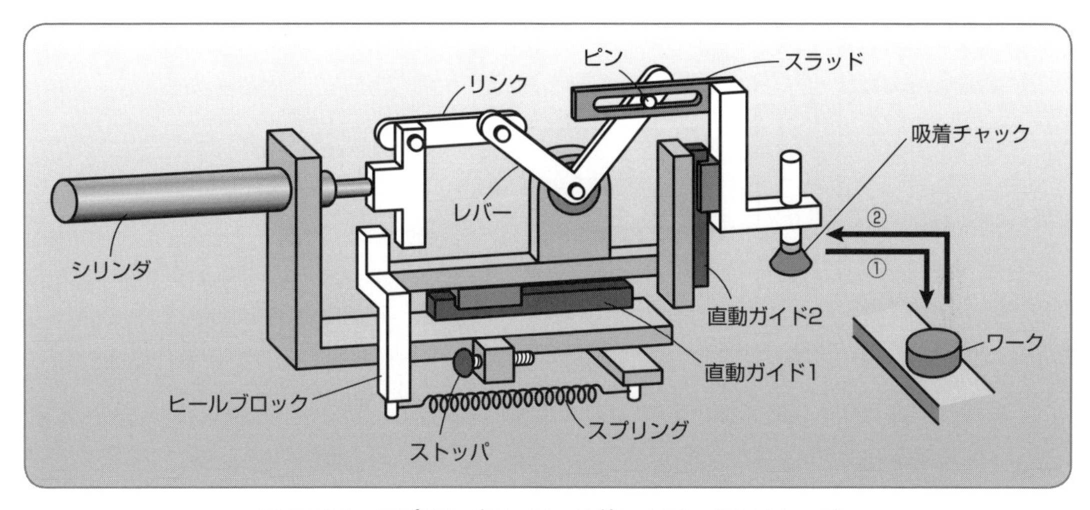

図10-5-1　スプリングフォローを使ったピック＆リムーバ

写真10-5-1はレバーで上下移動するピック＆リムーバの実際のモデルです。

入力ピンを写真の右方向に駆動すると先端のチャックが前進し、ストッパに当ったところで前進を停止してチャックが下降するようになっています。

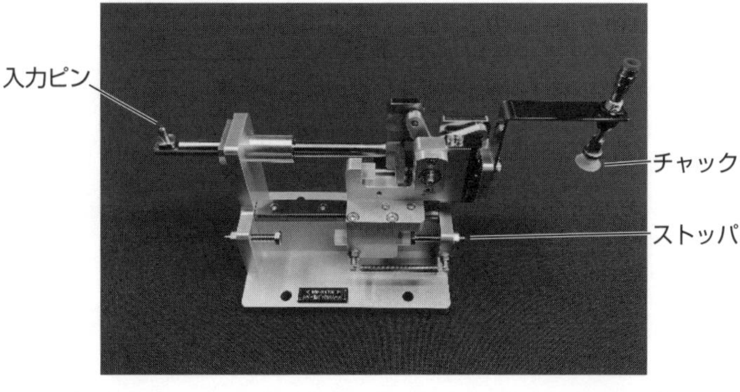

写真10-5-1　レバー型ピック＆リムーバ（MM-KV750）

定石10の6　平行リンクを使ったピック&リムーバはスプリングフォローで動かす

平行リンクを使ったピック＆リムーバを１本のシリンダで動作させるにはスプリングフォローを使います。

平行リンク型ピック＆リムーバ

図10-6-1は、コンベヤ上のワークを取り出して排出するピック＆リムーバの例です。シリンダが前進すると吸着チャックが前進して、ヒールプレートがストッパに当ると前進が停止します。

その後、シリンダはさらに前進して、平行リンクを押し下げるので吸着チャックが下降します。これが図10-6-1の①の動作です。

吸着チャックの下降端でワークを吸着してから、シリンダを後退すると②のような動作順序で上昇してから後退します。後退端で吸着を切ってワークを排出します。

シリンダとヒールプレートはヒールスプリングフォローの関係になっています。

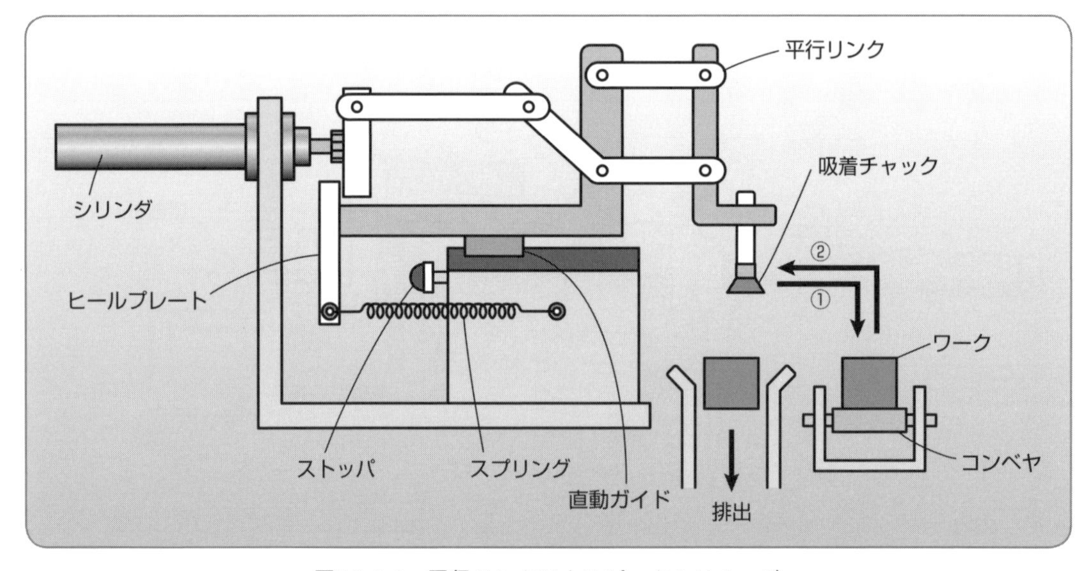

図10-6-1　平行リンクによるピック＆リムーバ

写真10-6-1は実際の平行リンクを使ったピック＆リムーバのモデルです。

空気圧シリンダなどを使って入力ピンを写真の右方向に動かすと、先端のチャックが前進してから下降します。その後入力ピンを左方向に戻すと、チャックは上昇してから後退します。

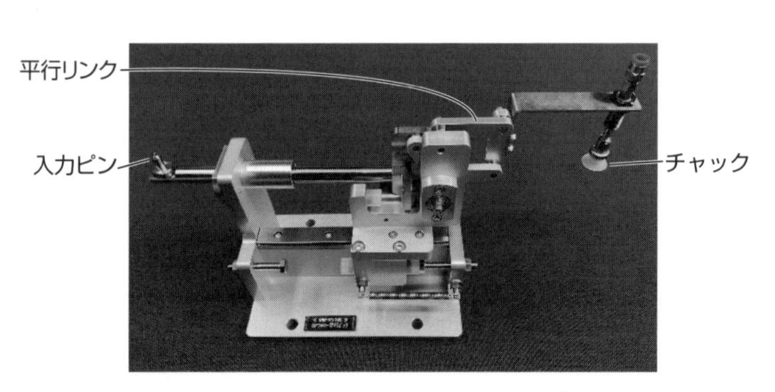

写真10-6-1　平行リンク型ピック＆リムーバ（MM-KV740）

定石 10の7 ワークの送りと作業を1つのシリンダで行うにはスプリングフォローを使う

ヒールスプリングフォローを使うと、ワークの回転ピッチ送りと加工ヘッドの駆動の2つの動作を1つのシリンダで行うことができます。

2つの動作を1つのシリンダで行う

図10-7-1は、ヒールスプリングフォローを使って端面加工装置を構成した例です。

空気圧シリンダが前進してフォローブロックが前進すると、ラチェットホイールが45°回転します。フォローブロックはこの位置でストッパによって停止します。その後もシリンダはさらに前進して加工ヘッドがワークの位置まで移動して加工します。

シリンダが後退すると、まず加工ヘッドが後退してからフォローブロックが後退して元の位置に復帰します。

この図のままではシリンダが後退するときにラチェットホイールが逆転してしまうので、ラチェットホイールの摩擦を大きくするか、戻り止めをつけておきます。

また、加工するときにワークが移動しないようにラチェットホイール側にストッパをつけておくなどの工夫が必要な場合もあります。

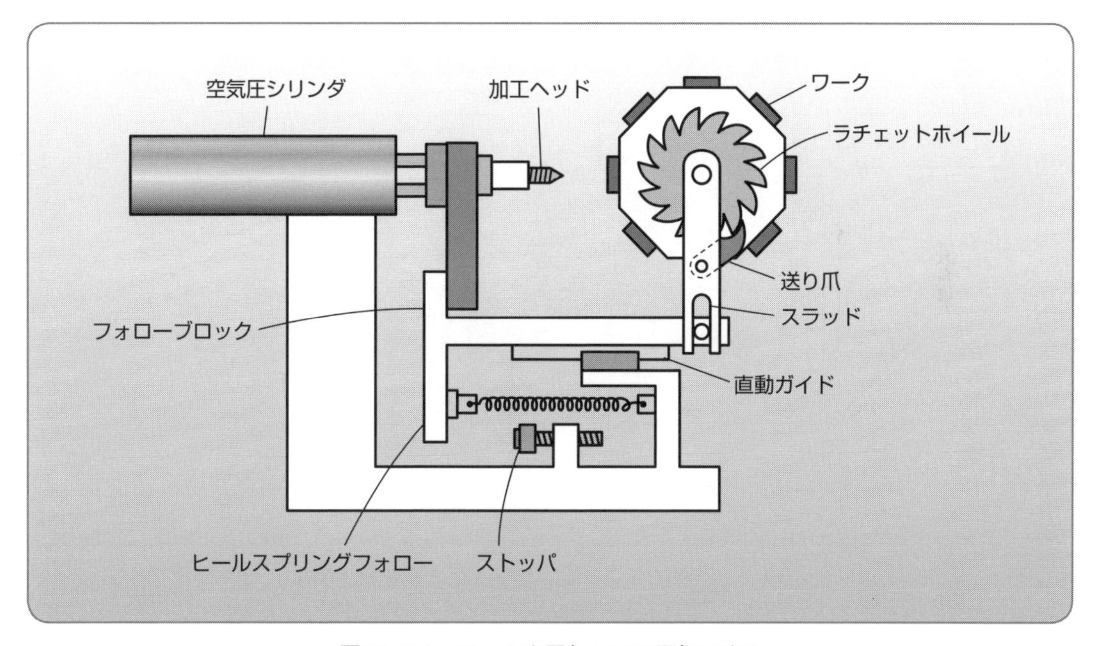

図10-7-1　ワークを回転して8面加工する

ここがポイント

ラチェットを毎回決められた歯数だけ送ると、角度分割した送り機構になります。

定石10の8　ヒールスプリングフォローを使ったワークの姿勢変換と自動排出

回転テーブル上のワークを90°姿勢変換してから排出する装置を1本のシリンダで駆動することを考えてみます。2つの異なるタイミングをつくるにはヒールスプリングフォローを使います。

ワークの回転と送り出し

図10-8-1は、1本の空気圧シリンダの往復運動でテーブル上に載せられたワークの90°姿勢変換と、テーブルからシュートへの排出を一度に行う装置です。空気圧シリンダが前進すると、ヒールスプリングフォローになっているラチェット駆動バーが前進して、送り爪を前に送って回転テーブルを回転します。回転テーブルが90°回ったところで停止するようにストッパを調整しておきます。

ラチェット駆動バーはストッパで停止しますが、空気圧シリンダはそのままさらに動き続けて、回転テーブルの上のワークをシュートに排出します。排出し終わったらシリンダを後退します。すると、まずプッシャが戻り始め、そのあとでヒールスプリングフォローになっているラチェット駆動バーが元の位置に戻ります。

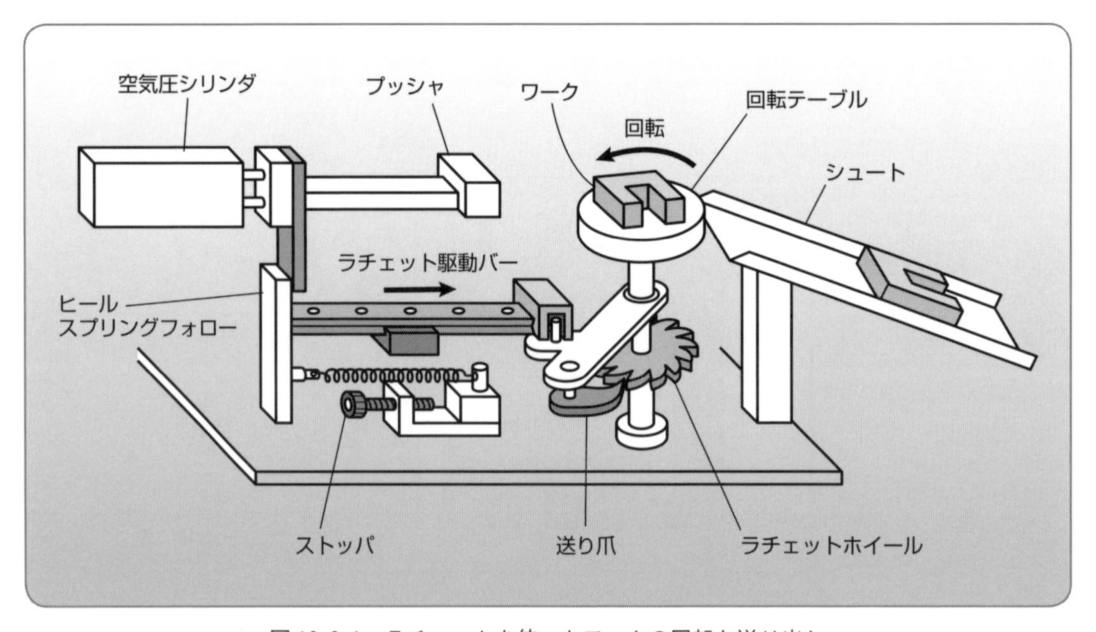

図10-8-1　ラチェットを使ったワークの回転と送り出し

ここがポイント

ヒールスプリングフォローでシリンダの動作を分割すると、シリンダのストロークの前半でラチェットを送り、ストロークの後半でワークを排出するといった2つの異なるタイミングをつくることができます。

定石 10の9 回転排出にはラックピニオンとスプリングフォローを組み合わせる

1本のシリンダでワークの姿勢変換と姿勢変換されたワークの排出を行うような装置をつくってみましょう。姿勢変換にはラックピニオンを使い、2つのタイミングをつくるにはヒールスプリングフォローを使います。

ラックピニオンとスプリングフォローの組み合わせ

図10-9-1は、1本の空気圧シリンダの1往復で回転テーブルを90°回転して止めておき、プッシャがさらに前に進んでワークをシュートに落とすものです。

ラックはヒールスプリングフォローになっているので、空気圧シリンダが前進するとピニオンが回転し、ラックがストッパに当ったところで停止します。

その後も空気圧シリンダはさらに前進し、90°回転し終ったワークをプッシャでシュートに送り出します。

空気圧シリンダを後退すると、まずプッシャが後退をしてからピニオンが元の位置に戻ります。次のワークが回転テーブル上に供給されたら、また空気圧シリンダを前進すれば、ワークを90°姿勢変換してからシュートに送り出します。

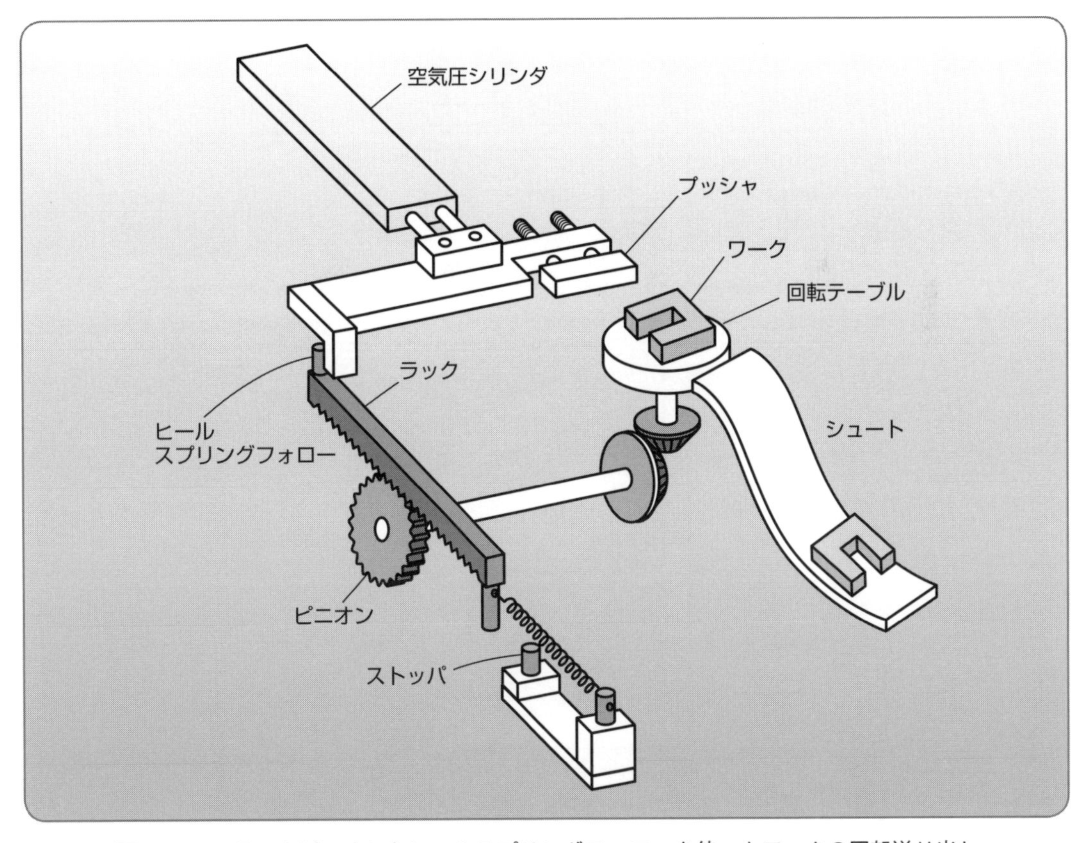

図10-9-1　ラックピニオンとヒールスプリングフォローを使ったワークの回転送り出し

定石 10の10　1本のシリンダによるワークのピッチ送りと作業動作

ラチェットを使ったコンベヤのピッチ送りと、送られたワークの作業の両方を1本のシリンダで行う方法を考えます。シリンダの1往復で異なる2つの作業をするために、ヒールスプリングフォローを利用します。

(1)　コンベヤのピッチ送りと上下ユニット

図10-10-1は、ヒールスプリングフォローを使ったコンベヤのピッチ送りと、上下ユニットの動作を1つのシリンダで行うようにしたものです。

シリンダが下降すると、送り爪が回転してベルトを駆動します。コンベヤの進む量が次のワークが送られてくる距離だけ移動するようにストッパを調整します。ヒールスプリングフォローがストッパに当ったところでコンベヤは停止しますが、その後もシリンダは下降を続けてワークに対して上側から作業を行うようになっています。

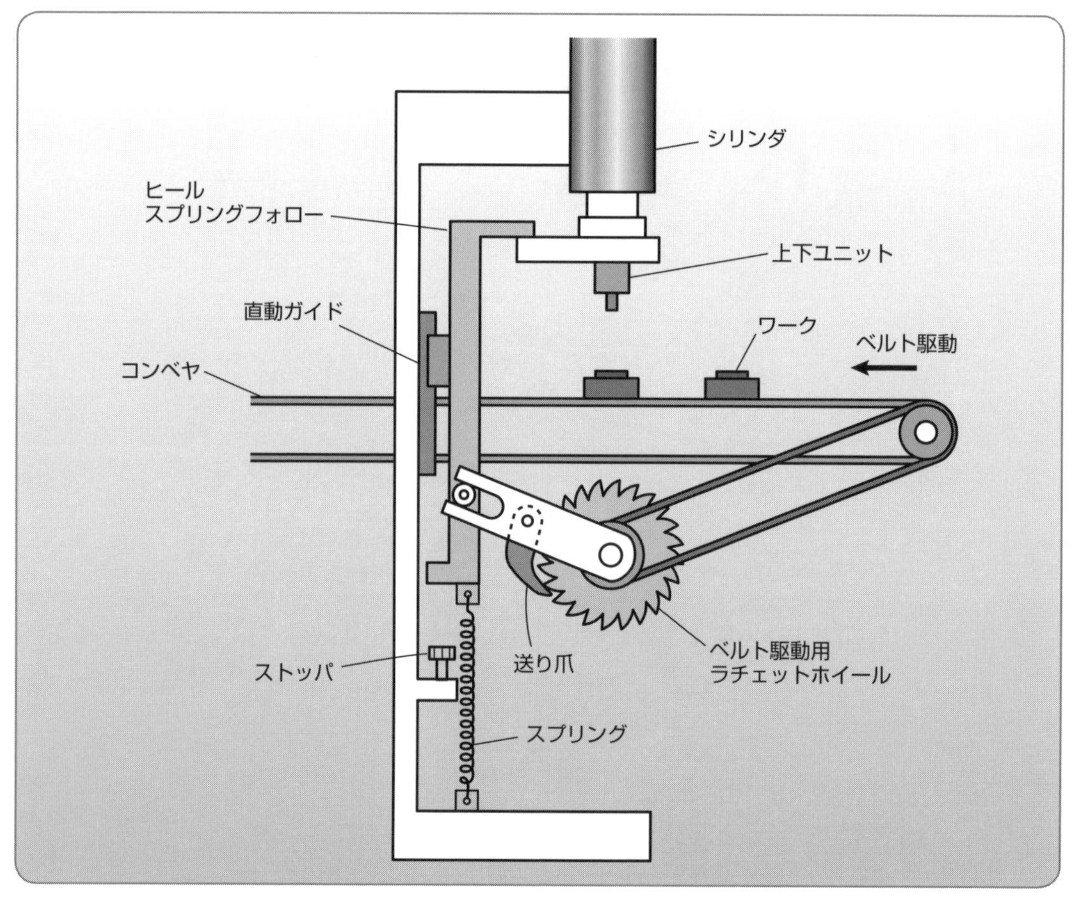

図10-10-1　コンベヤのピッチ送りと上下ユニット

(2)　ラチェットを使った 1 方向回転運動

写真 10-10-1 は、ラチェットを使った 1 方向運動メカニズムのモデルです。

ラックの往復運動でピニオンを回して、送り爪が往復回転するように駆動します。

ラックを写真の左方向に動かすと、送り爪がラチェットホイールを回して出力ギヤがついている回転軸が回転します。

ラックが右方向に移動するときには、送り爪はラチェットホイールを滑るようになっているので出力ギヤは回転せずに停止したままになります。送り爪が戻るときには戻り止め爪が働いて回転軸が逆転するのを防ぎます。

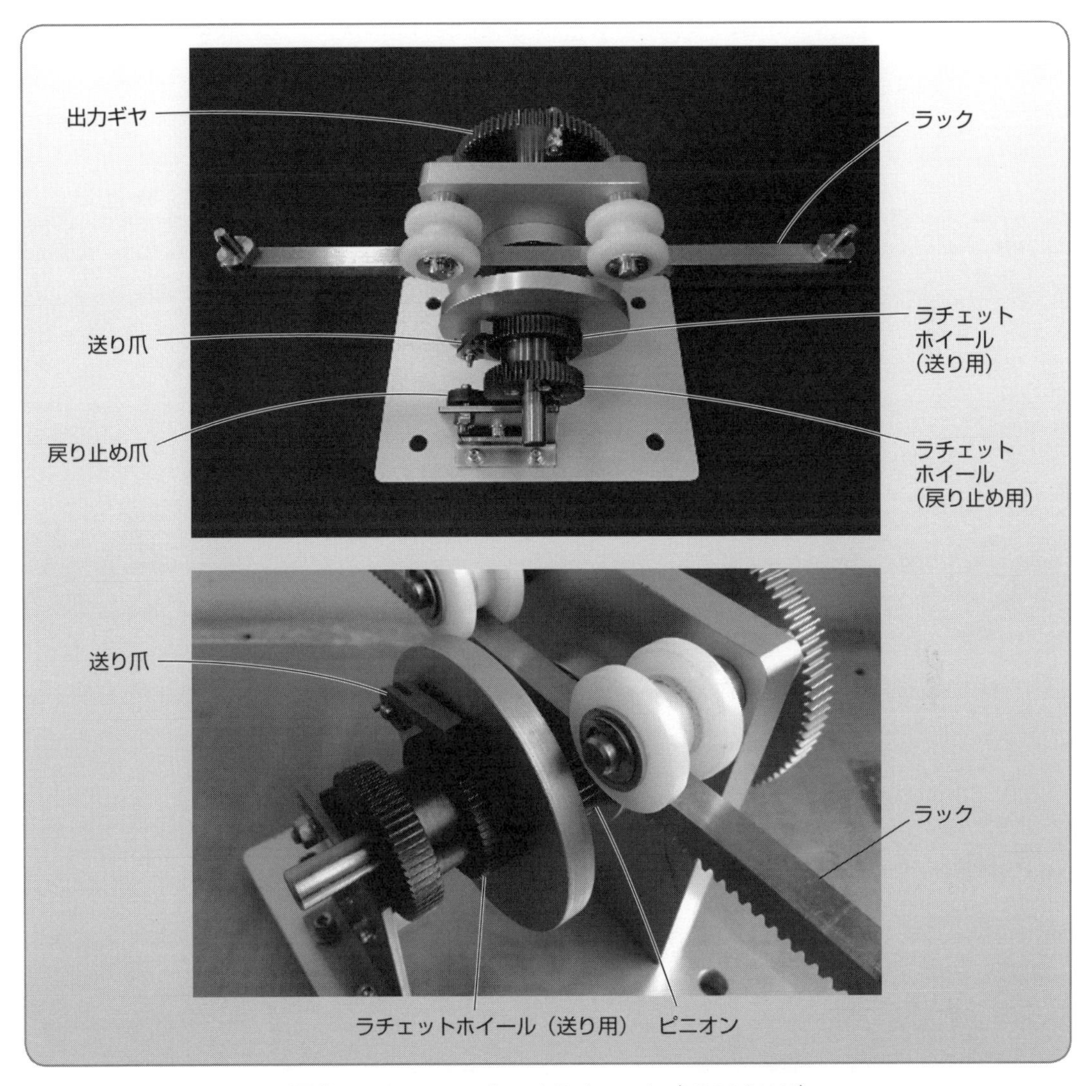

写真 10-10-1　ワンウェイラチェット（MM-VM130）

○実際のメカニズム

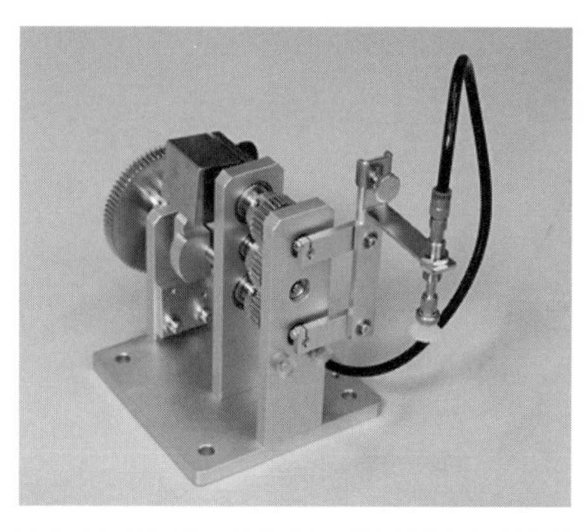

平行リンク型ピック＆プレイス（MM-VML210）

XYZ 型からくりピック＆プレイス（MM-KM710）

第11章

汎用メカニズムを使った同期システム

　複数のメカニズムを同期して１つのアクチュエータで動かそうとするときに、どのように運動を伝達したり、動作のタイミングをとればよいのでしょうか。
　ここでは、カムのような特殊なメカニズムを使わずに、汎用のメカニズムを使った同期システムをつくる方法について考えてみます。

ゼネバ（MM−M220）

定石11の1　1つのモータで複数のユニットを駆動するには汎用メカニズムを組み合わせる

1つのモータで複数のユニットを動かすには、駆動源となるモータの回転出力を、同期をとりながら、それぞれのユニットの近くまでもっていくための運動伝達メカニズムを組み合わせます。

運動を伝達する汎用メカニズム

表11-1-1は、運動を伝達する汎用メカニズムのうち、よく使われるものをまとめたものです。

連続した回転運動をタイミングをずらさないように伝達するメカニズムとしては、ベルト系（タイミングベルト・チェーンなど）、歯車系（平歯車・かさ歯車・ねじ歯車・ウォームギヤ・ラックピニオンなど）があげられます。歯車系は運動の伝達とともに運動方向を変換することもできます。

1方向に連続する回転運動から往復の直進運動や揺動運動に変換する汎用メカニズムには、クランク、レバースライダ、スコッチヨークなどが使われます。この中で、とくに大きな力を出力するときにはクランクがよく使われます。

往復する揺動や直進の運動を伝達するためには、レバーとリンクが使われます。レバーは力点・支点・作用点の位置によって任意の角度に揺動運動を変換します。また、支点を中心として力点と作用点の距離を変更することで、揺動のストロークを大きくしたり小さくしたりすることができます。レバーはこのようなてこの機能ももっています。

連続した回転運動から1方向に回転と停止を定期的に繰り返す間欠運動をつくるには、ワンウェイメカニズムか角度分割メカニズムを使います。ワンウェイメカニズムの代表はラチェットで、そのほかにワンウェイクラッチなどもあります。

角度分割メカニズムとしてはインデックスドライブユニット、ゼネバ、ダブルピンゼネバなどがあります。

表11-1-1　運動を伝達する汎用メカニズム

回転運動を伝達する	ベルト系	タイミングベルト チェーン	
	歯車系 （運動方向も変換する）	平歯車 かさ歯車 ねじ歯車 ウォームギヤ ラックピニオン	
回転運動から往復運動をつくる	クランク レバースライダ スコッチヨーク		
揺動運動を伝達する	レバー てこ リンク		
ワンウェイメカニズム	ラチェット ワンウェイクラッチ		
角度分割メカニズム	インデックスドライブユニット ゼネバ ダブルピンゼネバ		

定石11の2 複数のユニットを同期して動かすには動作タイミングを考える

汎用メカニズムを使って１つのモータで複数のユニットを同期して動かす装置をつくってみます。タイミングをずらさないように各ユニットの近くまでレバーや歯車を使ってモータの運動出力を伝達すると、上手に同期するメカニズムをつくることができます。

(1) 汎用メカニズムを使った同期システム

汎用メカニズムを使って1つのモータでコンベヤと作業ユニットを駆動するようにした同期システムの例が図11-2-1です。モータを回転するとクランクシャフトが回転して、クランク1とクランク2で連続した往復揺動運動をつくっています。

クランク1はラチェットの送り爪がついているレバー1を往復駆動するので、ラチェットホイールは回転と停止を繰り返す間欠動作をします。送り爪が下降するときにラチェットホイールを回転駆動します。送り爪が上昇するときは送り爪は逃げるようになっていて、ラチェットホイールは戻り止め爪でロックされるので停止したまま動きません。そこでコンベヤは一定間隔の1方向運動と停止を繰り返す間欠運動をすることになります。

クランク2が回転するとレバー2を往復駆動して、連結シャフトが揺動往復します。連結シャフトの動作によって、反対端につけられたレバー3が往復揺動運動をします。レバー3の出力はリンクアーム2で作業ユニットに連結しているので、クランク2の動きに同期して作業ユニットが上下することになります。

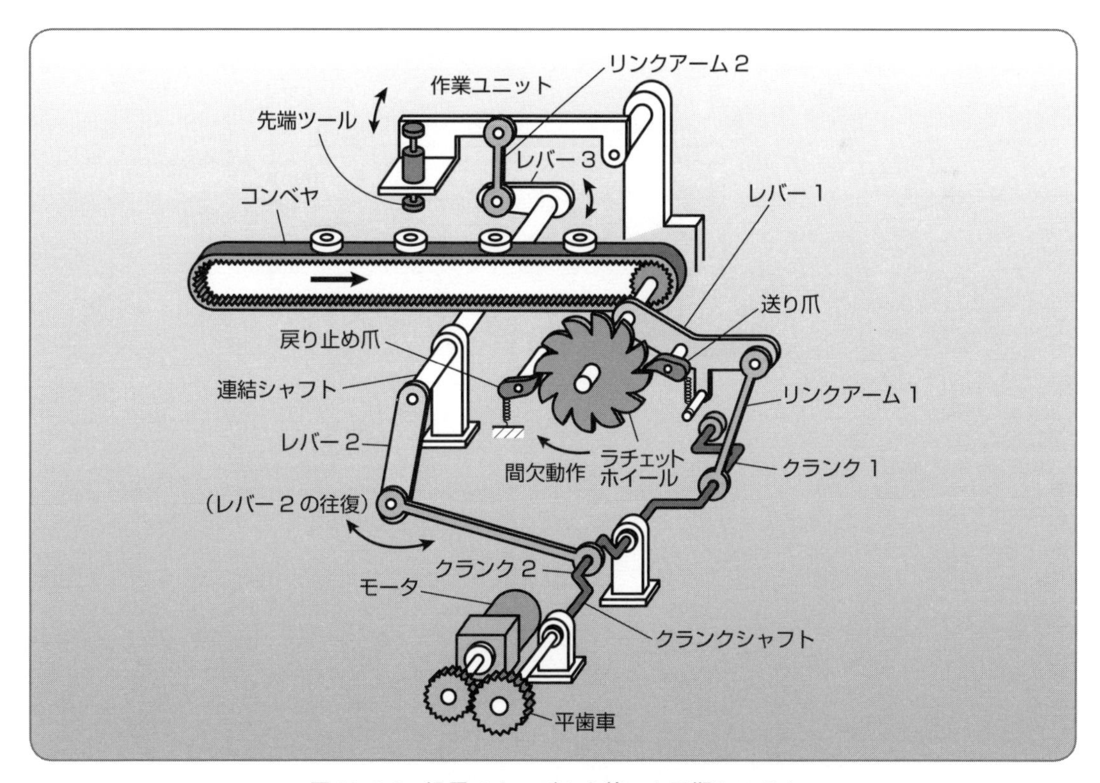

図11-2-1　汎用メカニズムを使った同期システム

(2)　コンベヤと作業ユニットの動作タイミング

図11-2-1のコンベヤの間欠動作と作業ユニットの上下動作のタイミングをあらわしたものが、**図11-2-2**です。コンベヤの送り動作はクランクの末端減速の速度特性で動くので、スムーズに動き出してスムーズに止まることができます。

コンベヤが停止しているときに、作業ユニットの先端ツールがワークに触れるようにタイミングを調整します。たとえば、作業ユニットの最下点をコンベヤの停止期間の真ん中にもってくるように、クランク1とクランク2のタイミングを合わせるとよいでしょう。

図11-2-2のⒶ点からⒷ点の間に作業ユニットは上昇し、Ⓑ点で最上点に達します。その間、作業ユニットはワークに触れない高さにあるので、コンベヤが動いてワークを搬送しています。

その後、コンベヤは動いたままの状態で作業ユニットは下降を開始して、Ⓒ点でコンベヤが停止します。作業ユニットはさらに下降して、Ⓓの最下点まで下降してから上昇します。上昇の中間点のⒶ′点まで作業ユニットが上昇すると、作業ユニットはワークに触れない高さになるので、コンベヤが動き出して搬送を再開します。

このように、上下動作の中間点でコンベヤの回転と停止を繰り返すようにタイミングを調整します。

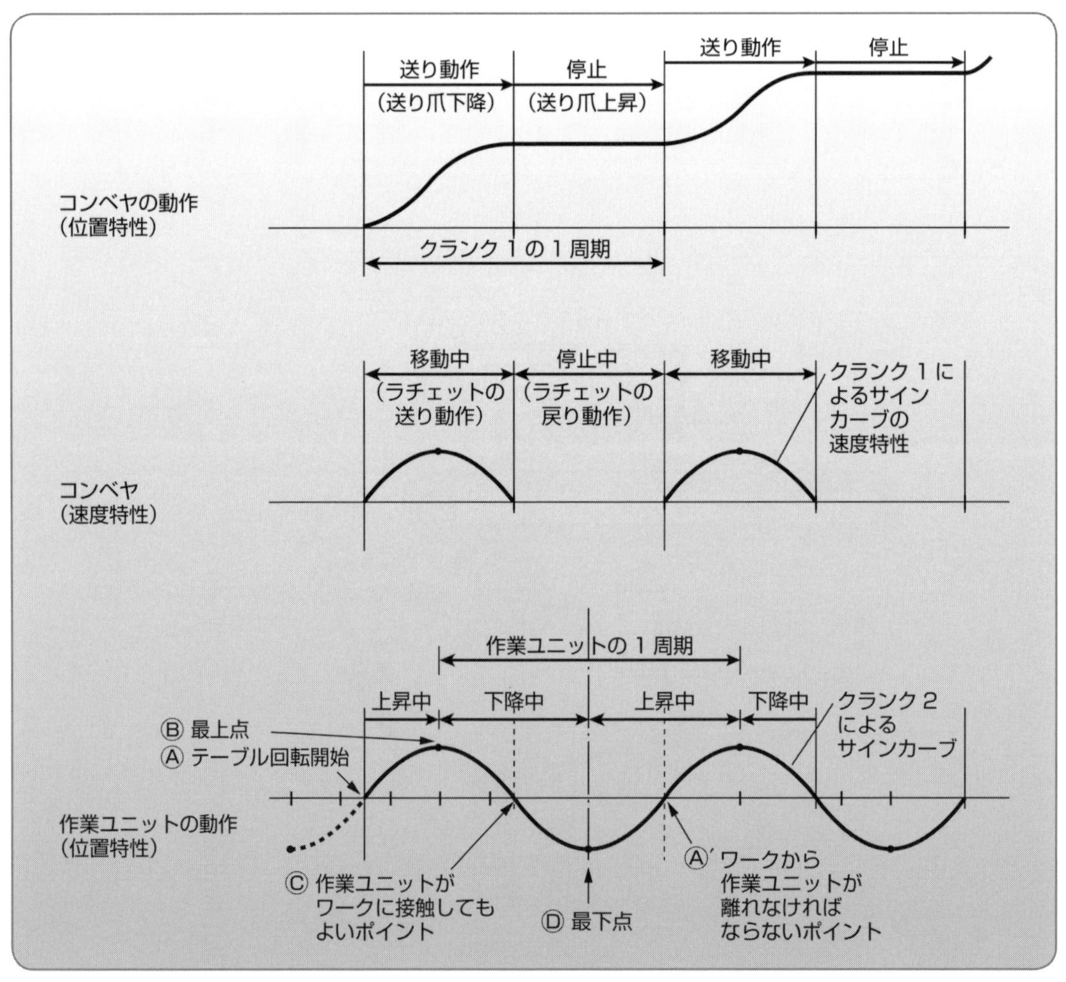

図11-2-2　コンベヤの速度特性と作業ユニットの位置特性
(※実際のクランクの出力は、リンク接続をするためサインカーブから少しずれた特性になります。)

(3)　タイミングベルトを使った同期駆動

図 11-2-3 は、三相誘導モータの回転運動をコンベヤと作業ユニットの近くまでタイミングベルトや回転シャフトを使って伝達し、そこにクランク 1 とクランク 2 をつけて往復運動をつくったものです。

回転運動を連結して同期がずれないように伝達すれば、クランク 1 とクランク 2 のタイミングもずれることはありません。

クランクシャフトに取り付けられているクランクの角度を調節すれば、図 11-2-2 と同じように同期した運転ができるようになります。

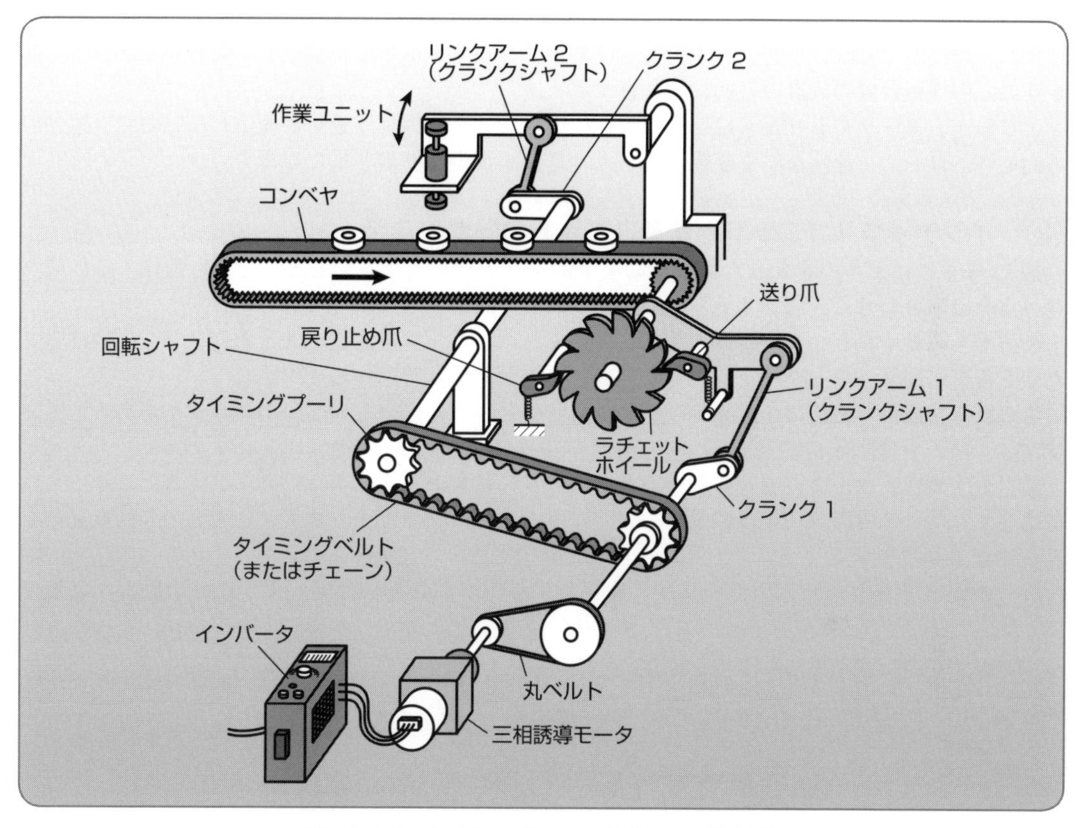

図 11-2-3　タイミングベルトを使った同期駆動

ここがポイント

この例のように同期システムの中で使われているメカニズムは、ベルトやクランク、ラチェットといった単純なものばかりであっても、それらの要素を連結してタイミングを合わせれば、複数の作業ユニットが同期して動く装置をつくることができます。

定石11の3　汎用メカニズムを使った同期システムの設計手順

1つのモータだけで複数のユニットを駆動する同期システムを設計する手順を考えてみましょう。

(1)　装置の設計手順

一般的に機械装置を設計するときには、ユニットごとにワーク側から設計をはじめます。ワークに触れて作業をする部分を「ツール」と呼びます。このツールをモータやシリンダなどを使って動かすことが機械装置の設計の目的になります。

ところが、モータやシリンダは回転や直進往復といった単調な運動しか提供しないので、運動の方向やストローク、速度などを変換するメカニズムが重要な役割を果たします。

(2)　インデックスユニットと作業ユニットの同期システム

図11-3-1にはゼネバを使った間欠運動をするインデックスユニットと、上下に動作する作業ユニットを組み合わせた同期システムが描かれています。

モータを駆動すると、ウォームが回転してウォームホイールを回し、メインシャフトにつけられたかさ歯車が回り、ロータリテーブルと揺動アームが同期して動作します。

この装置を設計するには、インデックスユニットと作業ユニットの2つのユニットがあると考えます。

設計の手順は、ワークに触れる部分であるツールを作業ができるようにガイドするところからはじめます。この装置のツールは揺動アームとロータリテーブルです。まず、この2つの回転運動を軸受でガイドします。

ツールがガイドされたら、そのツールを駆動する手がかりをつけて、手がかりを動かすことで

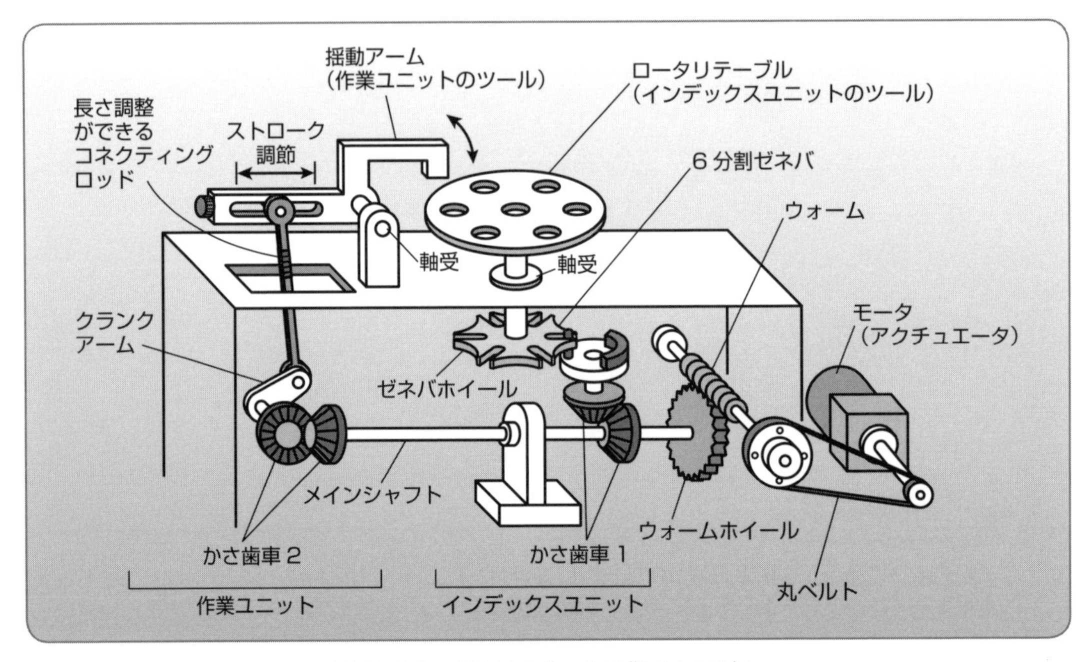

図11-3-1　ゼネバを使った同期メカニズム

ツールが動くようにしておきます。

次にアクチュエータの運動出力を使って、ツールを動かすために必要な運動特性をつくります。揺動アームは往復運動をするので、クランクを使うことにします。ロータリテーブルは間欠回転なのでゼネバを使ってみます。そこでつくった運動を伝達し、ツールにつけた手がかりに連結すれば、ツールを予定どおりの動作で動かすことができるようになります。この詳細は（4）以降で解説します。

(3)　装置の動作タイミングの調整

このようにして間欠動作をするロータリテーブルと、それに同期して上下に往復運動する揺動アームを1つのモータで駆動する装置が図11-3-1です。

この装置の動作タイミングはクランク部で調節します。かさ歯車2についているクランクアームの取り付け角度によって揺動アームの動作タイミングを調節します。ストロークの調節はコネクティングロッドの上側のストローク調節部を使います。揺動アームの初期位置はコネクティングロッドの長さで調節します。

この3点を調節して、**図11-3-2**のようなタイミングでロータリテーブルと揺動アームが同期して動くように設定します。

ポイントは揺動アームが下降し、ワークに触れるときがゼネバによる停止時間内に収まるようにすることです。

揺動アームは最上点で停止せず連続で動いているので、テーブルが移動中でも上下動作を行っています。

テーブルが回転するときには、揺動アームがワークに触れないように揺動アームのストロークを大きくとるなどの調整を行います。

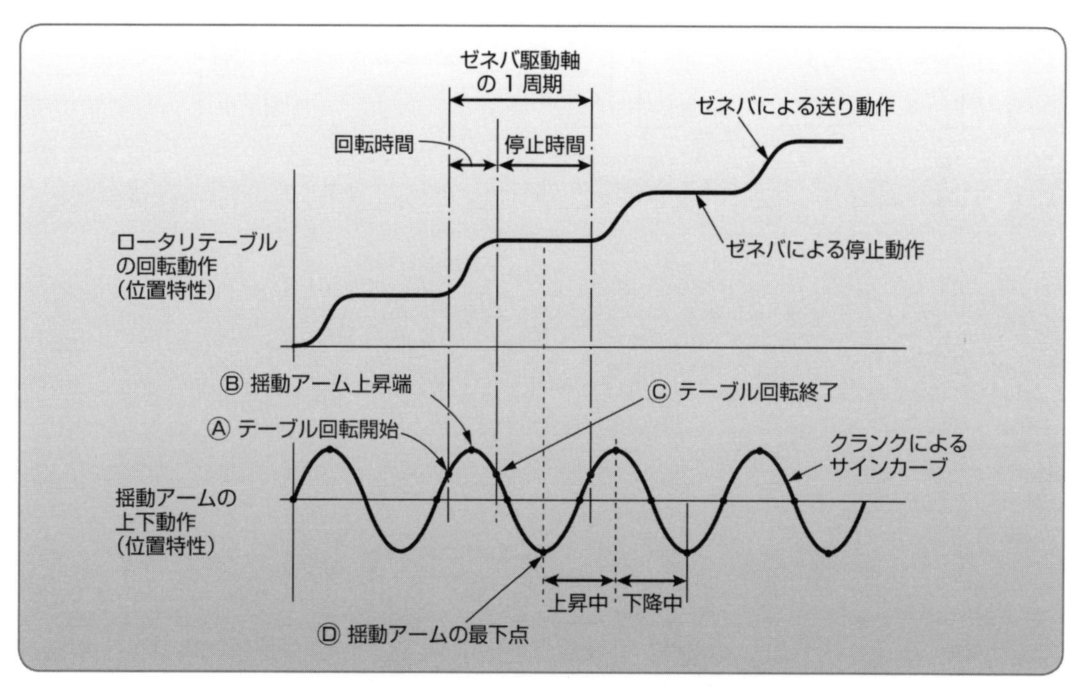

図 11-3-2　ロータリテーブルと揺動アームの動作タイミング

(4)　作業ユニットの設計

図11-3-1の作業ユニットは、上下運動するユニットです。この作業ユニットを設計してみましょう。

図11-3-3のように、作業ユニットのツールである揺動アームはワークに対して上下動作をします。そこで、このツールが上下に移動できるようにツールをガイドします。ガイドの方法は直動ガイドをつけるか回転軸をつけるかの選択になります。

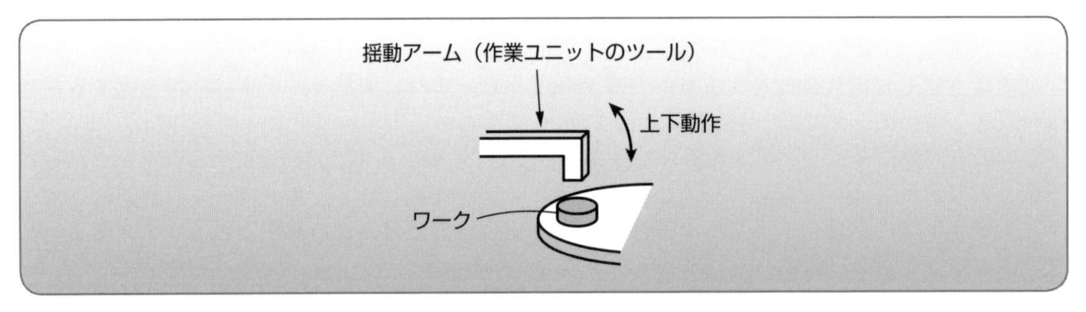

図11-3-3　作業ユニットのツール

このような上下運動をするツールをガイドするには、**図11-3-4**に示した直動ガイド、平行リンク、レバーなどが考えられます。

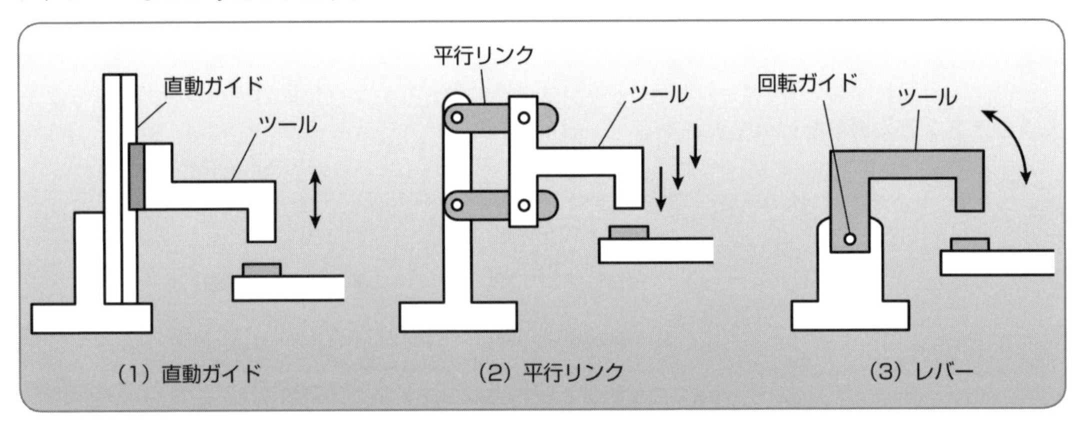

図11-3-4　ツールの上下動作のガイド

今回は、もっとも単純な(3)のレバーを選択してみます。

レバーの形でツールをガイドしたら、ツールを駆動する手がかりをつけます。

図11-3-5がその例で、ツールにつけた手がかりを上下することでツールを上下させることができるようになります。

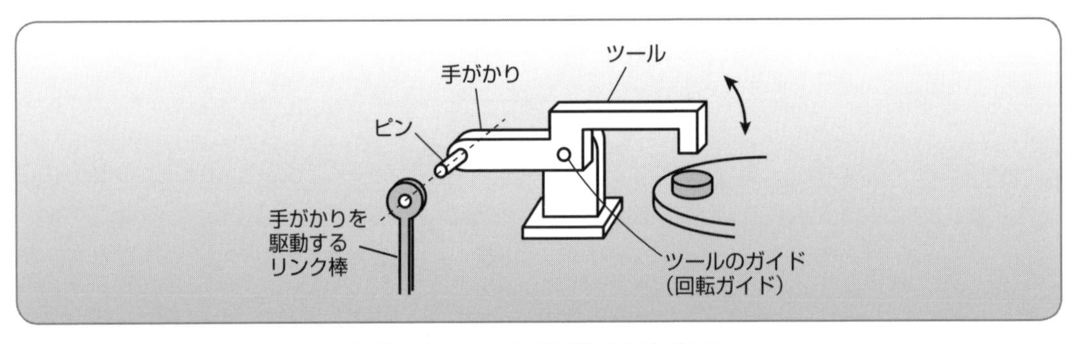

図11-3-5　ツールを駆動する手がかり

この例では手がかりにピンを立ててピンを駆動するリンク棒をつけてあるので、あとはこのリンク棒を上下する運動を駆動側からつくって連結すればよいことになります。

そこでモータの回転から往復運動をつくり出すメカニズムを使って、リンク棒を動かす構造にしてみます。

駆動源はモータですから、モータの連続回転から往復運動をつくる汎用のメカニズムを選定すると**図11-3-6**の3つのメカニズムがあげられます。

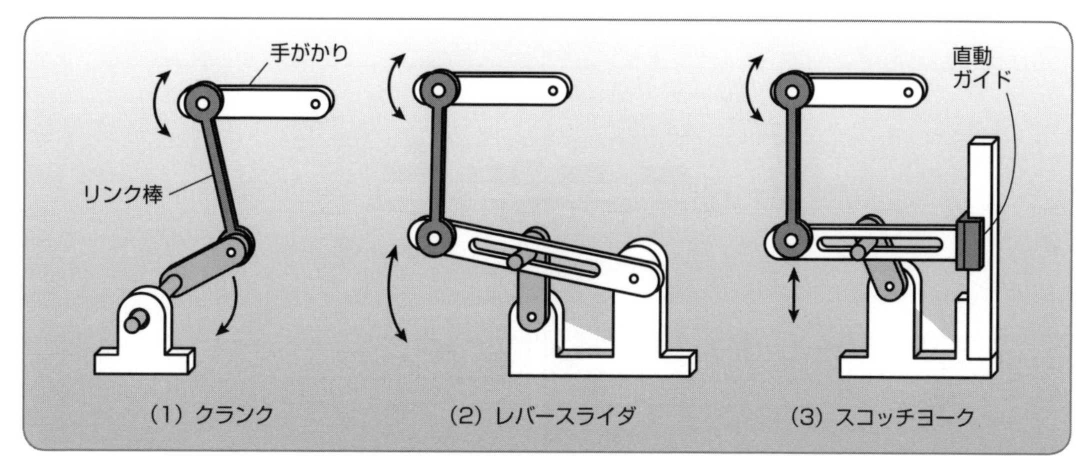

図11-3-6　回転から往復をつくるメカニズム

今回はこのうち（1）のクランクを使ってみることにします。すると、**図11-3-7**のように回転入力軸の回転からツールの往復駆動ができるようになります。あとはモータの回転をクランクの回転入力軸に連結すればよいだけです。

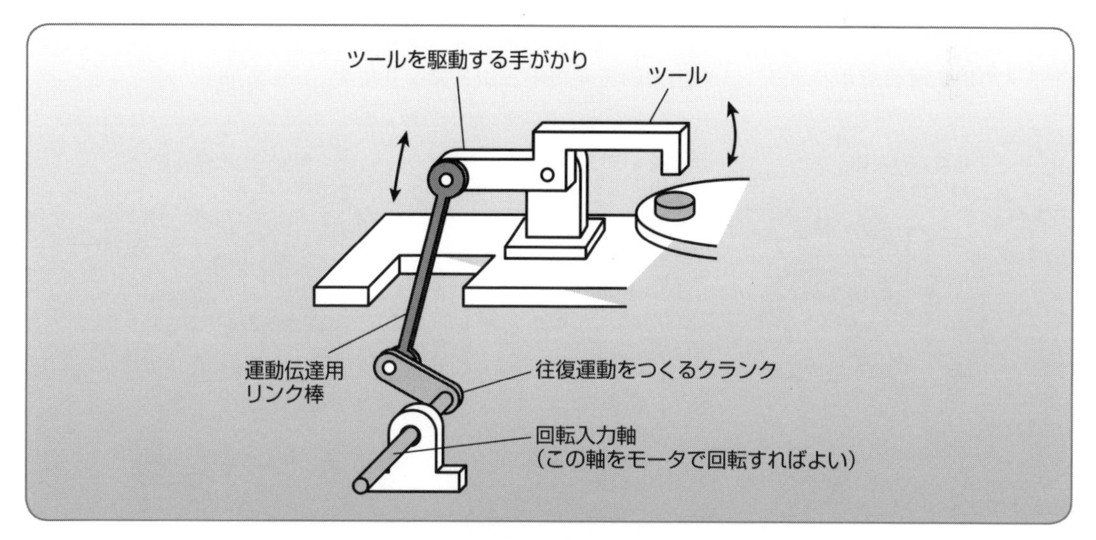

図11-3-7　クランクを使った作業ユニットのメカニズム

このようにして作業ユニットを動作させるために、1つの回転入力軸を回しさえすればよいというようにしてしまえば、あとはモータの回転出力を作業ユニットの回転入力軸に連結すればよいことになるわけです。

(5) インデックスユニットの設計

インデックスユニットのツールであるロータリテーブルは、一定角度送りの回転間欠運動をしますが、回転のガイド部と間欠の駆動部に分けて考えると設計がやさしくなります。

インデックスユニットは、ロータリテーブルの上に載せられたワークを搬送するので、ロータリテーブルがツールになります。そこで、設計手順の定石によって、まずツールをガイドするところからはじめます。

テーブルは回転軸受でガイドしますから、まず**図11-3-8**のように、ベアリングでロータリテーブルの回転軸をガイドして自由に回転できるようにします。

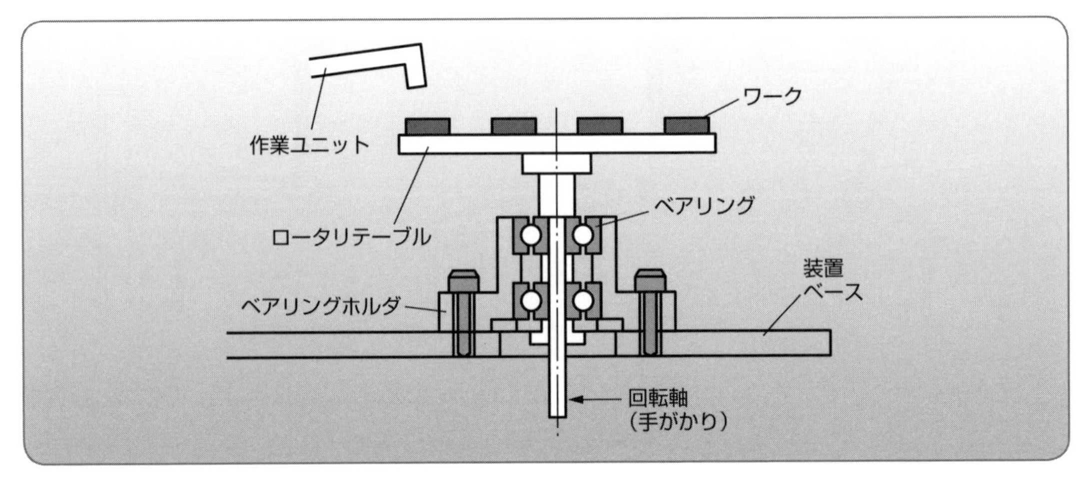

図11-3-8　ツールを回転ガイドする

このように、ロータリテーブルを回転運動ができるようにガイドしてしまえば、ベースの下から出たロータリテーブルの回転軸を間欠駆動すればよいことになります。そこで、次の手順として間欠駆動の運動特性をもつメカニズムを選定します。

今回は**図11-3-9**の3つの間欠駆動メカニズムのうち、(1) のゼネバギヤを使うことにすると、図11-3-8の回転軸にゼネバホイールの出力軸を連結することになります。

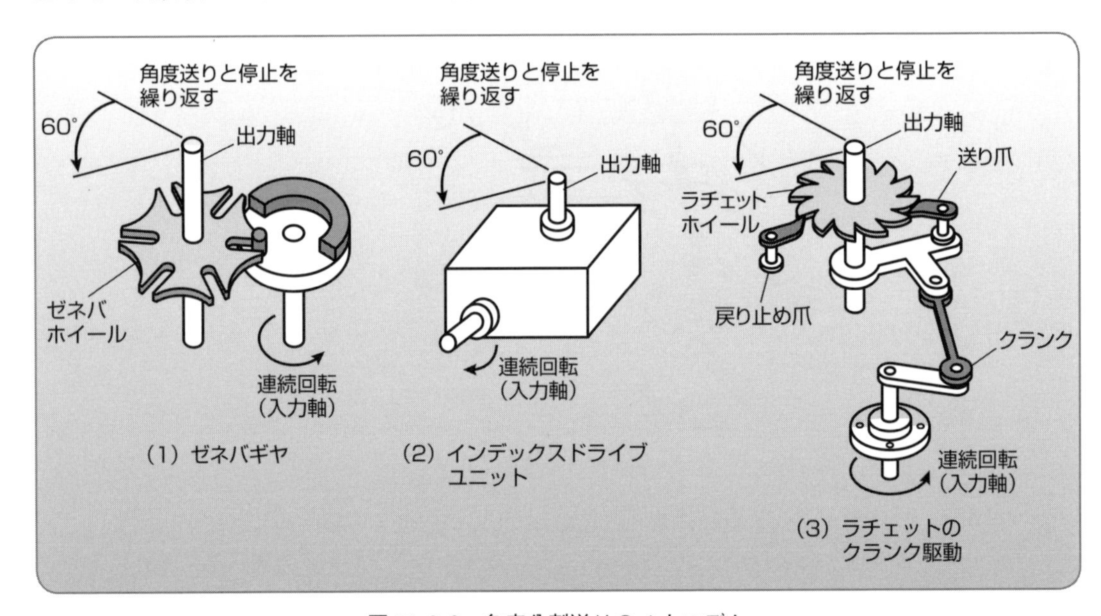

図11-3-9　角度分割送りのメカニズム

図11-3-8と図11-3-9（1）を連結したものは**図11-3-10**のようになります。同図左側には図11-3-7の作業ユニットを描いてあります。

この2つのユニットの回転入力軸1と2を1つのモータで駆動すれば、相互に同期して動作する装置ができあがります。

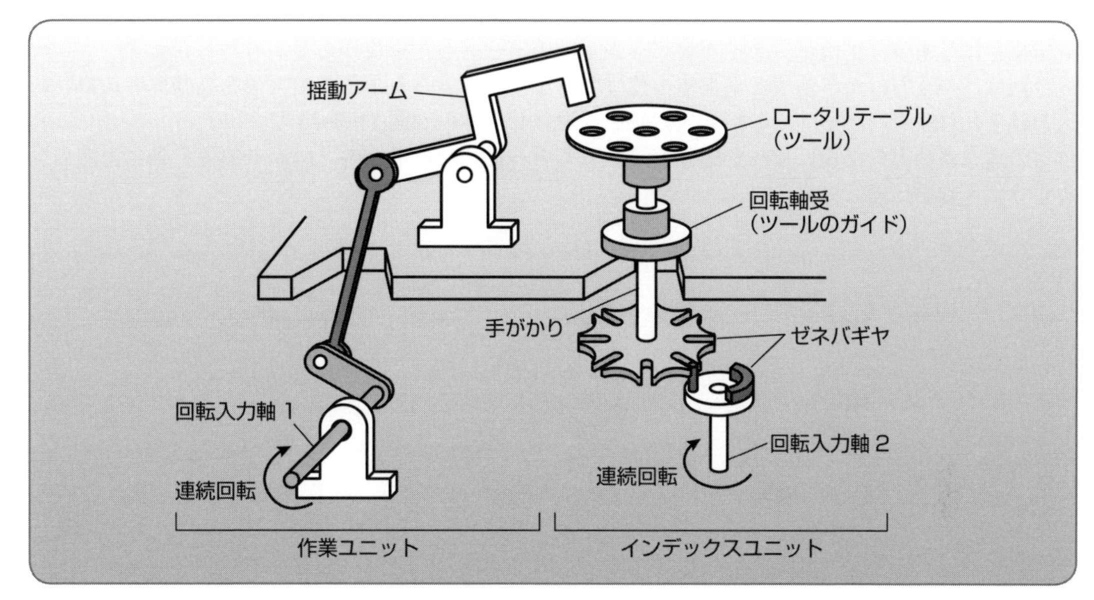

図11-3-10　ロータリテーブルの手がかりをゼネバギヤで間欠駆動する

(6)　装置の駆動部の設計

モータの回転数は毎分1200回転にもなります。一方、同期メカニズムは回転入力軸の1回転で1サイクルの動作をするので、モータを直結すれば1サイクルが0.05秒になり現実的ではありません。また、重力やスプリングなどの力によってモータが停止しているときに、メカニズム側からモータが回されて停止位置を保持できなくなることも少なくありません。

そこで、1サイクルを3秒程度のタクトにするために、1/60程度に減速する機能と、メカニズム側からの反力がモータに伝わらないようにするという両方の機能を兼ね備えた1/60減速ウォームギヤを使うことにしてみます。

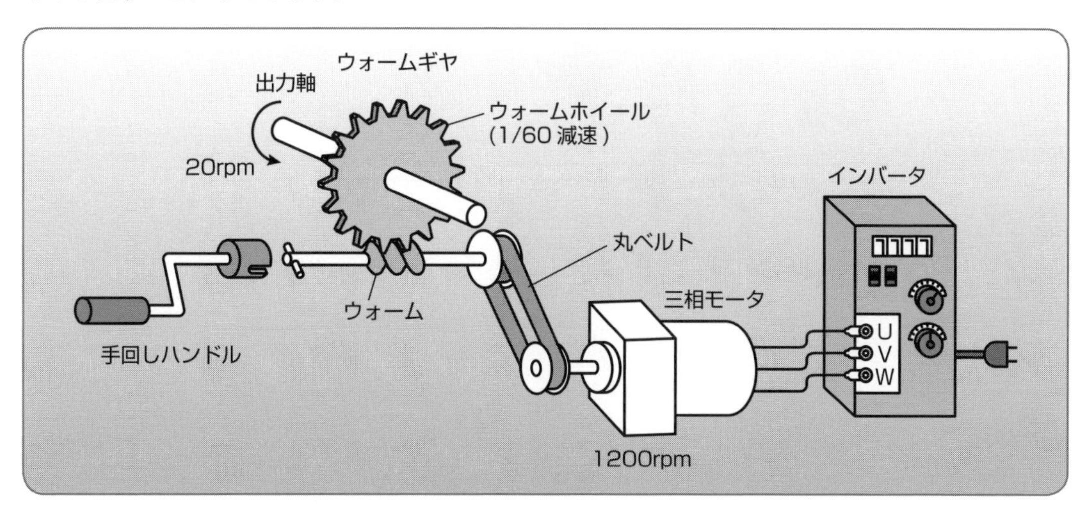

図11-3-11　モータ出力をウォームギヤで減速する

図 11-3-11 のようにモータ出力を丸ベルトで連結して、1/60 のウォームギヤを駆動すると、1200 rpm の回転数を 20 rpm に下げることができます。また、ウォームホイールの出力軸に回転力を加えてもウォーム側は回転しないので、モータを停止した位置で出力軸を止めておくことができます。

ウォームホイールの出力軸を延長して 2 カ所の回転軸を回転させるには、**図 11-3-12** のようなかさ歯車、ねじ歯車、平歯車、タイミングベルト、チェーンなどを使うことが考えられます。

今回はこのうち、かさ歯車と平歯車を使ってみます。ウォームギヤの出力軸を揺動アームの回転入力軸 1 とロータリテーブルの回転入力軸 2 に連結したものが**図 11-3-13** です。

このように動力の伝達はモータ側から設計していって、最終端が各ユニットの入力軸に連結できるように運動を伝達します。

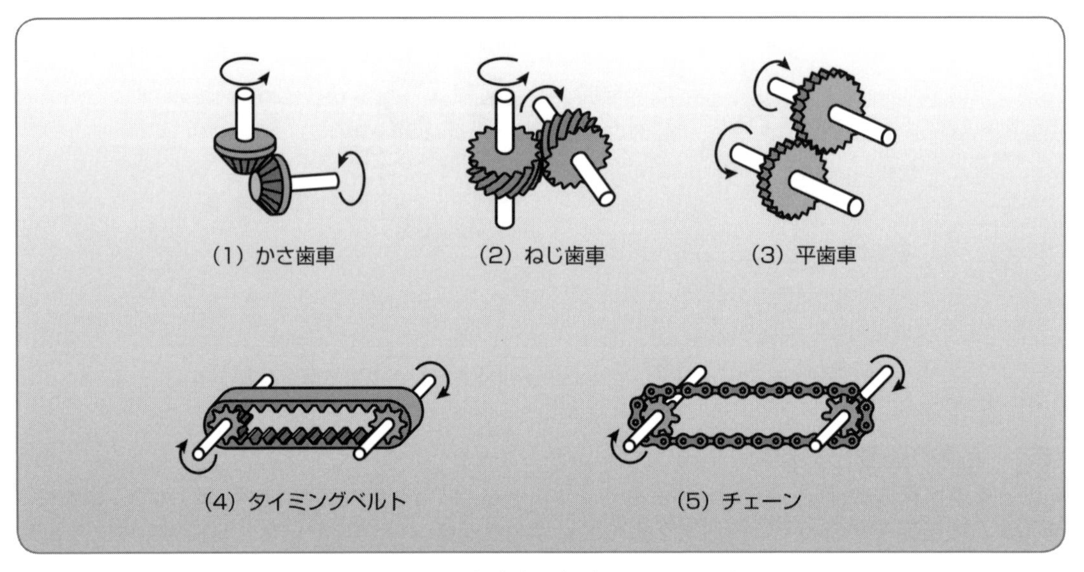

図 11-3-12　回転出力を伝達するメカニズム

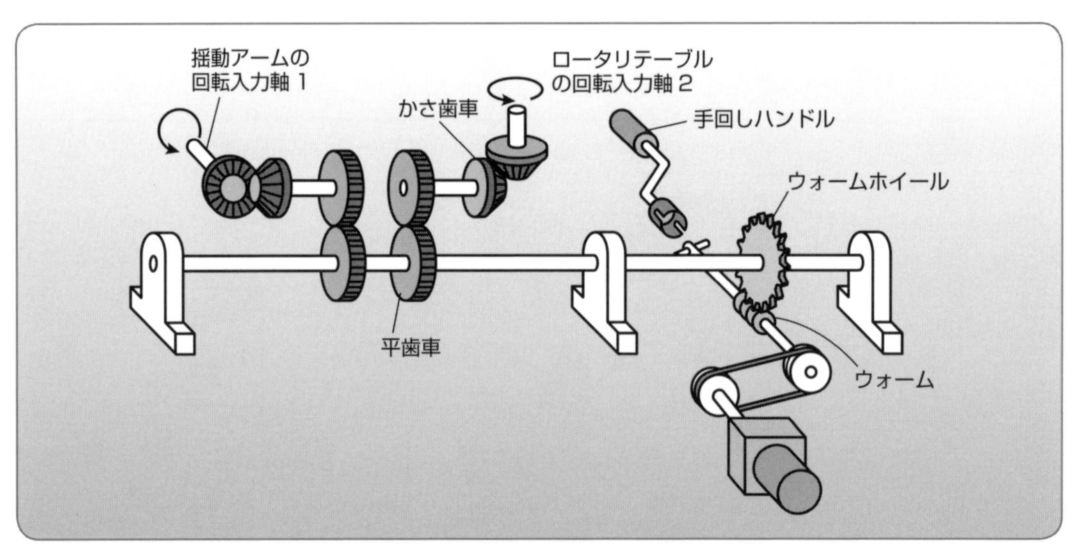

図 11-3-13　歯車を使った運動伝達

(7)　装置の動作タイミングの調整

ウォームギヤを使った駆動では高減速になっているので、ウォーム側からは軽く装置を動かすことができます。そこで図 11-3-13 にあるような、ウォームを手動で回転させる手回しハンドルを取り付けられるようにしておくことがあります。

手回しハンドルを 60 回回して 1 サイクルですから、1 回転でウォームギヤの出力軸は 6°ずつ回ることになります。そこで、ハンドルを回しながら、インデックスユニットの停止位置と作業ユニットの上下動作がうまく同期して動くように調整するわけです。手動操作のときにモータとウォームギヤを切り離すために、中間にクラッチを入れておくこともあります。

(8)　ゼネバギヤのモデル

写真 11-3-1 はゼネバギヤのモデルです。入力ギヤを回転すると駆動ピンがゼネバホイールを一定角度送りして、その後しばらく停止するので間欠回転運動出力になります。

このゼネバホイールは 6 分割になっているので、入力ギヤの 1 回転で出力ギヤは 60° 回転します。

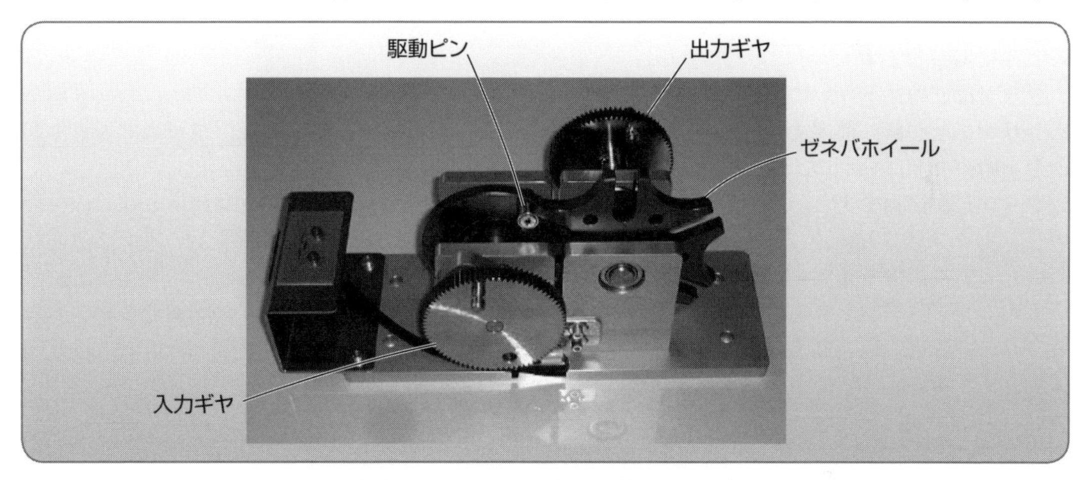

写真 11-3-1　ゼネバギヤ（MM-M220）

(9)　ウォームギヤのモデル

写真 11-3-2 はウォームギヤのモデルです。

入力ギヤを駆動してウォームを 1 回転するとウォームホイールが 1 歯分送られます。出力ギヤはウォームホイールに連結しているので高減速の回転出力になります。

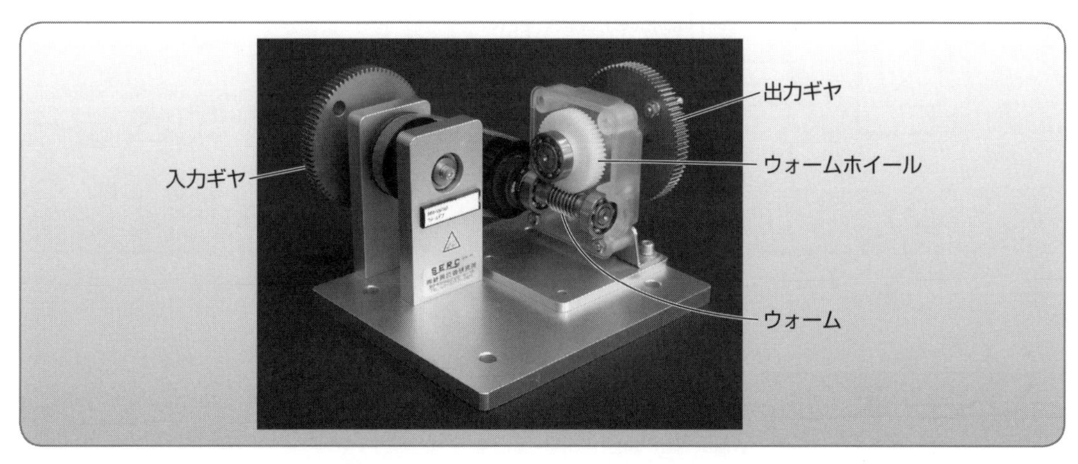

写真 11-3-2　ウォームギヤ（MM-VM160）

定石11の4　同期メカニズムで時間遅れの動作をつくるにはクロッグを使う

トップスプリングフォローとクロッグを組み合わせて、時間遅れをもった2つの作業タイミングで動作するメカニズムをつくることができます。

クロッグを使った時間遅れ

図11-4-1は、スプリングで押し動作を行うトップスプリングフォローとクロッグを使って、1つのシリンダの1往復で2つの異なるタイミングの動作をつくり出しているものです。クロッグは「コ」の字型をした遊びのある空間で、時間遅れをつくっています。

シリンダが前進すると、まずトップスプリングフォローの先端にあるラックが前進してピニオンを回転し、ワーク方向変換テーブルを90°回転します。回転量は回転角度調整用ストッパで90°になるように調整します。

ラックはこのストッパに当って停止しますが、シリンダはさらに前進します。

シリンダと一緒に前進するクロッグが、ワークプッシャのティーに達すると、ワークプッシャが前進を始めて90°回転したテーブル上のワークをシュートに押し出します。

シリンダが後退すると、クロッグがティーに当ったところでワークプッシャは後退をはじめ、その後、トップスプリングフォローによってラックが後退して、ワーク方向変換テーブルは逆回転し、元の位置に戻ります。

このトップスプリングフォローは、ラックがストッパに当った後もスプリングが縮められ、そのスプリングで押し戻される力が強くなるので注意します。また、ティーのスライドガイドは、自由に動きすぎないようにある程度摩擦を大きくしておくとよいでしょう。

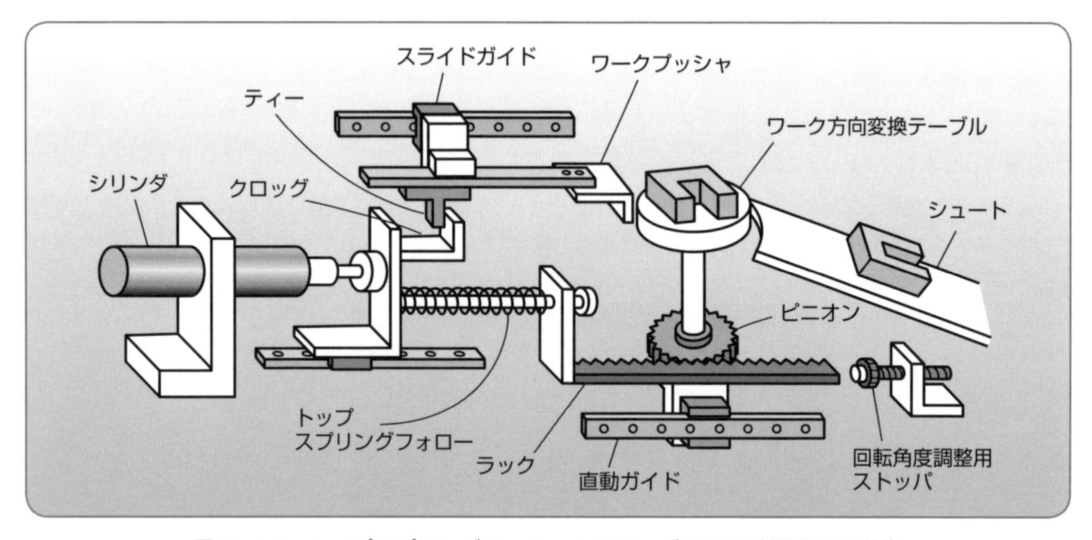

図11-4-1　トップスプリングフォローとクロッグによる時間遅れの動作

ここがポイント

クロッグを使った可動部は摩擦などを利用して自由に動きすぎないようにしておきます。

定石 11の5 ピッチ送りと作業を同期するにはスプリングフォローとクロッグを使う

スプリングフォローとクロッグを使うと、回転テーブル上のワークの回転角度送りと、停止しているワークのチェック動作を1本のシリンダで行うメカニズムをつくることができます。

テーブルの回転とチェックの複合動作

図11-5-1は、シリンダにつけたトップスプリングフォローでラックを前後に動かし、ラチェットホイールを90°ずつ1方向回転させ、そのあとでチェックツールを前進させるものです。ラチェットホイールが送られてからチェックツールが動き出すように、クロッグを使ってタイミングを遅らせています。

シリンダを前進すると回転テーブルは90°回転して、次のワークがチェックツールのところにやってきます。

ラックがストッパに当って停止した後もシリンダはさらに前進し、ティーがクロッグに当たるとチェックツールが前進してワークに接触します。シリンダが後退すると、クロッグの効果で少し時間をおいてからチェックツールが後退し、続いてラックが後退します。

このようにしてシリンダの1往復で回転テーブルの一定角度送りと、チェックツールの往復を動作が干渉しないように異なるタイミングで行っています。

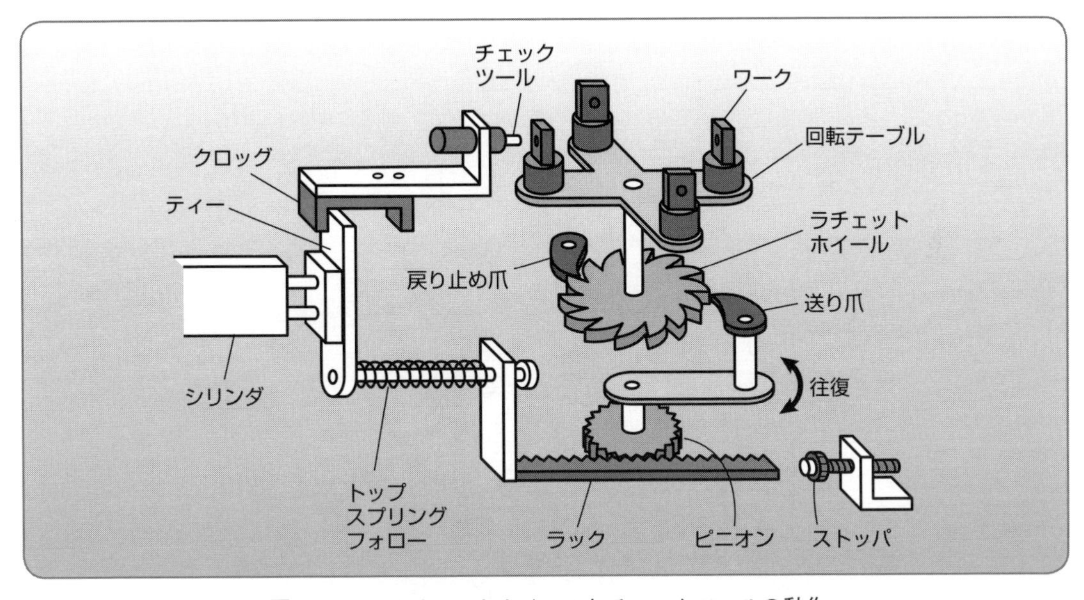

図11-5-1　ラチェットホイールとチェックツールの動作

ここがポイント

ラチェットホイールが回転している間は、チェックツールが動かないようにクロッグで時間遅れのタイミングをつくります。

定石 11の6　ワーク送りと作業の間に時間差をつけるにはクロッグを使う

ベルトコンベヤのピッチ送りと、ベルトコンベヤが停止してから作業を行うという 2 つのタイミングの異なる動作を 1 本のシリンダで行うようにしてみます。ピッチ送りはトップスプリングフォローを使い、作業ユニットにはクロッグによる時間遅れを使います。

間欠搬送と作業ユニットの同期運転

図 11-6-1 は、ラチェットホイールでベルトコンベヤを間欠駆動して、1つひとつのワークに順次作業を行う装置です。ラチェットホイールでベルトコンベヤを駆動している間はツールが動かないように、ツールの駆動部にクロッグをつけてタイミングをずらしています。クロッグはスプリングでストッパ２の方向に引っ張っておきます。ベルトはタイミングベルトのような同期をとれるものがよいでしょう。

シリンダが前進をはじめると、ラックとピニオンによってシリンダの直進動作を回転に変換して、送り爪によってラチェットホイールを駆動し、一定のピッチだけベルトを移動します。ストッパ１によってラックの動きが止まり、ベルトコンベヤも停止しますが、さらにシリンダは前進してツールを押し出します。このとき、ツールについているクロッグの効果で少し時間を置いてツールが押し出されます。

シリンダが前進端に達した後にシリンダを後退すると、すぐにツールも後退して、そのあとでラックが元の位置に戻ります。

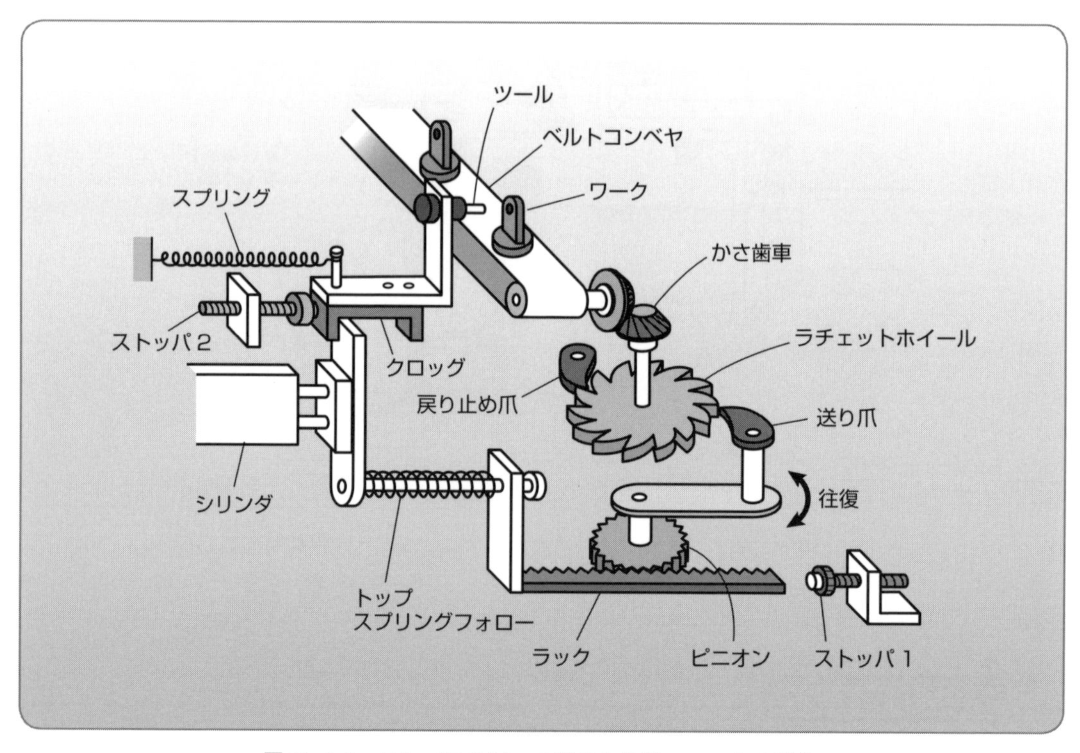

図 11-6-1　コンベヤのピッチ送りと作業ユニットの動作

第12章

カムを使った運動変換

　カムを使うと任意の動作タイミングでメカニズムを動かすことができるようになります。ここではメカニズムを思いどおりに動かすためのカムの動作曲線のつくり方や、カムを使って１つのモータで動くP&P（ピック＆プレイス）ユニットをつくるための手順などを紹介します。

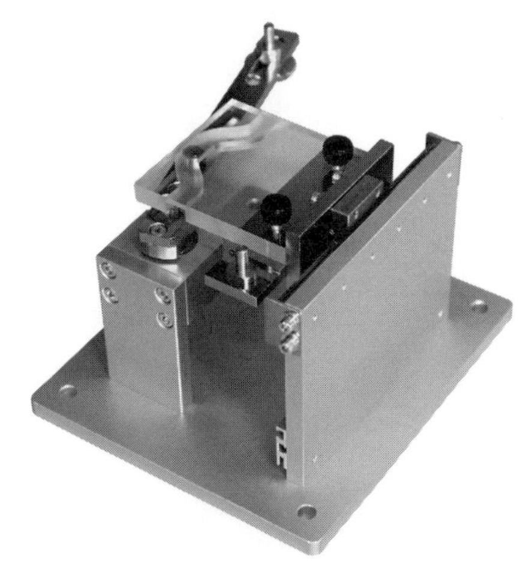

直動板カム（MM-VMC310）

定石12の1　カム出力の前進端と後退端にはドゥエルをつける

メカニズムの同期運転などに利用されるカムは、カム出力が動かないドゥエルによる停止特性と、ドゥエル間を結ぶカム曲線による速度特性からできています。ドゥエルでの停止時間と、ドゥエル間を移動する時間を考慮した動作タイミングからカム曲線をつくる方法を考えてみましょう。

(1)　板カムを使った上下移動

図12-1-1は、板カムを使って液体の入ったびんが載せられた台をスムーズに上下移動する装置です。

シリンダを前進させると板カムが図の左方向に移動して、板カムの端面のカム曲線のとおりに液体の入ったびんが上昇します。ドゥエル2の位置で一旦上昇が止まりますが、さらにシリンダは前進するのでドゥエル3の位置まで下降します。

カムの全長は120 mmで、0～20 mmと100～120 mmの場所に下降端のドゥエル1とドゥエル3があり、50～70 mmの場所に上昇端のドゥエル2があって、この3つの位置ではシリンダが動いてもびんは停止しています。通常はこの停止時にワークに対する作業をします。

ドゥエル（Dwell）は入力が変化してもカムの出力が動かず、停留する場所のことです。「ドエル」または「ドウェル」と呼ばれることもあります。

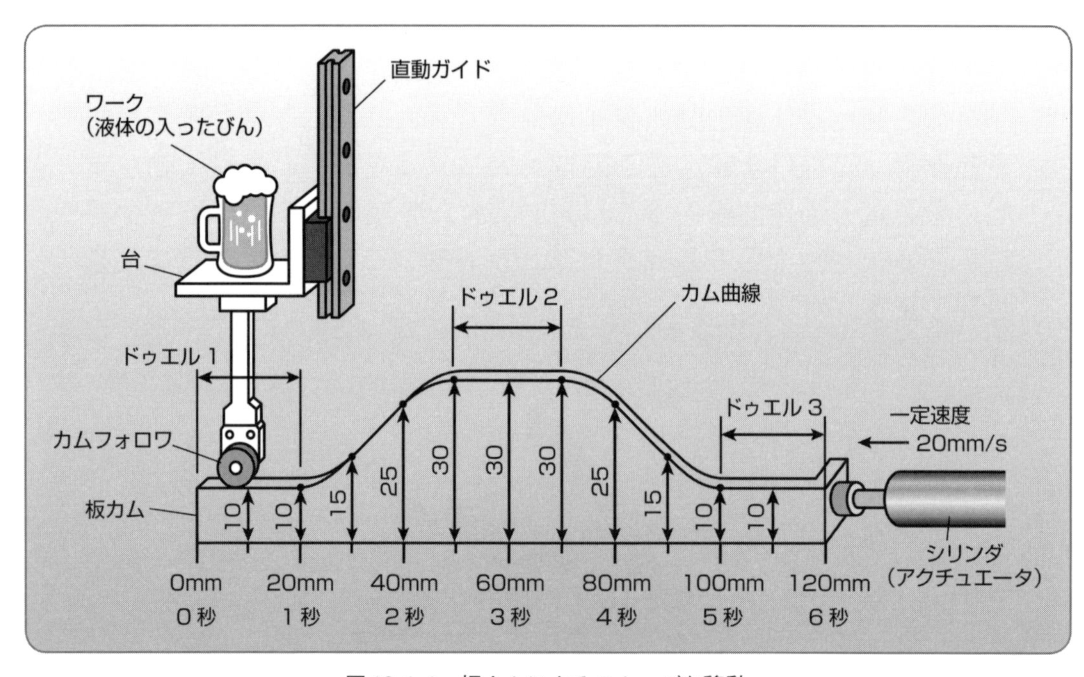

図12-1-1　板カムによるスムーズな移動

(2)　ドゥエルの効果

このドゥエルの部分では、カムを駆動しているアクチュエータがどのように動いてもカムの出力は止まっているので、この部分でアクチュエータの急激な速度変化を吸収することができます。

また、カムで正確に位置決めするときにもドゥエルを使います。カムを連続で駆動してもドゥエルの位置ではワークを停止しておくことができるので、この間にワークに対する作業を行うといった使い方をします。

このドゥエルの効果を**表12-1-1**にまとめてあります。

表 12-1-1　ドゥエルの効果

1. カムを連続駆動するとき：〔ドゥエルでワークを停止して作業時間を確保する〕

ドゥエルによる停止時間は、カム曲線の中のドゥエルの開始点から終了点までの水平部の長さで決まります。カムの駆動スピードを上げると停止時間が短くなるので注意します。

2. ドゥエルで駆動を一旦停止するとき：〔ドゥエルの場所では駆動側の速度変化を吸収できる〕

ドゥエルの位置でカムの駆動を開始または終了することで、シリンダの始動や停止時の衝撃やモータの立上り時の飛び出し特性などを吸収することができます。また、カムを駆動するモータがオーバーランしても、ドゥエルの範囲で停止すればカムの出力は変化しないので、安定した位置決めができます。

3. ドゥエルで停止して作業を行うとき：〔ドゥエルでは外力でカムが動かされない〕

ドゥエルの位置でカムが停止しているときには、出力側からカムに力がかかっても、その力がカムを動かす方向に発生しないため、カムは安定して停止したままになります。

(3)　カム曲線の傾きと速度特性

この板カムをシリンダで一定速度駆動することで、カムフォロワにカム曲線どおりの運動特性を出力することができます。

シリンダの速度を 20 mm/s としてカムの全長が 120 mm とすると、カムを全ストローク動かすのに 6 秒かかることになります。

このカムの出力は、ドゥエル 1 とドゥエル 2 の高さの差だけ動くことになります。ドゥエル 1 の高さを 10 mm、ドゥエル 2 の高さを 30 mm とすると、カムフォロワのリフト量は 20 mm になります。この移動を 1 秒から 2.5 秒の間に行い、下降は 3.5 秒から 5 秒の間に行っています。

この間のカム曲線の傾きが移動速度特性になります。カムの立上り曲線が急なほど速くなります。カムフォロワを押す力は速度特性と逆比例の関係になりますから、あまりカム曲線の傾きを大きくして速度を上げすぎると出力される力が不足することになりかねません。

(4)　板カムのモデル

写真 12-1-1 は板カムの出力をレバーで取り出すモデルです。

入力ピンをシリンダなどで前後に駆動すると、出力レバーがカム曲線に沿って移動して、カム出力を出力ピンで取り出せるようになっています。出力レバーには長穴が空いているので、出力ピンの位置を変更して出力のストロークを変更できます。

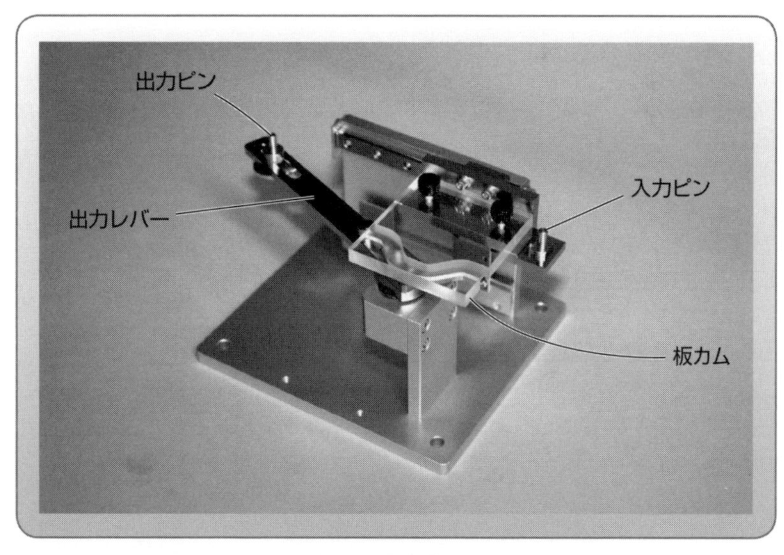

写真 12-1-1　板カム（直動溝カム MM-VMC320）

ここがポイント

カムを使いこなすと任意の動作タイミングでメカニズムを動かすことができるようになります。

定石12の2　円筒カムは板カムを丸めるとできる

定石の要旨　板カムでつくったカム曲線を使い、連続した一方向運動でカム出力を取り出すには、板カムの形状と同じ特性をもつ円筒カムを考えるとうまくいきます。

（1）　板カムと円筒カムの関係

1つの例として、板カムを空気圧シリンダで往復している場合を考えてみます。

板カムを連続的に駆動するにはシリンダを往復運動しますが、この往復運動を高速に動かすには限界があります。

そこで**図12-2-1**のように、板カムを切り取って円筒状に丸めて、カムの0 mmの線と120 mmの線をくっつけてカムを円筒形にしてみます。

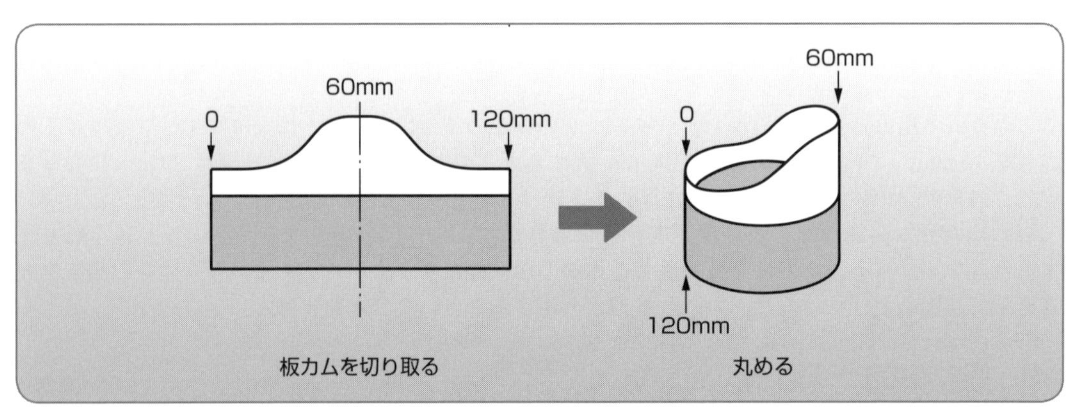

図12-2-1　板カムを切り取って丸める

このようにしてできた円筒カムをモータで回転駆動したものが**図12-2-2**です。

この例のようにカムをエンドレスにすれば、モータを連続して回転することで、カム曲線どおりの出力が得られるので、高速に連続した往復運動出力が取り出せるようになります。

（2）　円筒カムの回転角度と時間軸

この円筒形のエンドレスカムは、回転角度が時間軸に相当するようになります。このカムをもう一度展開してみると、**図12-2-3**のようになっていると考えられます。

板カムでは0点からの距離が時間軸に相当しましたが、エンドレスカムでは回転角度が時間軸に相当するようになります。すなわち、回転型のカムは角度が動作タイミングをあらわし、高さがリフト量をあらわすことになります。

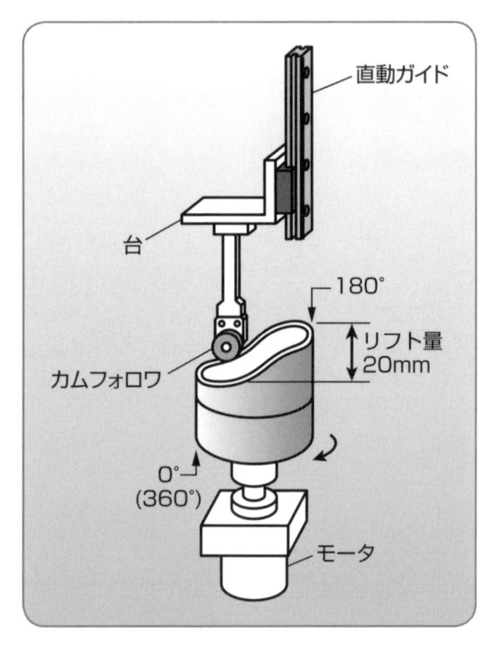

図12-2-2　板カムを丸めてつくった円筒カム

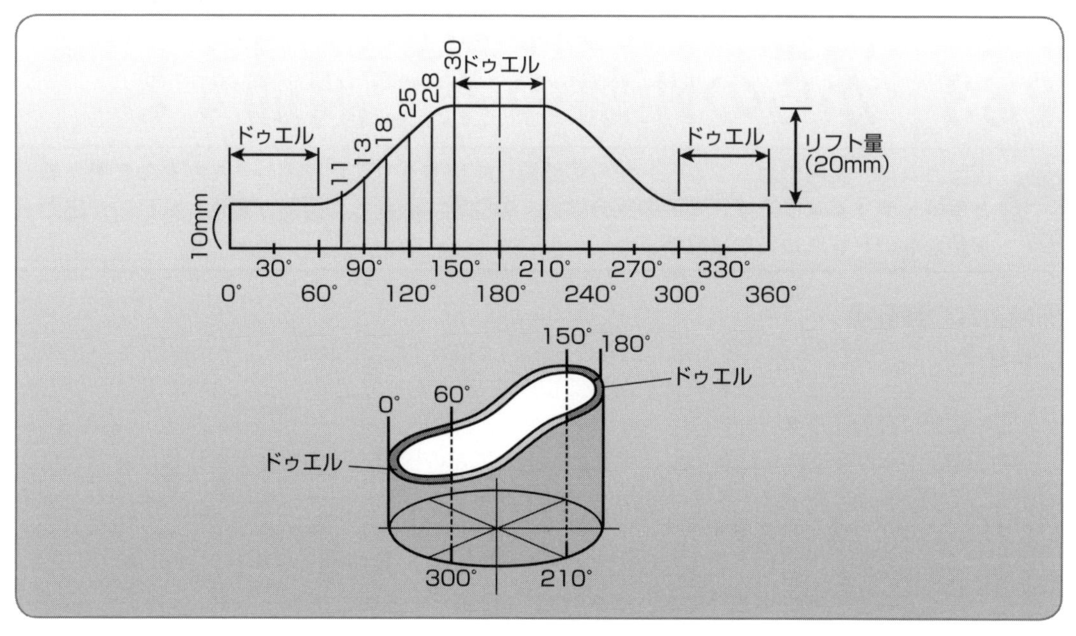

図 12-2-3　円筒カムの角度と運動特性

(3)　円筒カムのモデル

写真12-2-1は、円筒カムのモデルです。入力ギヤを回転して円筒カムが1回転すると出力レバーが1往復します。この円筒カムには2カ所のドゥエルが設けられています。出力のストロークを変更できるように、出力レバーには長穴が空いていて、出力ピンの位置を変更できるようになっています。

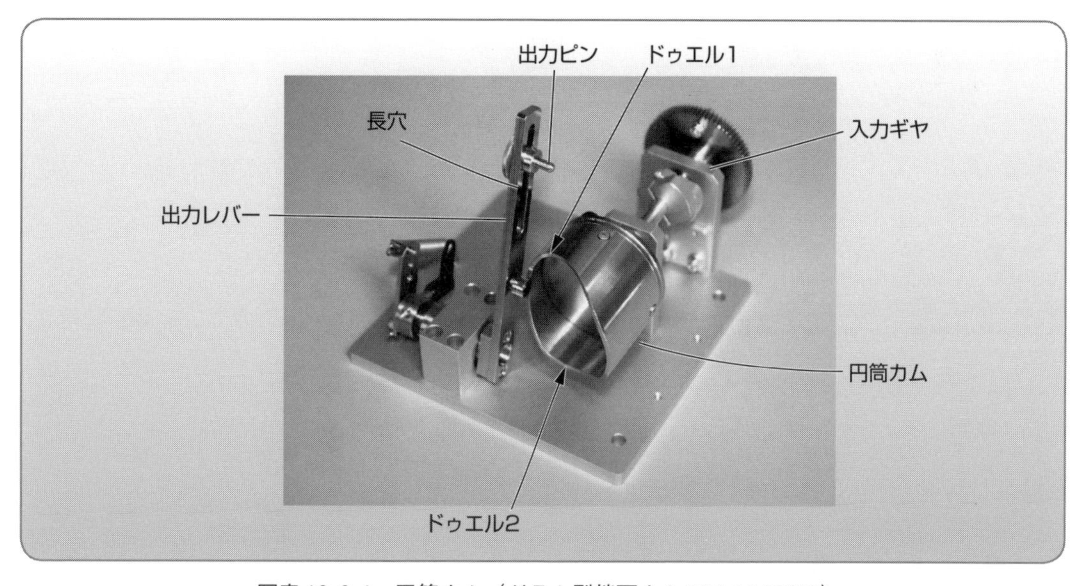

写真 12-2-1　円筒カム（ドラム型端面カム MM-VMC210）

定石12の3　円盤カムの移動量は回転中心からの距離の差で調節する

円盤カムは、真円のカムプレートから移動量に相当する寸法だけ削り込んだものと考えると理解しやすくなります。真円の部分はカムの回転中心からの距離が変化しないので出力が動かないドゥエルになります。

円盤カムの移動量

図12-3-1は、円盤カムの機能を示したものです。このカムを回転すると、ドゥエル2の0°の位置を始点にしてカムフォロワは徐々に下がりはじめて45°あたりで上昇に転じ、90°で半径Rのドゥエル1の位置に移動します。

180°の位置から再度下降しはじめて、半径rのドゥエルの円周を移動するときにはカムフォロワは停止します。半径rのドゥエルを抜け出すと再びカムフォロワは上昇しはじめ、半径Rのドゥエル2を通って0°の位置に戻ります。

このように円盤カムは回転中心からの距離がカムフォロワの移動量になります。

このカムが6秒で1回転するのであれば60°が1秒に相当することになります。すなわち60°を1秒として0°からの回転角度が時間軸に相当するようになります。

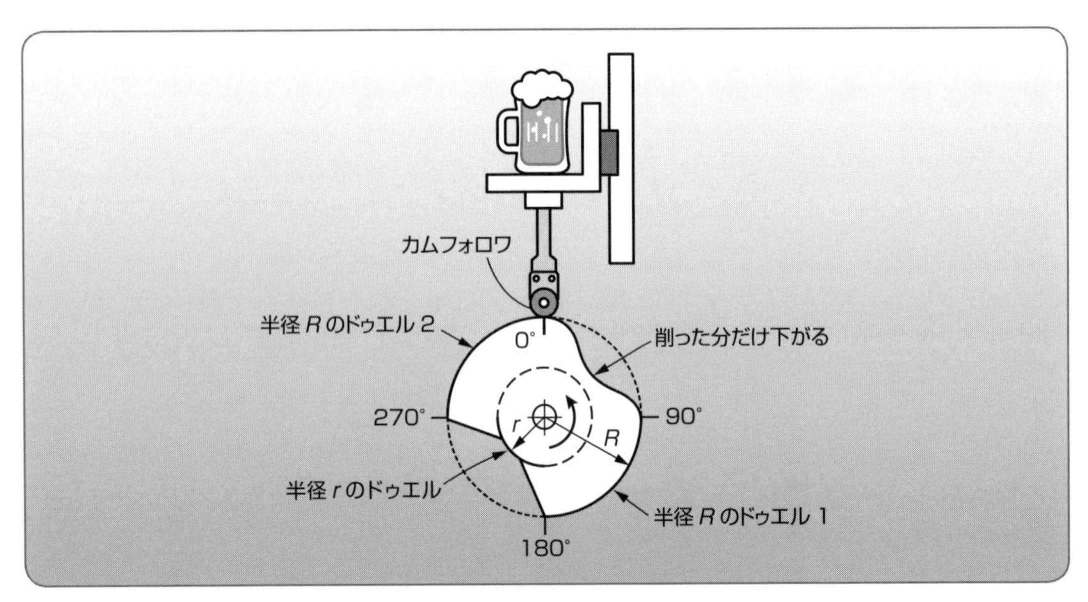

図12-3-1　円盤カムの機能

ここがポイント

円盤カムでは回転中心からの距離がカムフォロワの移動量になり、回転角度が時間軸に相当するようになります。

定石12の4 角度に対応した移動量がわかればカム曲線をつくれる

円盤カムの回転角度に対する移動量がわかれば、円盤カムの外形を作図することができるようになります。

回転角度ごとの移動量からカム曲線をつくる

今、仮に円盤カムの角度ごとの中心からの距離を求めて、**表12-4-1**のようになったとしてみます。この表から円盤カムを作図してみます。

図12-4-1のように半径10 mm、11 mm、13 mm、18 mm、25 mm、28 mm、30 mmの同心円を描きます。そして、0°を起点にして15°おきに角度分割線を引きます。表12-4-1から60°のときが10 mmですから、60°の線と半径10 mmが交わる点にプロットします。次に75°の線と半径11 mmの交点にプロットし、同様にして表12-4-1のすべての点をプロットします。すると図12-4-1のような点ができるので、その点をなめらかな曲線でつなぐとカム曲線ができます。

300°～60°はドゥエルなので半径10 mmの同心円、150°～210°のドゥエルでは半径30 mmの同心円になります。このケースでは20 mmのリフト量ですが、ドゥエルの最小半径を10 mmにしているため、円盤の最大直径は60 mmと、リフトする量に比べてカムの大きさはかなり大きくなります。

表12-4-1　回転角度と移動量

角度	移動量
0～60°	10 mm（ドゥエル）
75°	11 mm
90°	13 mm
105°	18 mm
120°	25 mm
135°	28 mm
150°～210°	30 mm（ドゥエル）
225°	28 mm
240°	25 mm
255°	18 mm
270°	13 mm
285°	11 mm
300°～360°	10 mm（ドゥエル）

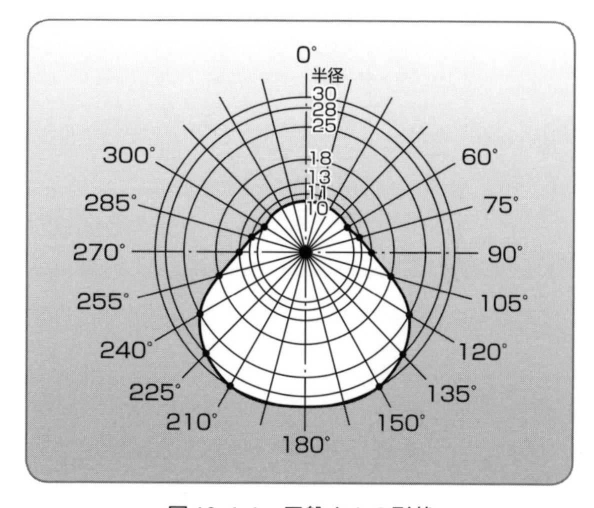

図12-4-1　円盤カムの形状

円盤カムの角度ごとの中心からの距離がわかれば、円盤カムの外形を描くことができます。

定石 12の5　等速度の出力となる円盤カムはハート形になる

カムはリフト量だけでなく、速度特性もつくることができます。その例として、円盤カムの出力が一定速度で往復運動する等速カムを設計してみましょう。

新たに設計する円盤カムを、0°から180°まで等速で移動して180°から360°までの間に同じ速さで戻ってくるカムだとします。このカムのリフト量を30 mmとしてみると、カムの回転角度と移動ストロークの関係は**図12-5-1**のようになります。これが円盤カムの回転角度と中心からの距離に相当します。

たとえば0°のときに10 mm、30°のときには15 mmとなります。その点を**図12-5-2**のようにプロットしていき、なめらかな曲線でつなぐとハート形の円盤カムができます。

このカムを一定速度で回転しておき、カムの出力を**図12-5-3**のようなレバーで取り出すと、レバーはほぼ等速で往復運動をします。

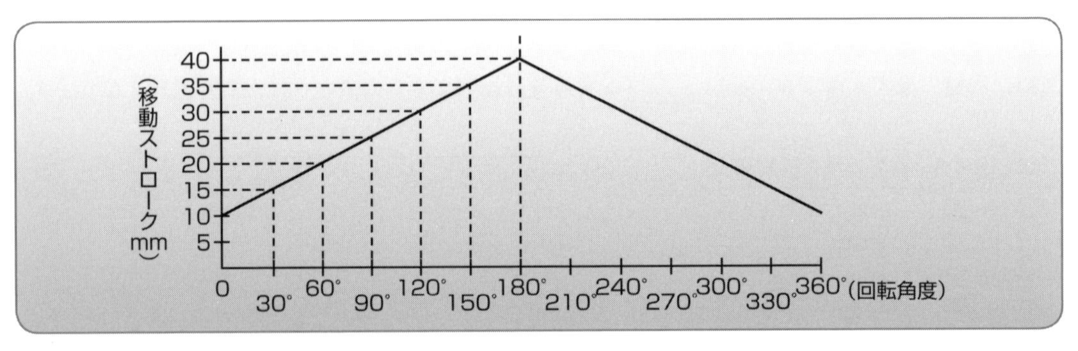

図12-5-1　カムの回転速度と移動ストロークの関係

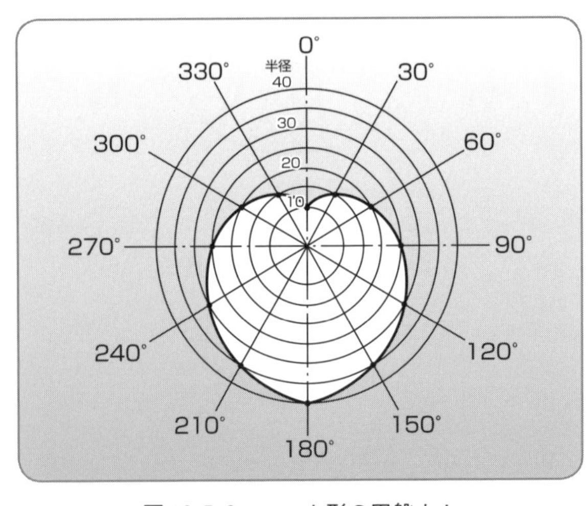

図12-5-2　ハート形の円盤カム

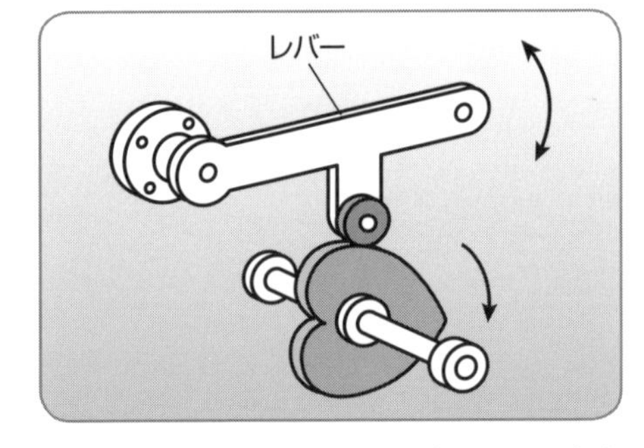

図12-5-3　カムの出力をレバーで取り出す

カムはリフト量だけでなく、速度特性もつくることができます。

定石 12の6 P&P ユニットのカム駆動は軸ごとに動作タイミングをつくる

1つのモータで2軸のP&Pユニット（ピック&プレイスユニット）を駆動するには、2つの軸を独立させて、それぞれの軸を動かすカムをつくります。カム曲線のつくり方とカムで駆動するためのP&Pユニットの構造について考えてみます。

(1) P&Pユニットを駆動させる方法

カムを使って、1つのモータの1方向連続回転でP&Pユニットを駆動させる方法を考えてみます。

設計をする前に、まず、P&Pユニットの動作を分析することからはじめましょう。

図12-6-1は、Z軸に動く空気圧シリンダとX軸に動く空気圧シリンダを組み合せて、P&Pユニットを構成したものです。

このP&Pユニットは、先端のチャックをX軸とZ軸の空気圧シリンダを使って動かすために、X軸とZ軸がそれぞれ独立して制御できるようになっています。

ワークをP_1からP_2へ移動するためには、ワークをつかんだり、吸着したりするチャック動作も必要になります。

P_1へ下降したときにチャック出力をオンにしてワークをつかみ、上昇後に前進してP_2の上まで運び、下降してP_2にきたところで離します。ワークを離した後は上昇してから後退し、元のP_1の上の位置に戻って待機します。

この動作はZ軸空気圧シリンダによる縦移動、X軸空気圧シリンダによる横移動、チャックON/OFFの3つの独立した動作の組み合わせでつくることができます。

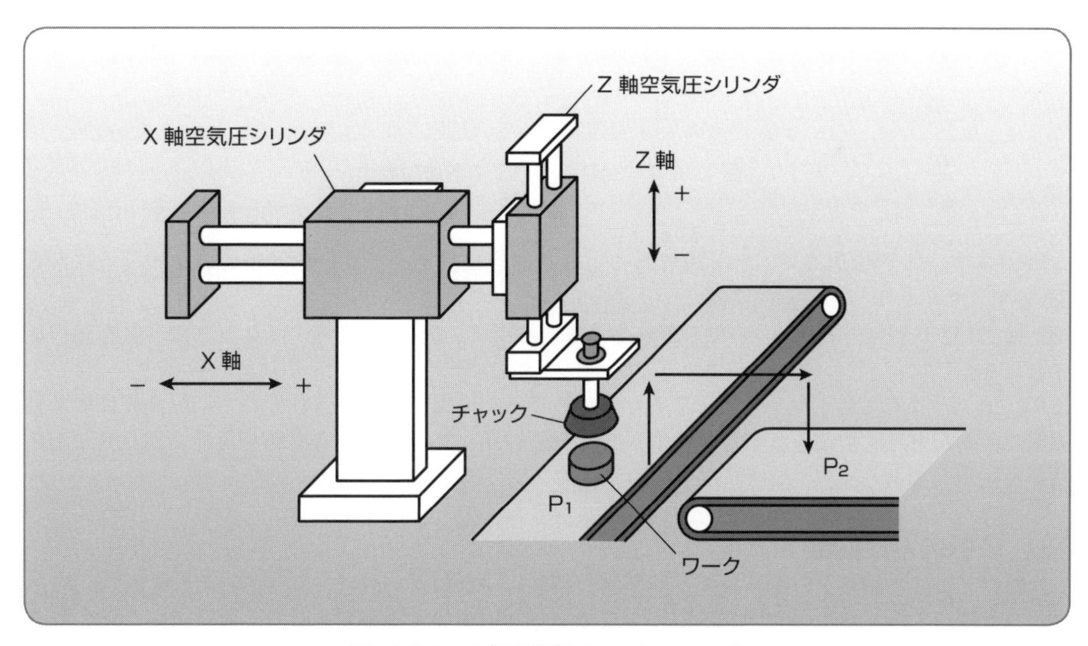

図12-6-1 空気圧駆動のP&Pユニット

(2)　3つの出力の動作タイミング

そこで、この3つの動作を同じ時間軸上で動作させるタイミングを描いてみると**図12-6-2**のようになります。

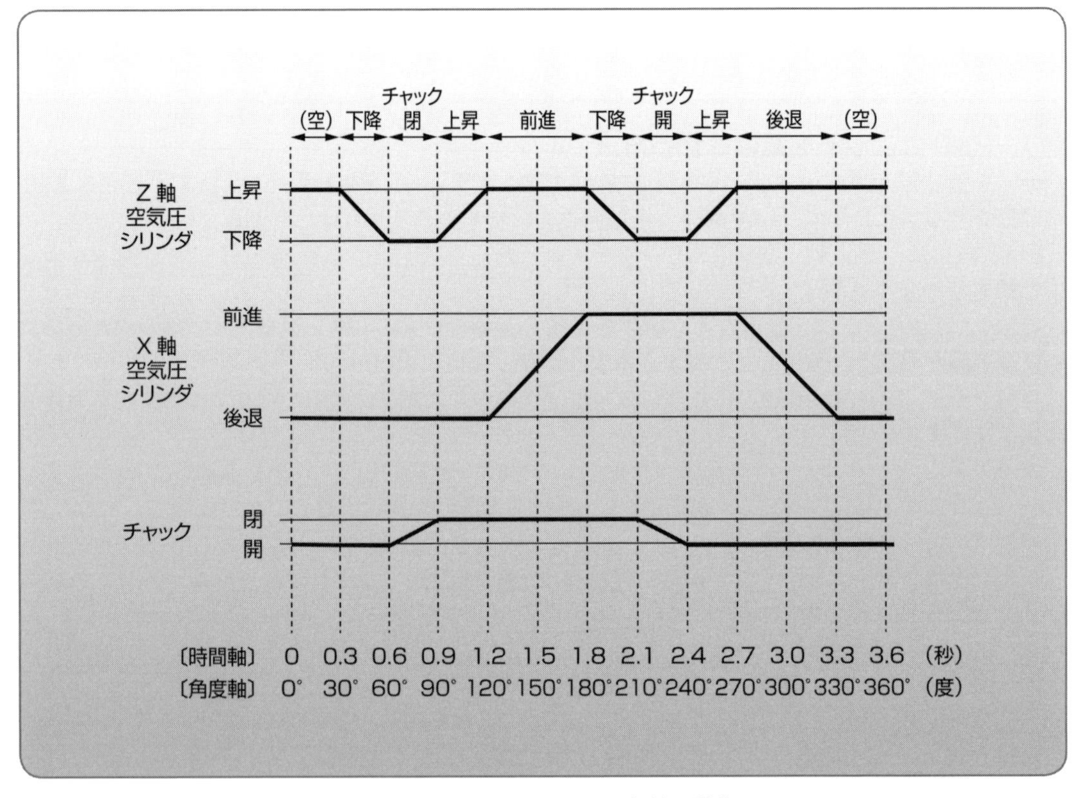

図12-6-2　P&Pユニットの各軸の動作

P&Pユニットが後退端で、上昇端にあるときを原点位置として0秒に置いています。そこから3.6秒で1サイクルして、元の位置に戻るように描かれています。

Z軸、X軸、チャックの3つの軸をそれぞれ独立させて、図12-6-2のタイミングで各軸を動作させればP&Pユニットの動きを実現できることになります。

P&Pユニットの1サイクル動作をあらわす動作曲線の時間軸全体を360°として回転角度に置き替えると、カムを設計することができます。そこで図12-6-2の下側に、時間軸を角度に割り当てた角度軸を記載してあります。

(3)　Z軸のカム駆動

Z軸のカムはZ軸空気圧シリンダと同じ動作特性にすればよいので、30°～60°で下降して、90°～120°で上昇、さらに180°～210°で下降して、240°～270°で上昇するように設計すればよいことになります。たとえばリフト量を20 mm程度としてみると、Z軸のカム特性は**図12-6-3**のようになります。

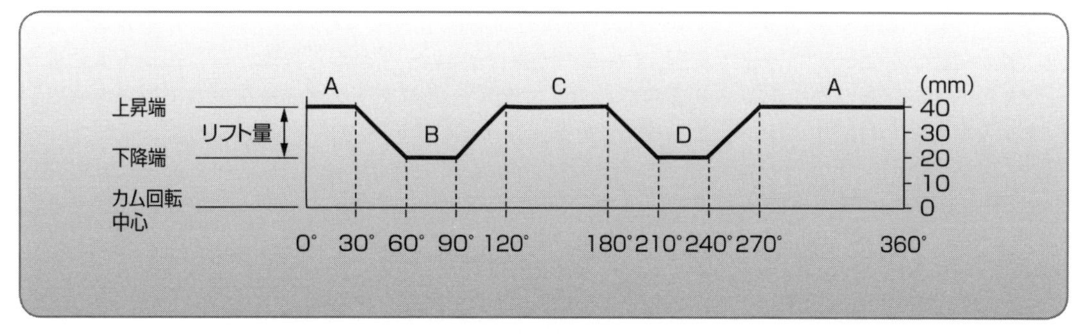

図 12-6-3　Z 軸のカム特性

このカムを使って上下移動するように、P&P ユニットを設計しなおしてみます。今のところは、横移動は X 軸空気圧シリンダをそのまま使うことにします。

X 軸空気圧シリンダでチャックが前後に移動しても、Z 軸方向が影響を受けないようにするために**図 12-6-4** のようなグルーブを使うことにします。水平につけられたグルーブの溝をカムフォロワが自由に動けるようになっているので、X 軸が前後に移動しても、カムフォロワで支えられたチャックは Z 方向には移動しません。

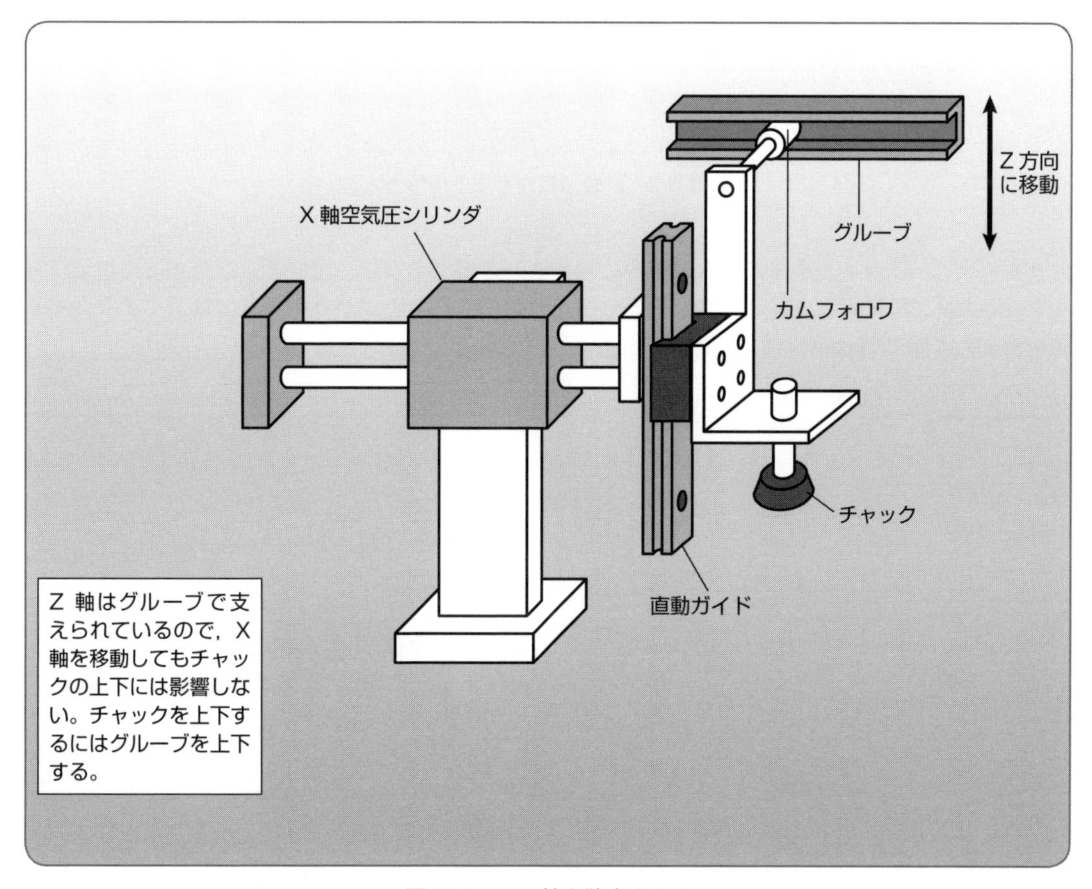

図 12-6-4　Z 軸を独立させる

このようにZ軸を独立させれば、あとは、グループを図12-6-3のカム特性をもったカムでZ方向に動かせばよいことになります。**図12-6-5**のカムは図12-6-3のカム特性から、円盤カムに変換したものです。チャックを上下させるのではなく、グループのようなツールをカムで駆動するという考え方をするわけです。

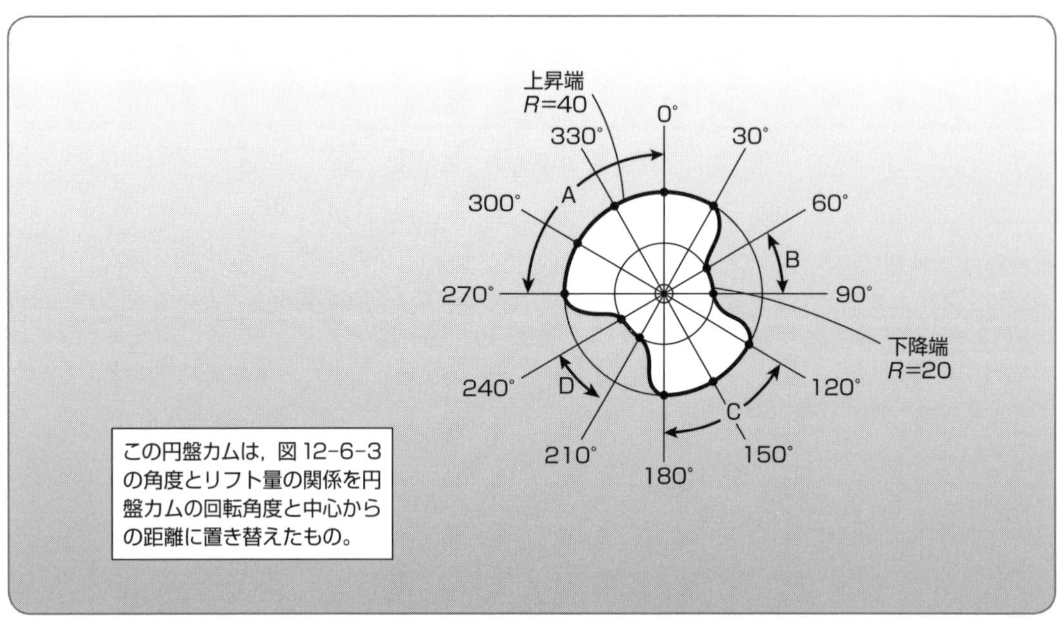

図12-6-5　Z軸の動作をする円盤カム

グループというツールをカムで垂直方向に移動させるのですから、設計手順どおりに、まずツールを移動方向にガイドして駆動部に手がかりをつけます。その手がかりをカムで動かすようにすると、たとえば**図12-6-6**のようになります。

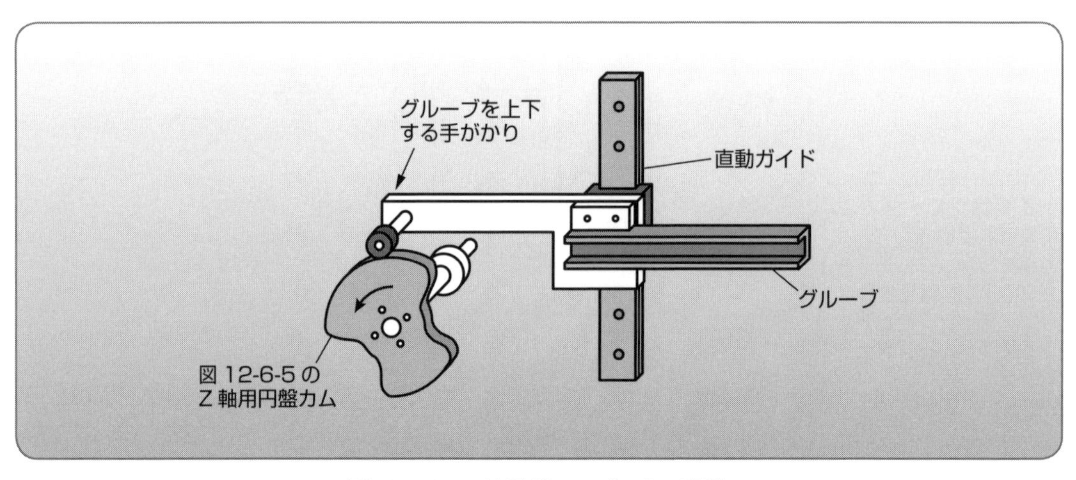

図12-6-6　Z軸用グループのカム駆動

図12-6-6ではカムのリフト量が直接Z軸の移動量となっていて、ストローク調整ができません。そこで**図12-6-7**のように、スラッドをつけたレバーを使ってカムのリフト量を拡大したり、連結ピンの位置を変えてストロークを調整したりできるようにしておくこともあります。

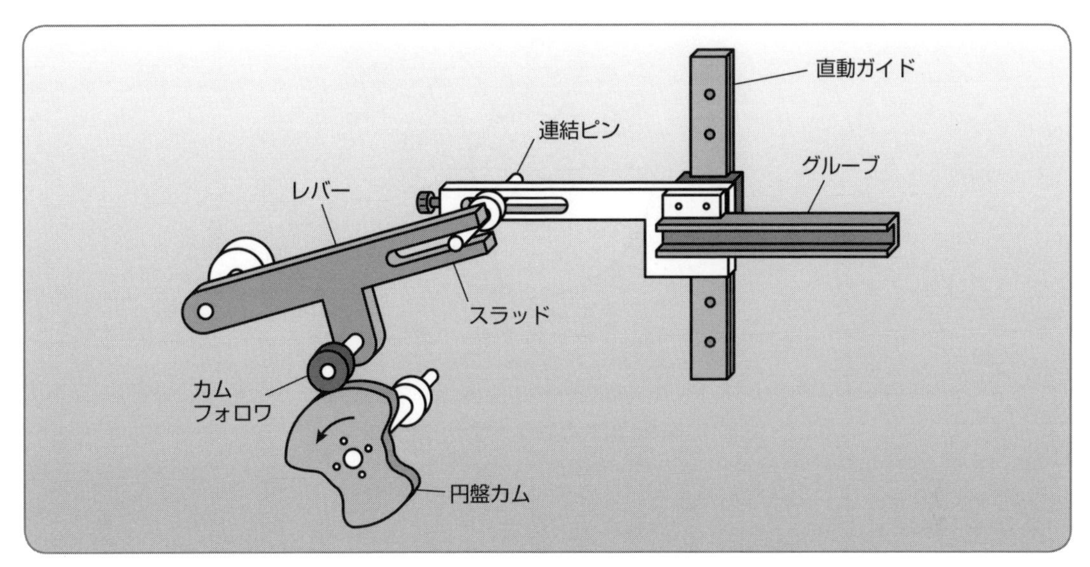

図12-6-7　レバー出力を使ったグルーブの駆動

(4)　X軸を動かすカムの設計

次に図12-6-2のX軸空気圧シリンダの動作をカム駆動に置き替えてみます。

時間軸を角度軸に変えて360°と0°を円盤カムの始点に置くようにして、各角度におけるリフト量をプロットしていきます。X軸の移動量を40 mmとして、0°〜360°におけるカム特性をつくったものが**図12-6-8**です。

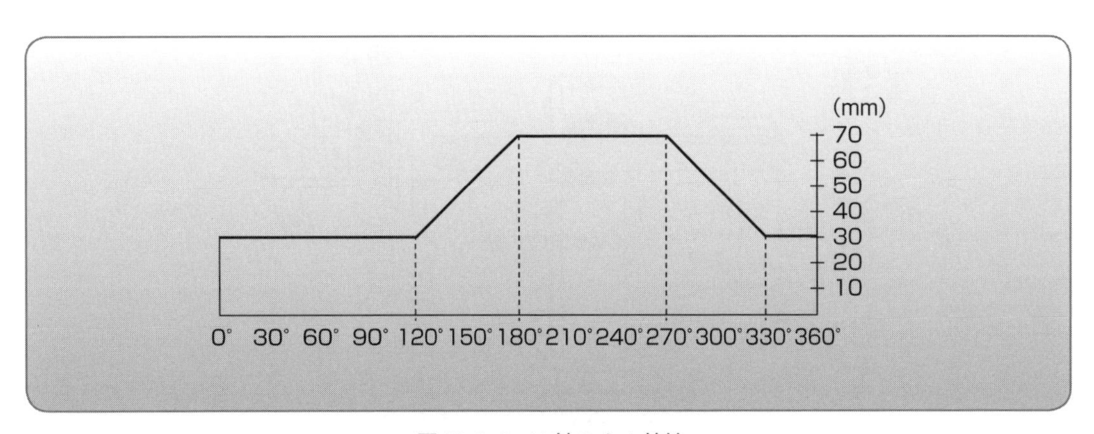

図12-6-8　X軸のカム特性

これを円盤カムにしたものが**図12-6-9**です。

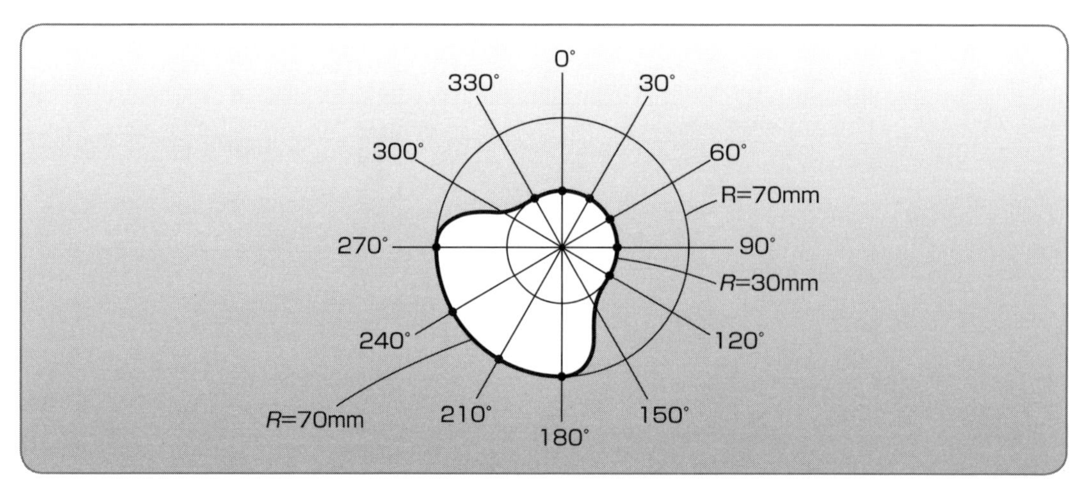

図12-6-9　X軸の動作をする円盤カム

このカムを使ってチャックを前後に駆動するようにP&Pユニットを設計しなおしてみます。

図12-6-10はその設計例です。X軸直動ガイドがチャックをX軸方向に動かすツールと考えて、設計手順に従って、①のようにツールを進行方向にガイドします。

続いてツールを駆動する手がかりを②のようにつけておきます。駆動系からつくったツールを動かす運動特性はカムの出力そのものですから、③のようにその手がかりを図12-6-9の円盤カムで駆動すればよいことになります。

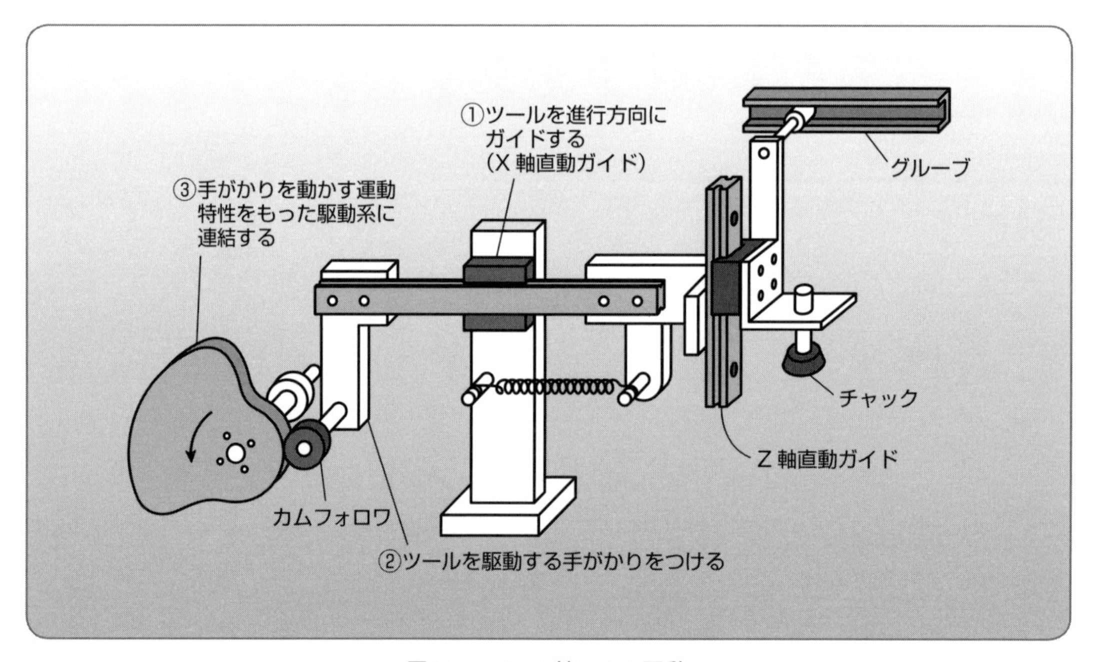

図12-6-10　X軸のカム駆動

(5)　Z軸とX軸の組み合わせ

Z軸とX軸を独立して動かせるようになったら、2つの軸をZ軸用カムとX軸用カムで駆動するように組み合わせます。

図12-6-11がその例です。前に説明したように、グルーブを使ってZ軸をX軸から独立させています。また、1つのモータで2つのカムを駆動できるようにカム回転軸を共用するように設計されています。

カム回転軸をモータで矢印方向に駆動すれば、チャックの先端はP&Pユニットの動作を行います。

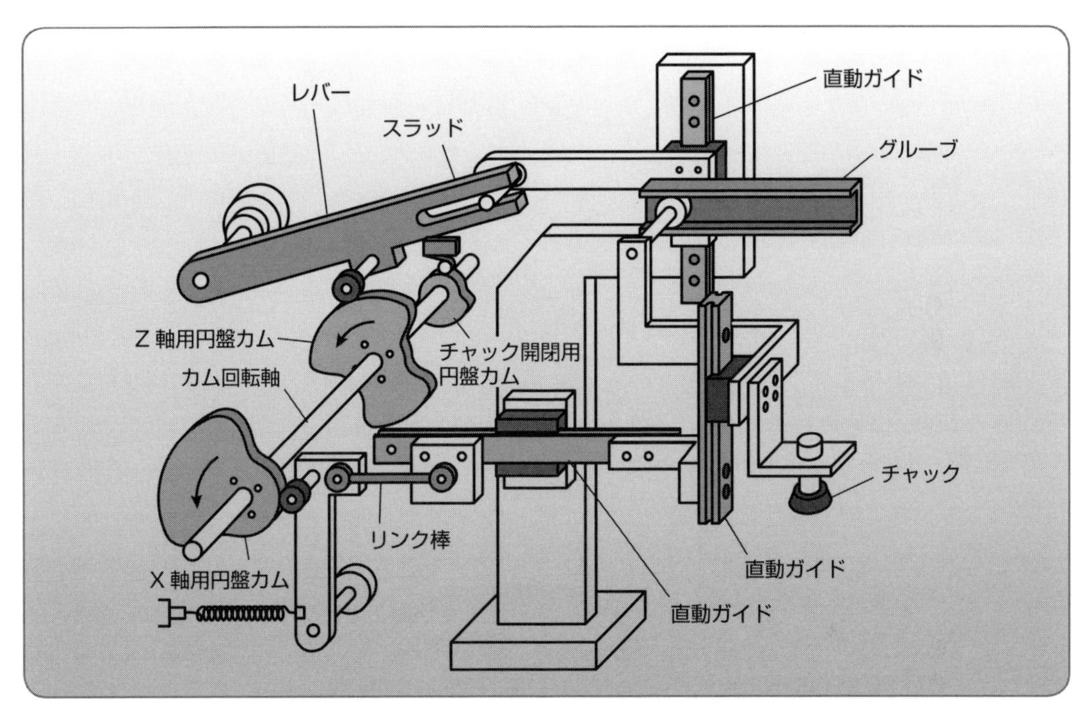

図12-6-11　独立2軸カムによるP&Pユニット

(6)　カムによるチャックの駆動

チャックの開閉のタイミングはカム回転軸に同期していなくてはならないので、チャック用カムをカム回転軸に取り付けます。

図12-6-2よりチャックをONするタイミングは60°で、OFFするタイミングは210°ですから、**図12-6-12**のようなカム特性になります。チャックの開閉は空気圧で行っているとすると、チャック開閉用のバルブを直接このカムで制御すればよいことになります。

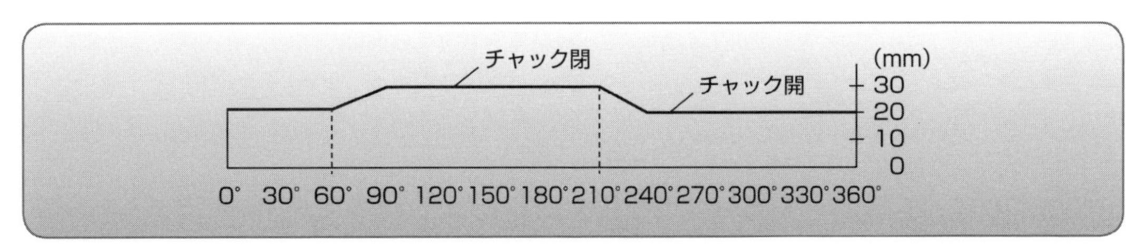

図12-6-12　チャック開閉のカム特性

これを円盤カムにすると**図12-6-13**のようになります。

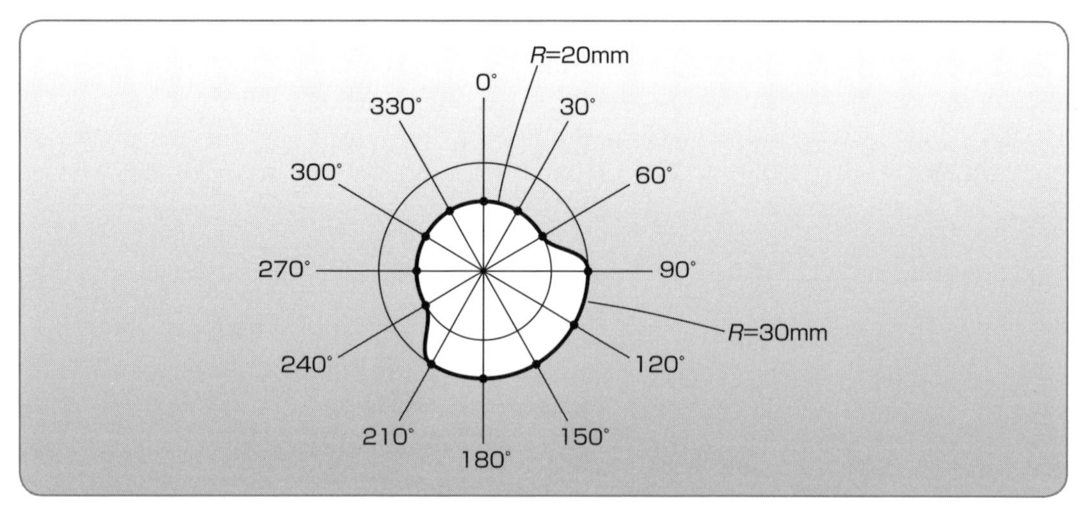

図12-6-13　チャック開閉の円盤カム

この円盤カムでチャックのメカニカルバルブをON/OFFしてチャックを開閉します。

メカニカルバルブをチャック用カムでON/OFFする構造を**図12-6-14**に示します。

図12-6-11のXZ軸のP&Pユニットのチャック開閉用のカムを図12-6-13でつくった形状のカムに変更して、メカニカルバルブを直接駆動するように設定するとカムで動くP&Pユニットが完成します。

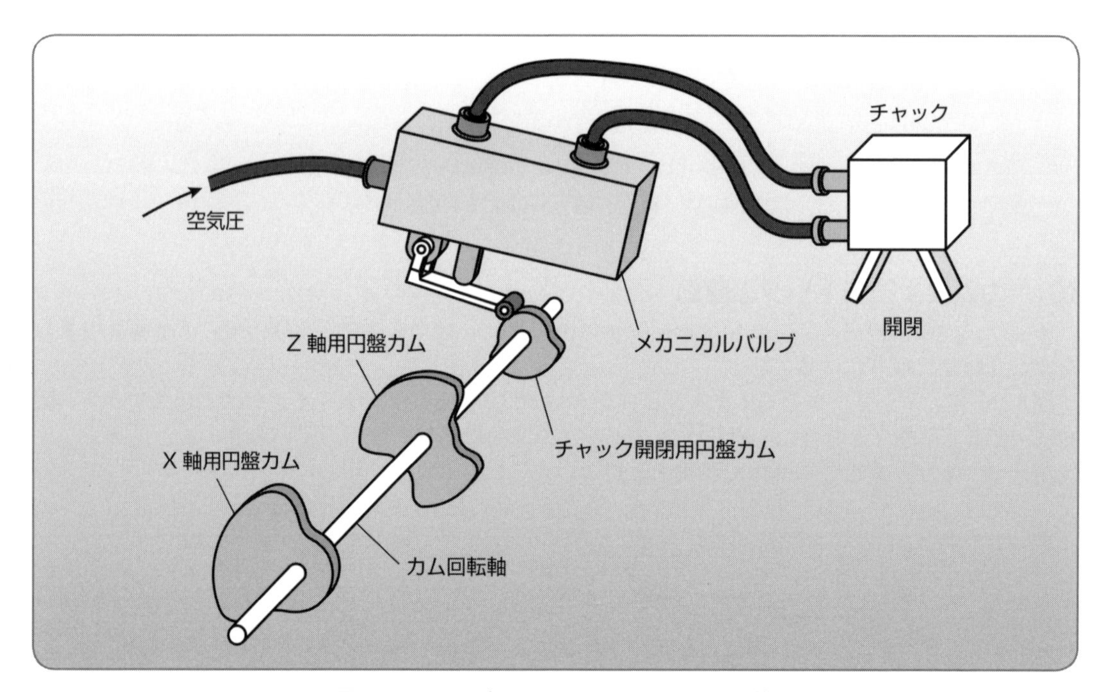

図12-6-14　円盤カムによるチャックの駆動

第13章

カムの出力の連結と同期システム

カムの出力を取り出す方法と、取り出した出力を伝達して離れた場所にある作業を行うユニットに連結する方法について考えてみます。また、カムを使った同期システムのつくり方についても解説します。

円盤型水平板カム（MM-VMC110）

定石 13の1 カムの出力を直接取り出すには直動ガイドを組み合わせる

直動にガイドされたカムフォロワを使ってカムの出力を取り出すと、カム特性を忠実に出力することができます。一方、直動出力の場合はストロークの変更などに対応しにくいので注意が必要です。

(1)　直動ガイドによるカム出力の取り出し

図13-1-1は、直動ガイドに取り付けられたカムフォロワで、カムの運動出力を直接的に取り出すものです。このように直動ガイドで直接的に取り出す場合、カムのストロークがそのままツールの移動量になるので、カムのストロークを作業に必要なストロークに正しく合わせておく必要があります。

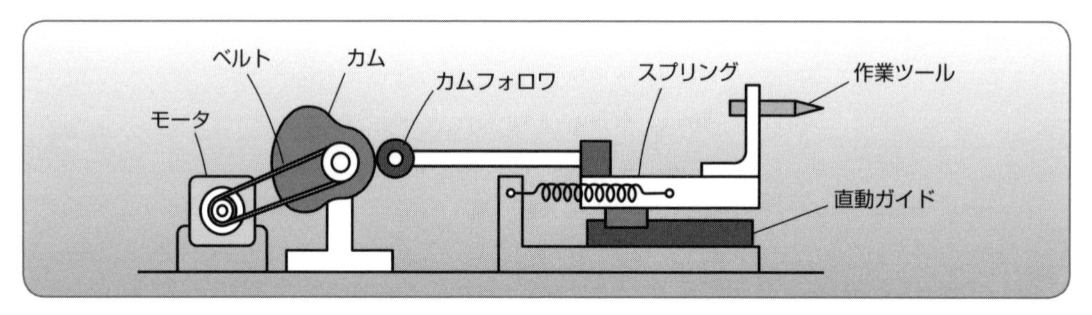

図13-1-1　直動ガイドによりカムの運動出力を直接的に取り出す

(2)　進行方向以外の力にも注意する

一方、カムフォロワにかかる進行方向以外の力にも気をつけるようにします。モータでカムを駆動してみると**図13-1-2**のように力の方向が移動中のカムの位置によって変化します。図13-1-2 (1) の位置ではドゥエルになっているのでカムフォロワは動きません。ところが、図13-1-2 (2) のような位置では大きな垂直方向の力がカムフォロワにかかることがあるので、カム曲線の傾きが大きくなりすぎないようにしておきます。とくに負荷が重かったり、摩擦が大きいときなどには注意が必要です。

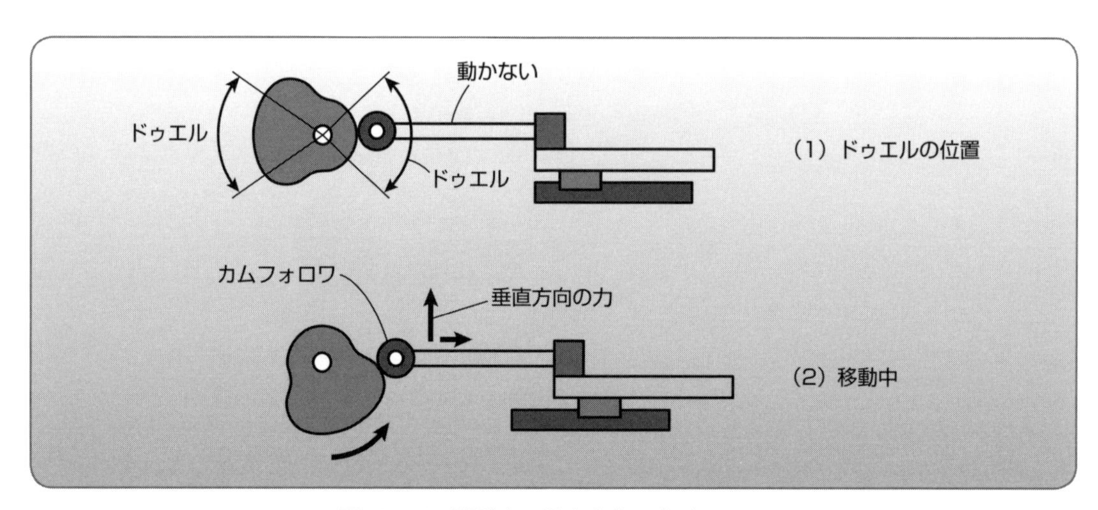

図13-1-2　移動中に垂直方向の力がかかる

(3) カムによる直動出力

図13-1-3は、カムの下方に直動ガイドされたシャフトを配置し、カムフォロワをスプリングの力でカムに密着させたものです。カムの回転でシャフトが上下するようになっています。

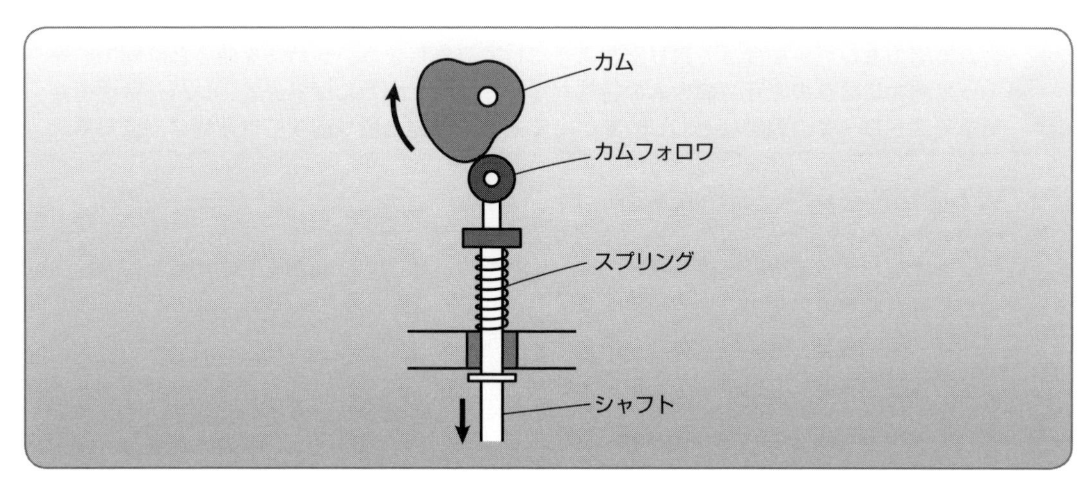

図 13-1-3　カムの下方に直動ガイドされたシャフトをつける

図 13-1-4 は、図 13-1-3 の上下出力をスラッドをもったレクタで 90°運動方向変換して水平方向の出力に変換したものです。このようにカムの運動出力とレバーを組み合わせて運動方向を変更すると、いろいろな方向に出力を取り出すことができるようになります。

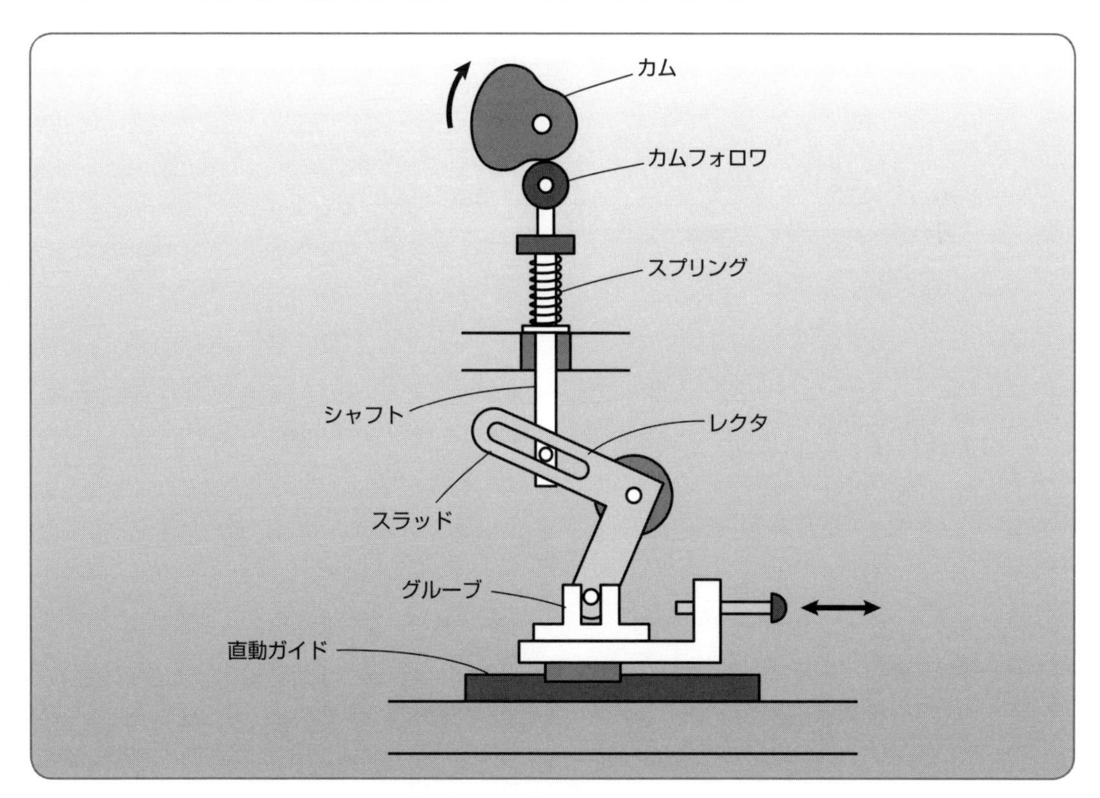

図 13-1-4　90°運動方向変換して水平方向の出力に変換する

定石13の2 カムの運動出力を取り出すにはレバーを使う

カムの出力をレバーを使って取り出すようにしてみましょう。レバーを使うと回転中心をもった出力になるので元々のカムの特性から少しずれた出力になります。レバーは構造が簡単でストロークの調節などもしやすいので、カム出力を取り出すには便利な方法です。

(1)　カムの出力をレバーで拡大する

図13-2-1は、レバーを使ってカムの出力を取り出すようにしたものです。レバーによってカムのストロークを拡大しています。A側アームにリンク棒がついている位置を上下に移動すると、ストロークの大きさが変わります。

また、リンク棒の長さを変えるとB側ブロックの初期位置を変えることができます。

リンク棒で連結する場合には、リンク棒の両端の機構が回転か直動にガイドされていなくてはなりません。図13-2-1のリンク棒のA側はAの回転ガイドで回転方向にガイドされていて、リンク棒のB側は直動ガイドで水平方向にガイドされています。このようにガイドされた機構同士にすることで、リンク棒で連結することができるようになります。

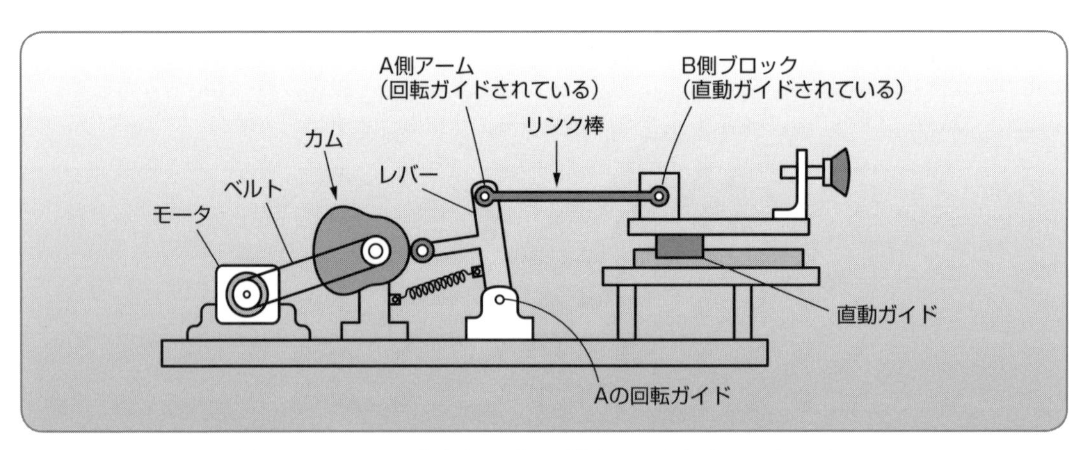

図13-2-1　カムの出力をレバーで拡大して出力するメカニズム

(2)　円盤カムとレバーの組み合わせ

写真13-2-1は、円盤カムの出力をレバーを使って取り出すモデルです。

出力レバーにはカムフォロワがついていて、スプリングの力でカムの端面に密着するようになっています。出力レバーには長穴がつけられているので、出力ピンの位置を調節してストロークを変更できるようになっています。

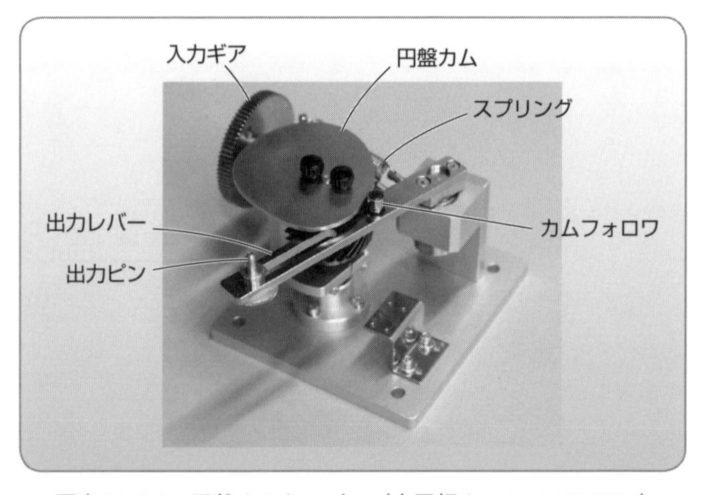

写真13-2-1　円盤カムとレバー（水平板カムMM-VMC110）

定石13の3 カムフォロワにかかる力を一定にするにはトグルの減力特性を使う

スプリングを使ってカムフォロワをカムに密着させている場合には、スプリングが伸びたときと縮んだときで力の差が大きくなりすぎることがあります。このようなときは「トグルの減力特性」を使うと力を平均化できるようになります。

(1) レバーでカム出力を取り出す

カムの出力をレバーを使って取り出すとすると、**図13-3-1**のような形が考えられます。

ここに使ったスプリングの自由長を100 mmとして、図13-3-1の (1) ではこのスプリングを200 mmに伸ばして使っていたとしてみます。このときのスプリングの引張強さが20 kgであったとします。この条件で、図13-3-1の (2) のようにスプリングがさらに伸びて300 mmになると、スプリングの引張強さは40 kgに変化します。

スプリングの力があまり大きくなりすぎると、スプリングの力がカムを駆動しているモータ側にかかって思わぬ速さでカムが回転したり、モータのパワーが不足したりすることになりかねません。

そこで、レバーからカムが受ける力をなるべく一定にするために、トグルの減力特性を利用する方法があります。

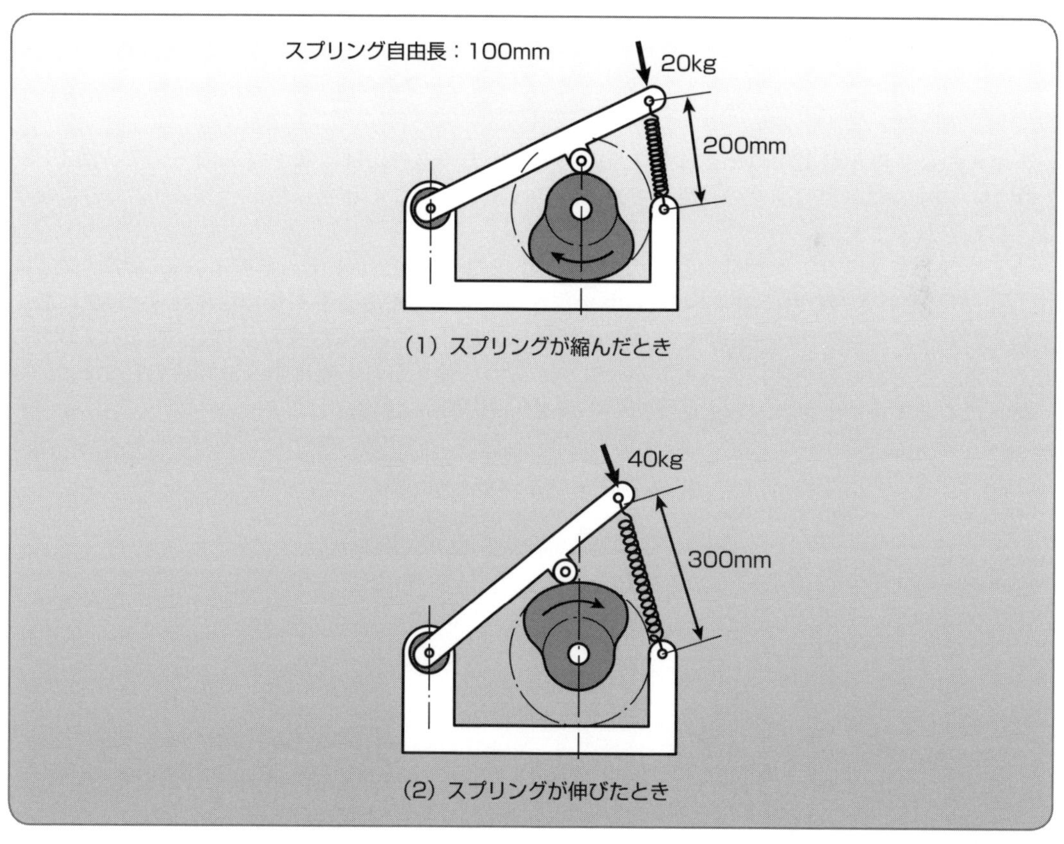

図13-3-1　レバーを使ったカム出力の取り出し

(2)　トグルを使ったスプリング力の均一化

図 13-3-2 はその例で、トグルのなす角 θ が 120°よりも小さくなると、トグルの出力が徐々に小さくなる特性を使い、スプリングが伸びたときにトグルからレバーに伝えられる力が小さくなるようにしてあります。

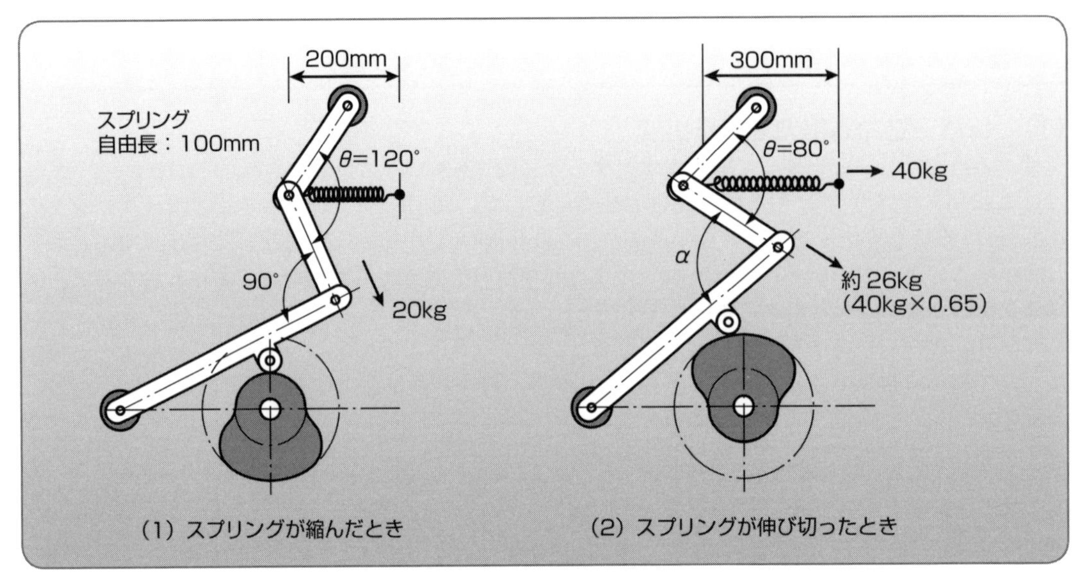

図 13-3-2　トグルを使ったスプリング力の均一化

トグルのなす角 θ が 120°のときにトグルの出力と入力の力の比はほぼ 1:1 になるので、図 13-3-2 の (1) のようにスプリングの長さを 200 mm に設定して、このときにちょうど 20 kg の力になるようにしておきます。

カムを回してスプリングが伸び切った状態が図 13-3-2 の (2) です。このときにスプリングは 100 mm 伸びているので力は 40 kg になっています。しかしながら、トグルのなす角 θ が 80°になっているのでトグルからレバーに与える力はスプリングの力の約 65 % に減力されて、約 26 kg の力になります。ただし α の角度によってレバーにかかる力の強さが若干変化するので注意します。

参考に θ とトグル出力のおおまかな関係を**表 13-3-1** に示します。

表 13-3-1　θ とトグル出力の関係

トグルのなす角 θ	トグルの出力
80°	0.65 倍
90°	0.7 倍
100°	0.8 倍
120°	1.0 倍

ここがポイント

レバーからカムが受ける力を極力一定にするため、トグルの減力特性を利用する方法があります。

定石13の4 カムの運動出力はレバーとリンクで伝達する

カムの運動出力をレバーやリンクを使って伝達すれば、離れた場所にあるメカニズムを上手に駆動できるようになります。

図13-4-1は、カムの動作を使いテーブル上のツールを水平方向に前進後退駆動する例です。

レバー1でカムの動作を上下方向に運動変換して、テーブル上面に駆動力を伝達しています。

リンク棒1の出力端が上下に動くと、レバー2はその上下の運動を水平方向に変換して、リンク棒2によって直動ガイドについているツールを水平に前進後退させるメカニズムになっています。

このように、カムの運動出力はレバーやリンクを使って運動を伝達したり、運動方向を変更することで、カムから離れた場所にあるツールを動かすことができます。

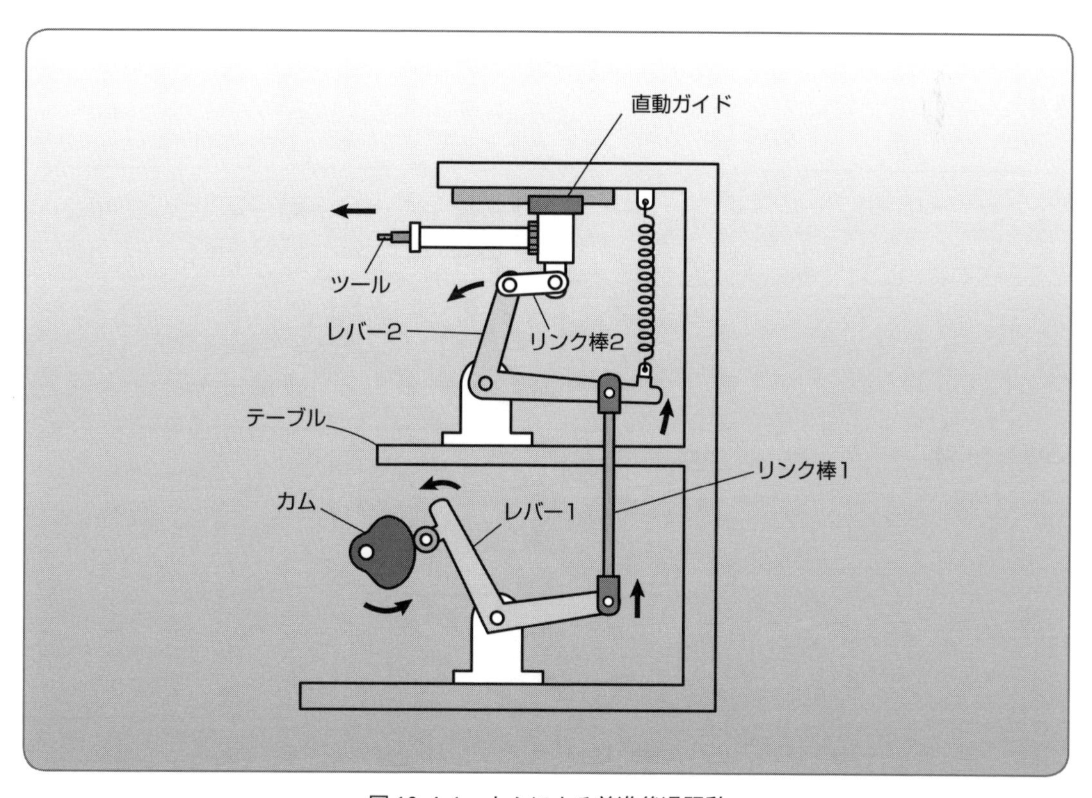

図13-4-1　カムによる前進後退駆動

ここがポイント

レバーやリンクを使うと、カムの出力で離れた場所にあるツールを動かすことができるようになります。

定石13の5 インデックステーブルと同期して作業を行うにはカムを使う

カムは自由な形に加工できるので、カムの1回転の中で移動と停止のタイミングを自由に設計できます。同期して動く他のユニットの動きに合わせてカムの形状を決めることもできます。

カムによる上下運動とインデックス送り

図13-5-1はカムの出力をレバーで取り出し、テーブル上の作業アームの上下運動にリンク棒を使って連結したものです。

カムの動作と同期してロータリインデックステーブルが間欠回転運動するように、インデックスドライブユニットの回転入力軸とカムの回転軸がタイミングベルトで連結してあります。インデックステーブルはインデックスドライブユニットで駆動されているので、モータを連続して運転すると、カムの1回転に同期してインデックステーブルは60°ピッチ送りと停止を繰り返します。その停止時間に上下動作の作業を行うようにカムの形状を決定します。

インデックスドライブユニットの出力は角度分割した間欠回転をするので、ゼネバ機構などに置き替えることもできます。

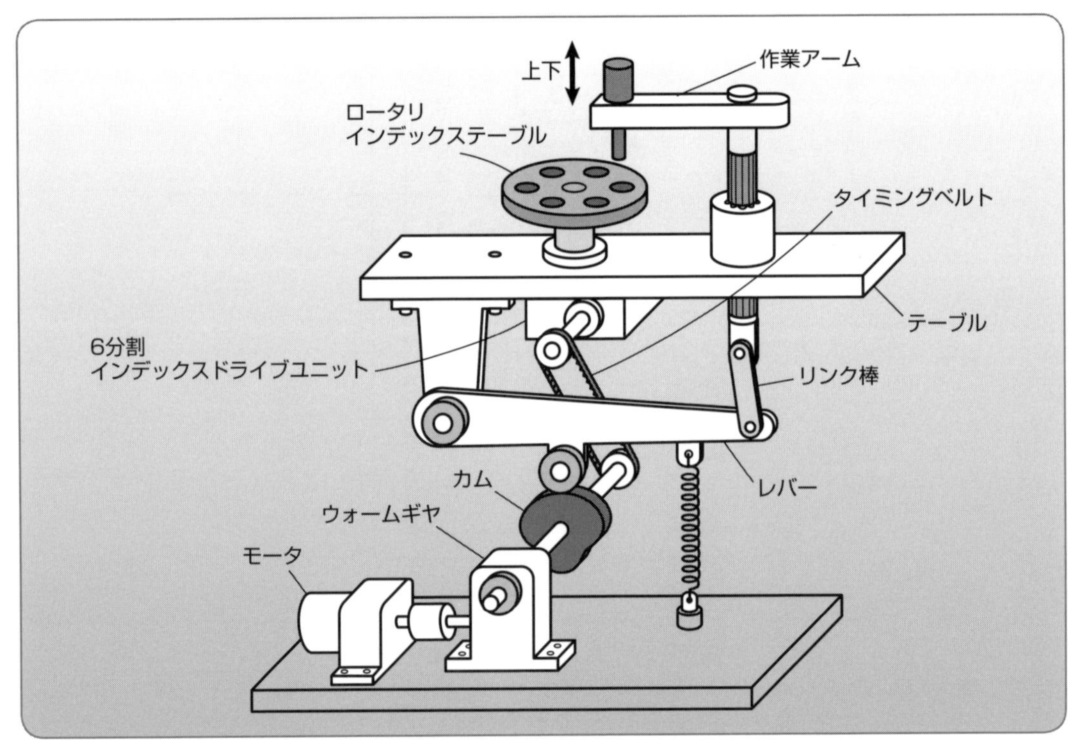

図13-5-1　カムによる上下駆動

カムは1回転する中で移動と停止のタイミングを自由に設計することができます。

定石 13の6　1つのモータでワークの送りと切断を行うにはカムを使う

モータで偏心カムを駆動させると、高速に動くカッタをつくることができます。

(1)　偏心カムでカッタを高速に駆動する

図13-6-1は、偏心カムを使ってカッタを高速に駆動する装置のイメージです。モータを回転すると偏心カムが回り、トグルに連結したカッタを下降します。

偏心カムはクサビ効果で増力します。偏心量が小さければより大きな力が出ますが、ストロークは小さくなってしまいます。この例では偏心カムとトグルによって2重に増力されています。とくにトグルが伸び切る付近ではかなり大きな力が出ることになります。

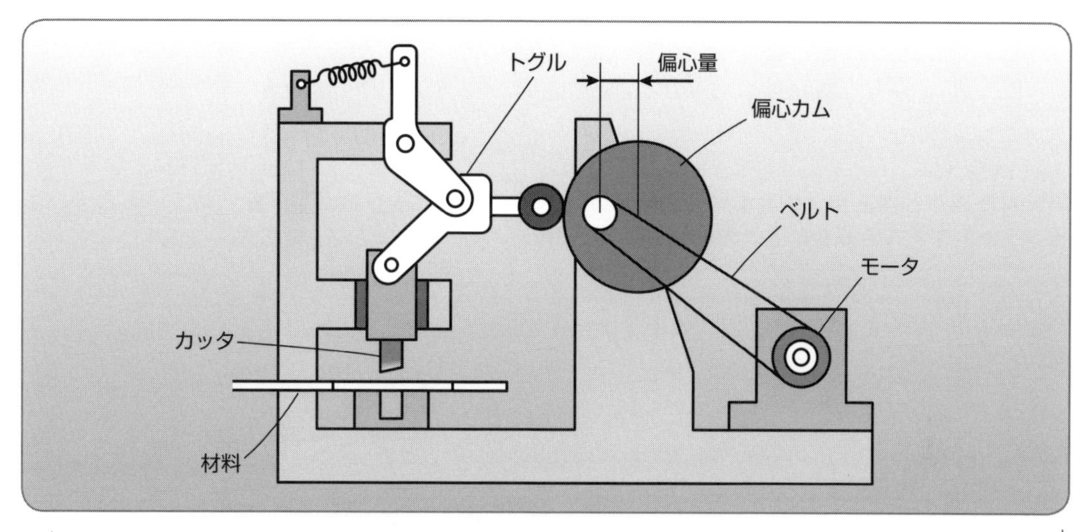

図13-6-1　偏心カムを使ったカッタ

(2)　テープ送りとカッタ

次頁の**図13-6-2**は、図13-6-1のカッタの材料であるテープを自動で送りながら、カッタを上下させるメカニズムになっています。1台のモータで2つのカムを駆動して、それぞれ同期してテープ送りとカッタの上下動作を行っています。

テープ用カムとカッタ用カムは同期して動くことになるので、タイミングベルトのような同期がずれない伝達方法で連結します。

テープ用カムが回転すると、レバー1を押し下げて、レバー2を下降させます。さらにカムが回転してレバー2が上昇するときにレバー2についている送り爪がラチェットホイールを回転駆動します。

送り爪が下降するときには、戻り止め爪がラチェットホイールを押さえて逆転しないようになっています。

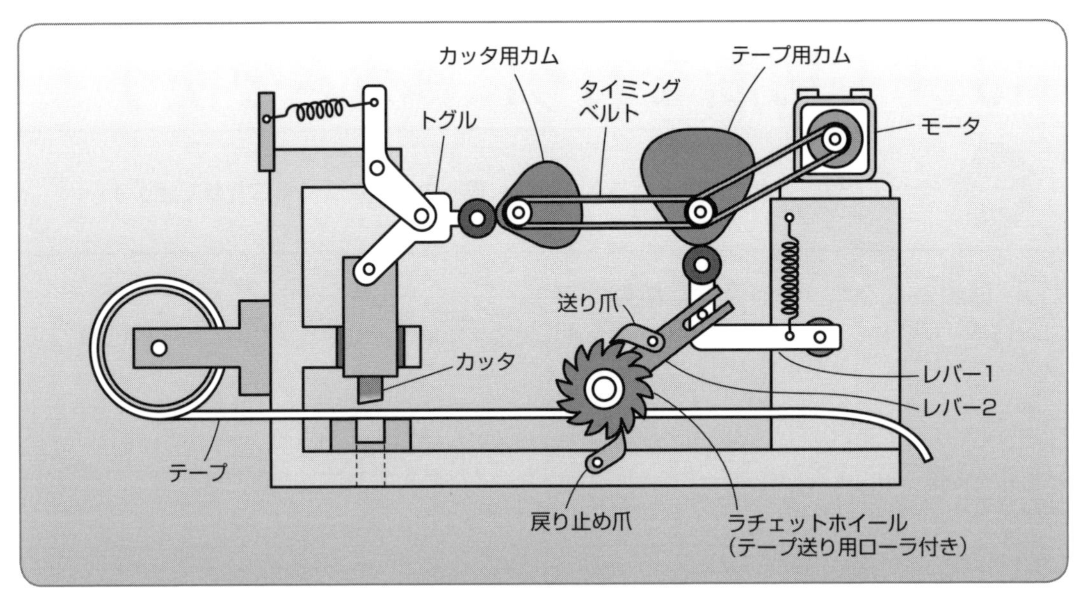

図 13-6-2　テープを自動で送りながらカッタを上下させる

図 13-6-3 は、テープ送りにゼネバを使った例です。ゼネバはモータの連続回転運動を与えると、回転角度送りと停止を繰り返す間欠駆動メカニズムです。ゼネバの出力が停止しているときに、カッタの上下を行うようにカムの形状を決定します。

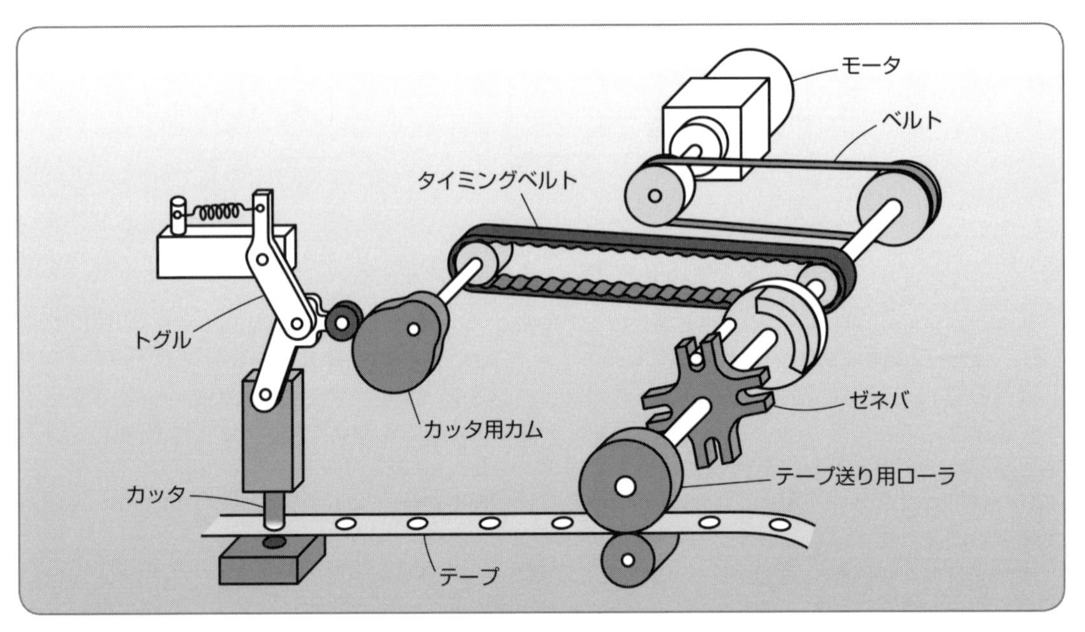

図 13-6-3　ゼネバを使ったテープ送りとカッタ

第14章

複数軸を独立して動作させるからくりとカムを使った駆動方法

　複数の軸をもつからくりでも軸ごとに動作を分解してタイミングをとって動かすようにしてみると、多くの場合１つひとつの軸はそれほど複雑な動きになっていないことがわかります。

　しかし、各軸ごとに独立して動かすようにするためには、軸同士が干渉しないように設計しなければなりません。干渉がなくなって各軸を単独で動かせるようにすれば、単軸の動作の重ね合わせとして軸ごとに１つずつのカムを使うなどの方法が使えます。

　ここでは主にP&P（ピック＆プレイス）ユニットを例にして、複数軸の干渉を取り除いて独立させるための設計やカム出力を最終端の動作に連結する方法などについて考えます。

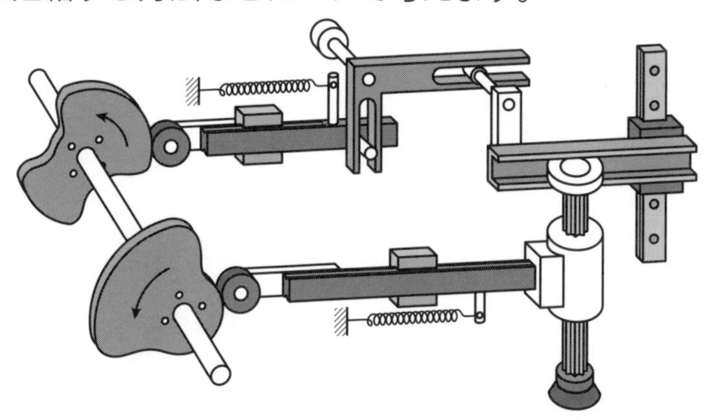

定石14の1　直交型のP&Pユニットをカムで動かすには直交する2軸を独立させる

直交型のP&Pユニット（ピック＆プレイスユニット）をカムを使って1つのモータで動かせるように設計してみます。カムで駆動するには、直交する2軸が干渉しないように独立させて、それぞれの軸をカムで駆動できるようにします。

(1)　独立2軸の基本形

カムでP&Pユニットのような直交型の2軸ユニットを駆動するには、縦に移動するZ軸と水平に移動するX軸を独立させなくてはなりません。

各軸を独立させるもっとも基本の形をつくってみると**図14-1-1**のように、2つの軸を直動ガイドで別々に動作するようにしたものが考えられます。

ここでX軸は完全に単独で駆動できますが、Z軸の入力に関しては、X軸が動くとZ軸入力端が横に移動してしまいます。

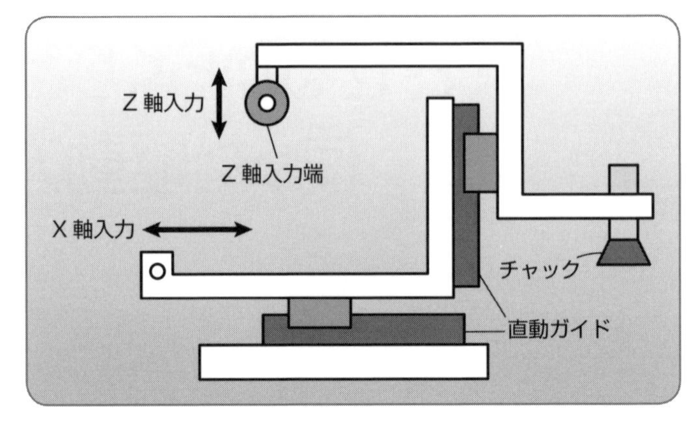

図14-1-1　2つの軸を直動ガイドで別々に動作させる

(2)　スラッドを使った改善

そこで、X軸が移動してもZ軸入力端の位置が変化しないように、スラッドを使って改善したものが**図14-1-2**です。両軸とも水平方向に入力できるように、入力軸の駆動方向をそろえてあります。

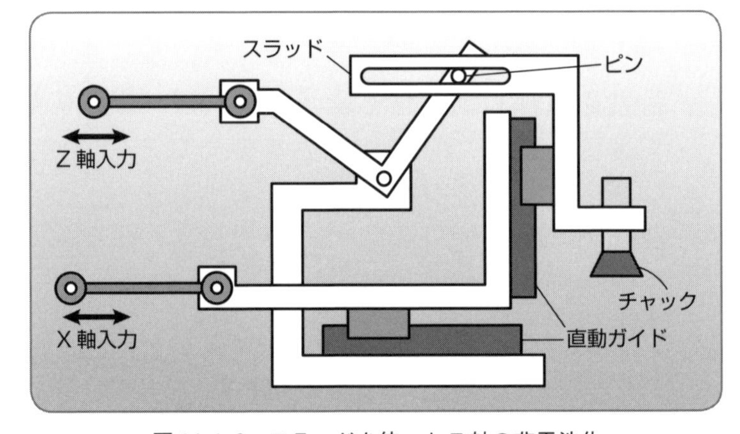

図14-1-2　スラッドを使ったZ軸の非干渉化

(3)　平行リンクを使った上下駆動

少しユニットを変形して上下動のガイドを直動ガイドから平行リンクに変えてみると、たとえば**図14-1-3**のようになります。

ところが図14-1-3のユニットは、X軸用カムでチャックが前進するとスラッドとピンのかみ合わせの位置が変化してしまいます。その結果、チャックが図の左側にあるときにはチャックのZ軸の移動量が大きく、チャックが右側に移動するにつれてZ軸の移動量は小さくなっていきます。この状態ではZ軸の移動量がX軸の位置によって変化するので、完全に独立になっていないということになります。

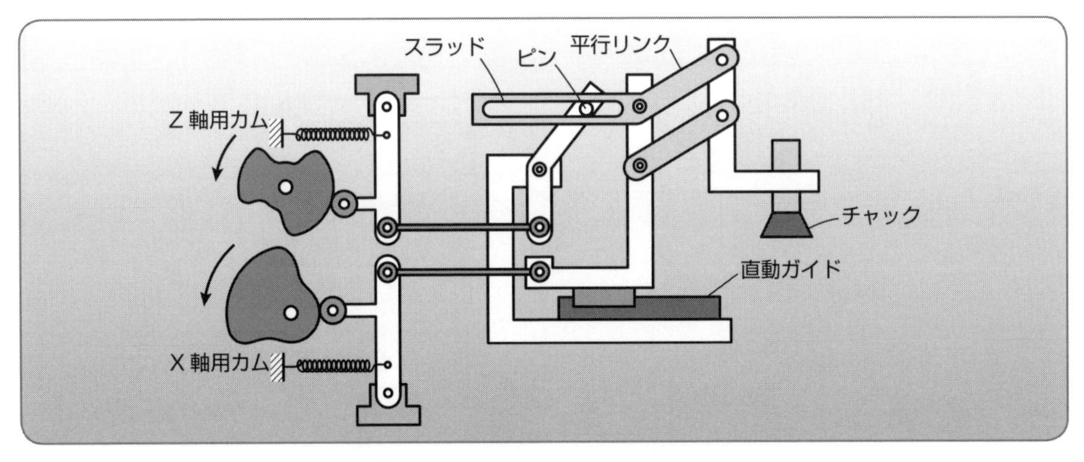

図 14-1-3　平行リンクを使った独立 2 軸

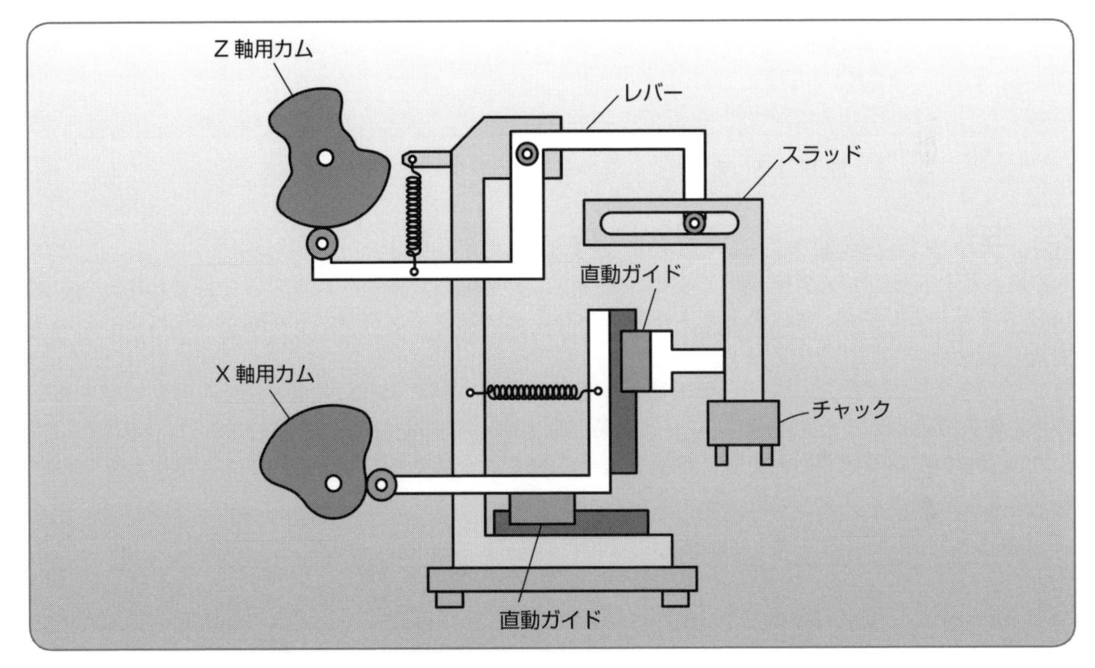

図 14-1-4　Z 軸と X 軸を分離させるためにスラッドを使った P&P ユニット

(4)　直動ガイドとスラッドの組み合わせ

そこで、2 軸を完全に独立させるためにもう一度直動ガイドを使うことを考えてみます。

図 14-1-4 はZ軸とX軸を分離するのにスラッドを使った例です。実際に設計するときにはレバーの位置と水平方向の直動ガイドの位置を検討して、2つのカムが同一軸上にくるようにします。

(5)　チャックにグルーブを取り付ける

次頁の**図 14-1-5** はチャックにグルーブを取り付けたものです。そしてグルーブの駆動部はレバーとリンク棒で構成してあります。

Z 軸用カムを回転するとレバー2が動き、リンク棒で連結しているレバー1を上下に動かします。このレバー1が溝になっているグルーブを上下させるようになっています。チャックはグルーブと一体となっているのでレバー1の動きに合わせて上下に移動します。チャックの前後移動は水平方向の直動ガイド2でガイドされていて、X 軸用カムの動きに合わせて移動します。

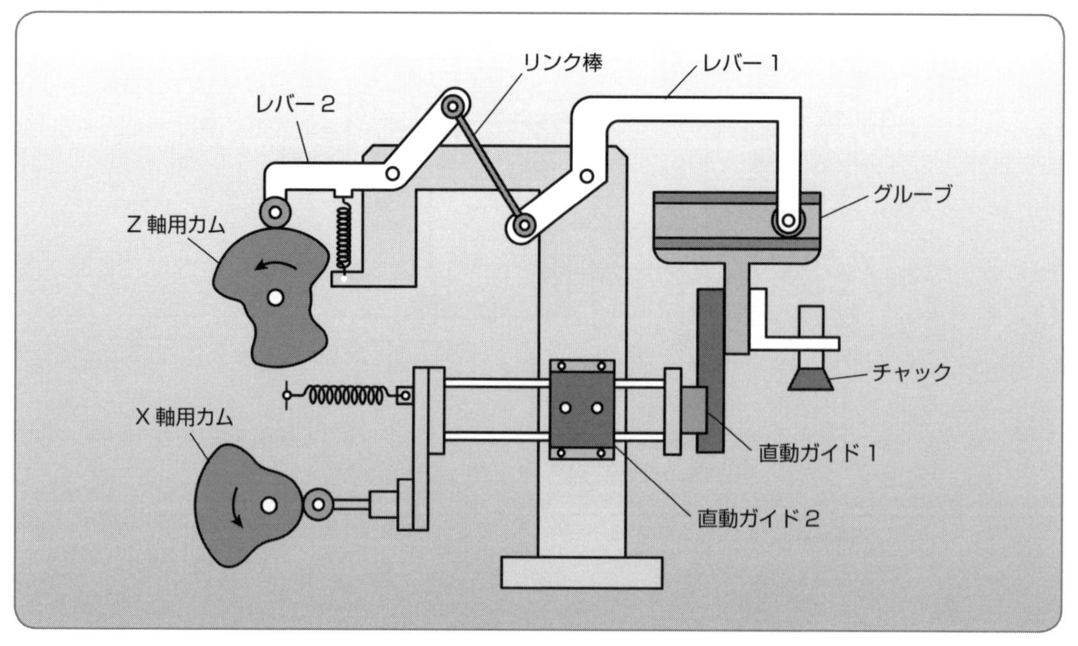

図 14-1-5　チャックにグルーブを取り付けた P&P ユニット

(6)　チャックの移動メカニズムを変更する

Z 軸のガイドとしてスプラインシャフトを使い、チャックの移動メカニズムを変更したものが**図 14-1-6**です。グルーブの溝に沿ってチャックがついたスプラインシャフトが動くようになっています。

ここにあげたいずれのユニットも X 軸と Z 軸が独立して動くように設計し、それぞれの軸を専用のカム特性で動かすことで P&P ユニットの動作を実現しています。

カムで動かす軸の数が増えても、各軸を独立させて、それぞれの軸を動作させる手がかりをつけることができれば、カムで装置を動かすことができるようになるのです。

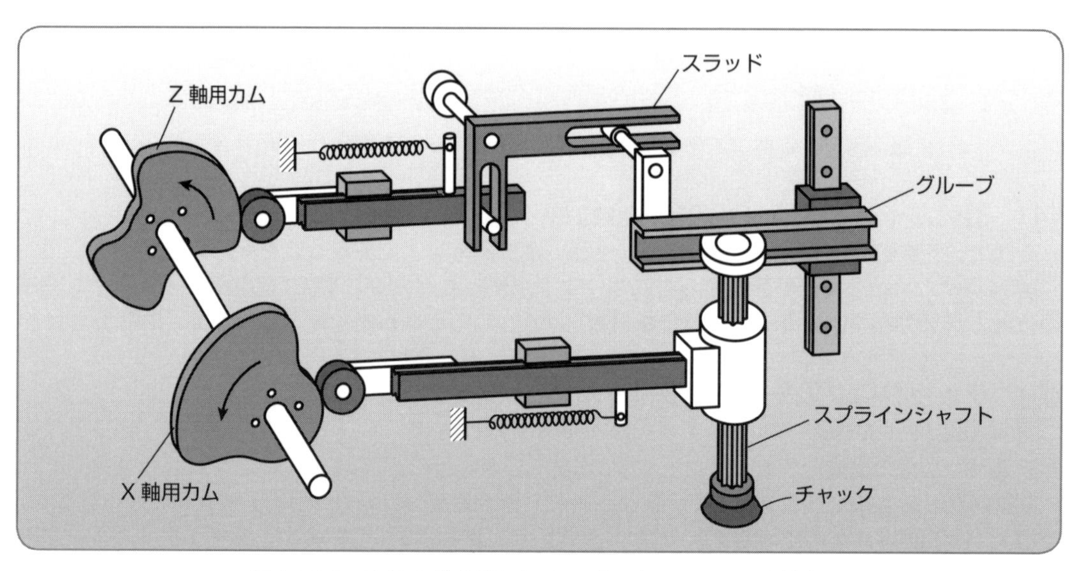

図 14-1-6　Z 軸のガイドとしてスプラインシャフトを使う

定石 14の2 スカラ型のユニットは2つの水平軸をリンクを使って独立させる

定石の要旨 スカラ型のロボットアームの水平に移動する2軸を、カムやリンクを使ったからくり要素で独立させるとカムを使って駆動することができるようになります。

(1) スカラ型の2軸ユニット

図14-2-1は、水平回転軸を2軸もつスカラ型ロボットのような形をした2軸ユニットです。

J1アームとJ2アームをそれぞれ独立して動かせるようにリンク機構を使っています。

J1入力ピンを駆動すると、J1駆動レバーが回転してリンク棒1でJ1アームが回転します。

同様にJ2入力ピンを駆動すると、J2駆動レバーが回転してリンク棒2が動作します。リンク棒2はリンク棒3を駆動してJ2アームを回転します。

リンク棒3はJ1アームと軸間距離を同じにして平行に取り付けてあり、平行リンクと同じ動きになるので、J2入力ピンを止めておいてJ1入力ピンを回転すると、J2アームは向きを変えずに平行移動します。

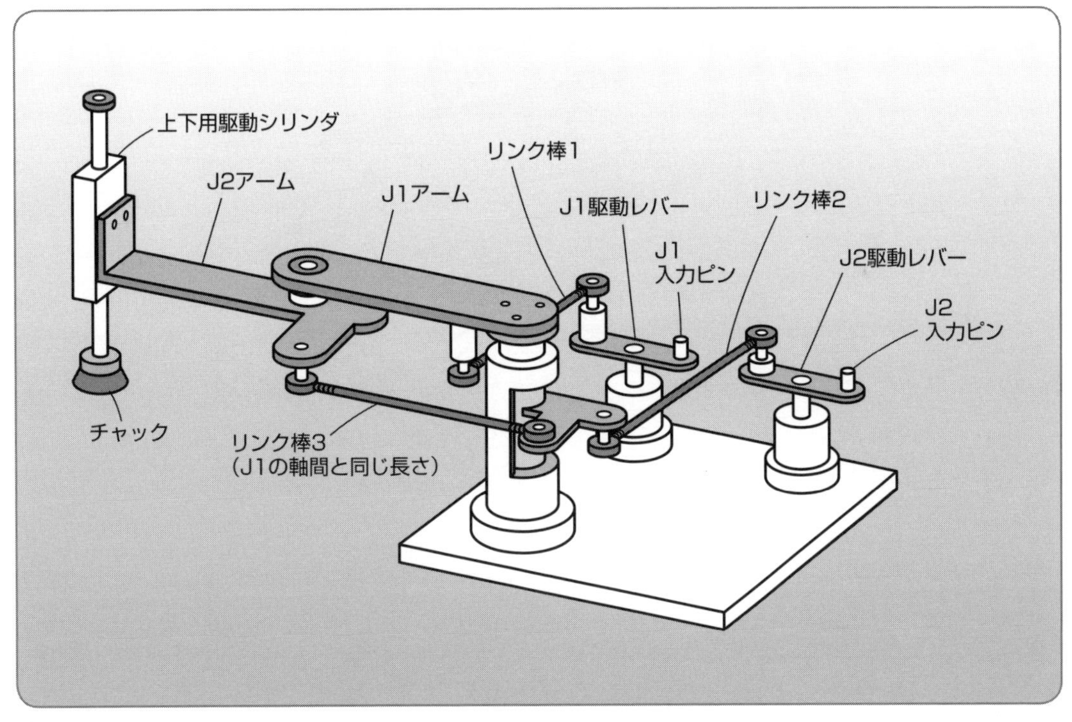

図14-2-1 スカラ型からくり2軸ユニット

(2)　直動入力のスカラ型2軸ユニット

図14-2-2は、やはり同じスカラ型のロボットアームの2つの軸を独立させた例です。

ここではJ2アームをJ1アームの上に配置してあります。

J1とJ2の駆動入力ピンは直動ガイドに取り付けてあり、この直動入力でアームが旋回するようになっています。

J1アームとリンク棒3を平行にして軸間距離を同じにしておくと、J2アームは平行リンクと同じような動作をすることになります。

たとえば、J2駆動入力ピンを止めておいてJ1駆動入力ピンを駆動すると、J2アームは向きを変えずに平行に移動します。この時、J1アームとJ2アームがなす角度が変化するので、この角度によって駆動できる限界があるので注意します。

この装置ではJ1軸もJ2軸も直動入力で駆動するようになっています。J1駆動入力ピンとJ2駆動入力ピンにカム出力を連結すれば、カム駆動のスカラ型2軸ユニットになります。

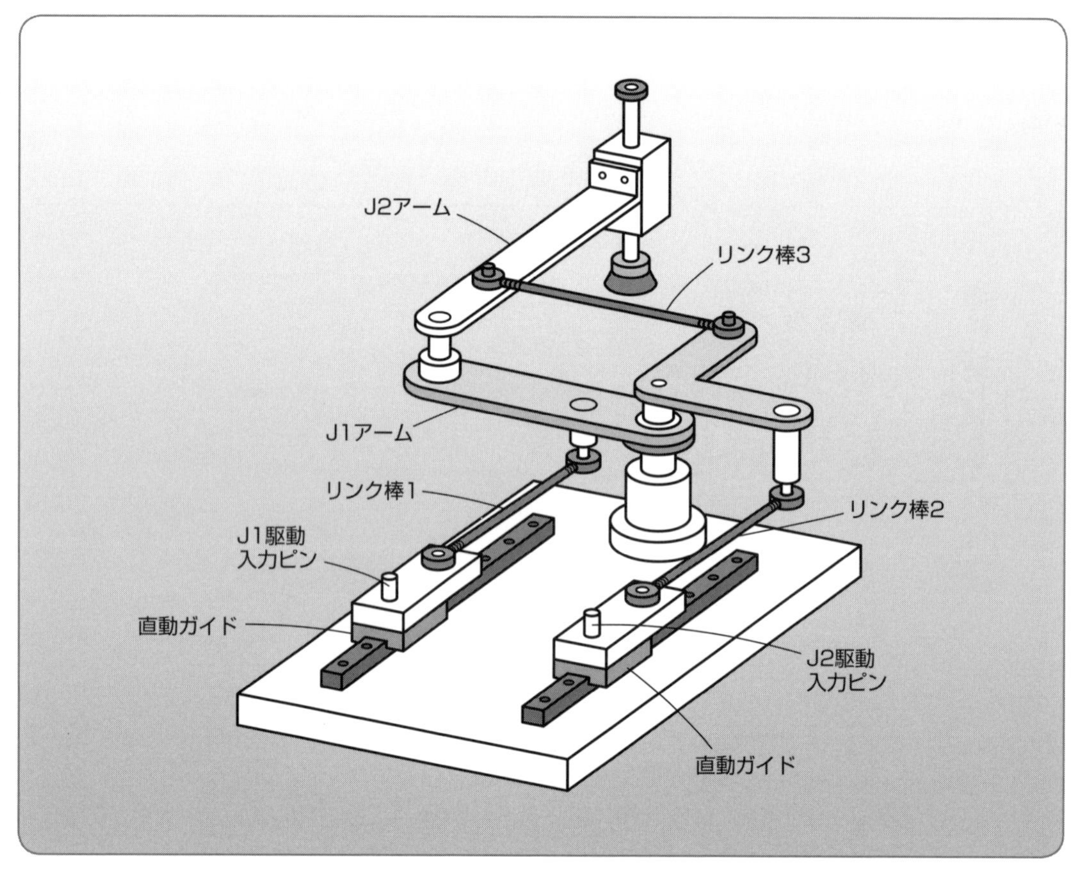

図14-2-2　J1アームの上にJ2アームを配置したスカラ型の2軸ユニット

定石 14の3 旋回型P&Pユニットは2つのカムで駆動する

回転運動と上下運動を組み合わせた旋回型のP&Pユニット（ピック＆プレイスユニット）を構成してカムで駆動する方法について考えてみます。

(1)　カム駆動の旋回型P&Pユニット

図14-3-1 はカム駆動の旋回型P&Pユニットの例です。

カム1の旋回用カムによってカム運動伝達レバーが前後すると、先端のスラッド1で連結しているラックが前後に移動します。ラックによってピニオンが回転すると、主軸が回転して主軸に取り付けられているアームがθだけ旋回します。

カム2の上下用カムによって、リバーサ1が上下すると、スラッド2で連結している上下シャフト1が上下方向に移動します。上下シャフト1はジョイント1と一体になっているので、ジョイント1が上下します。ジョイント1の動作は、リバーサ2でジョイント2に伝達されて、上下シャフト2を上下させます。ツールは上下シャフト2に取り付けられています。このようにして先端のツールはθ方向の旋回とZ方向の上下動作を行います。

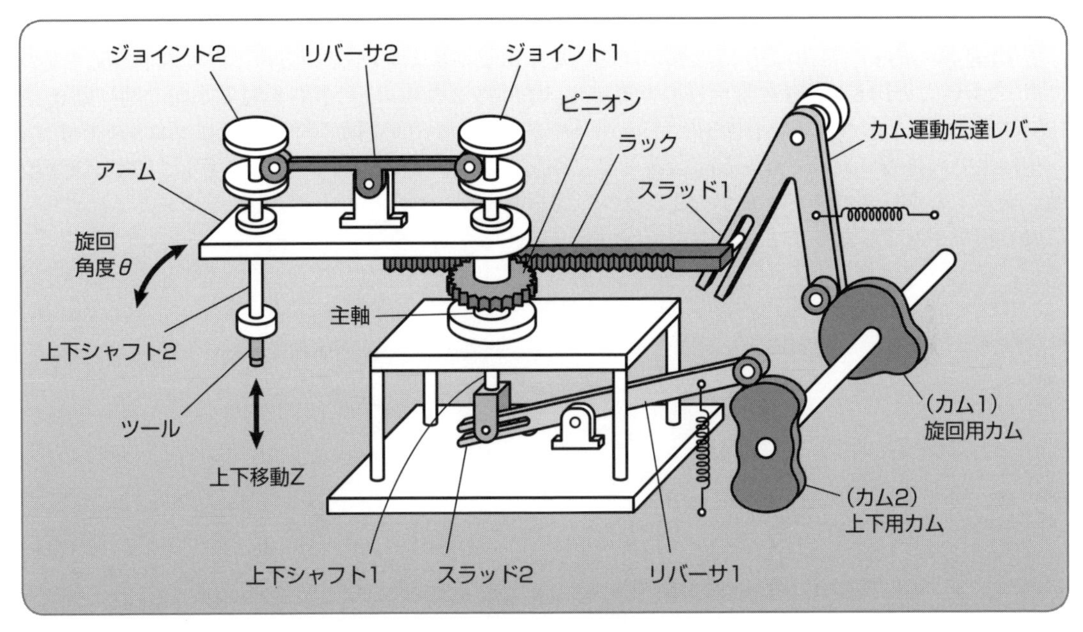

図14-3-1　カム駆動の旋回型P&Pユニット

(2)　旋回と上下動作のタイミング

ピック＆プレイスの動きをする旋回と上下動作のタイミング線図をつくってみると、たとえば次頁の**図14-3-2**のようになります。

横軸は角度になっていますが、0～360°で1周期になる時間軸と考えることもできます。すなわち360°までくると次は0°に戻ります。

旋回用のカム1の出力は0～120°の間では動かないので、その間に上下用のカム2によってユニットが下降し、少ししてから上昇するようになっています。カム2は120°のところで上昇し終わるので、この点からカム1は旋回の運動をはじめます。180°で旋回端に達するので、その後カム2によって下降して、下降端で少しの作業時間をとってから上昇します。300°で上昇し終わるので、その点

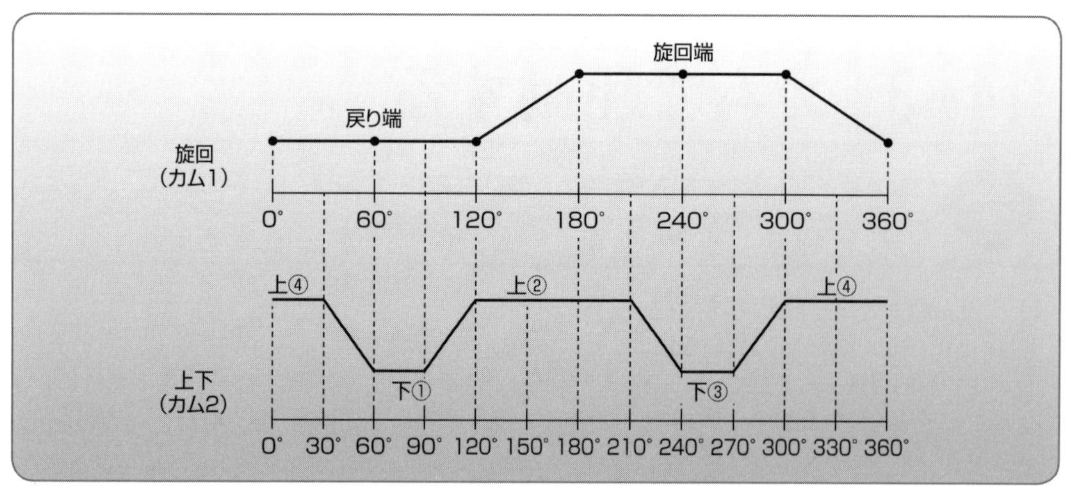

図14-3-2　旋回と上下のタイミング線図

からカム1によって戻り端方向に旋回して360°で戻り動作を終えるようになっています。

(3)　カム1の形状をつくる

図14-3-2のタイミング線図からカム1の形状をつくってみます。

まず、**図14-3-3**の（1）のように、2個の同心円を破線で描きます。小さい方の円がカム1の戻り端の位置、大きい方の円がカム1の旋回端の位置です。図14-3-2のカム1の特性を見ると戻り端には0°～120°の間停留しますから、図14-3-3の（1）の0°～120°の軸と小さい円が交差する点にプロットします。

旋回端での停留時間は180°～300°になりますから、図14-3-3の（1）の大きい円と180°～300°の軸が交差する点にプロットします。この2つの間を滑らかにつないだものが図14-3-3の（2）です。この形状がカム1になります。

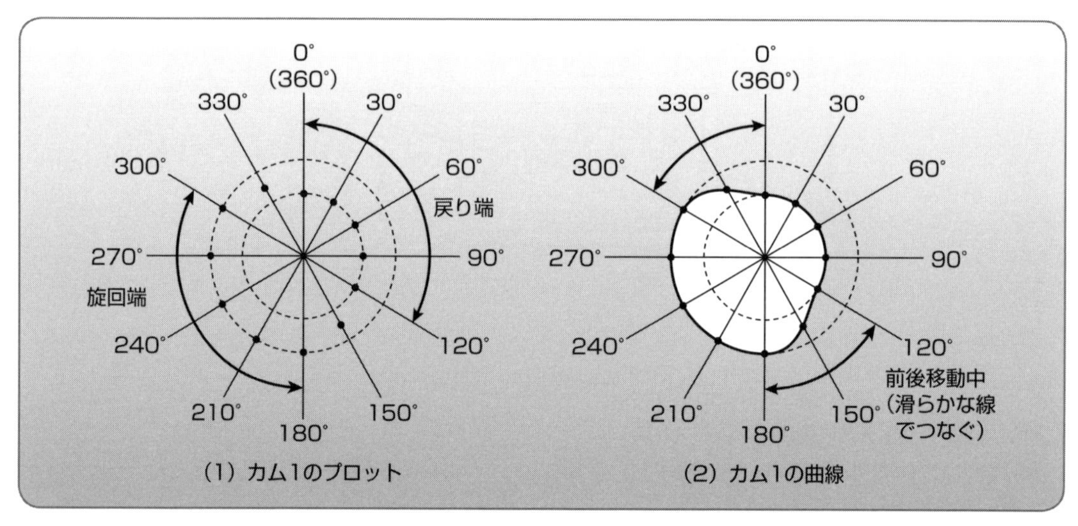

図14-3-3　カム1の形状のつくり方

(4)　カム2の形状をつくる

カム2も同様に2位置間の移動なので、**図14-3-4**の（1）のようにやはり2つの円を破線で描きます。図14-3-2のカム2のタイミング線図から、300°から30°までの間は上側の停留位置にとどまるので、この間は大きい円上にプロットします。120°～210°の間も同様です。60°～90°と240°～270°

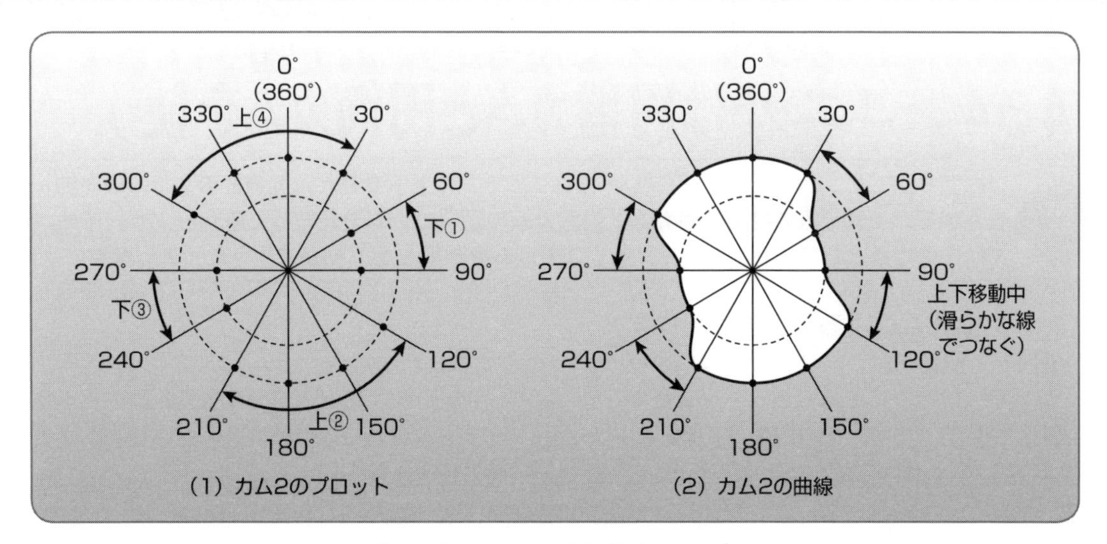

図14-3-4　カム2の形状のつくり方

は下降端で停止している状態なので、小さな円上にプロットします。

このプロットした点から図14-3-4の（2）のようなカム2の形状が得られます。

(5)　P&P ユニットの構造

図14-3-5には、旋回型P&P ユニットの大まかな構造を示しています。旋回と上下の2軸を独立させて、それぞれの軸を図14-3-3と図14-3-4のカム1とカム2で駆動するようになっています。構造がわかりやすいようにあえて単純な形にしてあるので、実際に製作するときには2枚のカムの軸を合せたり、軸受の形に気をつけたりすることが必要です。

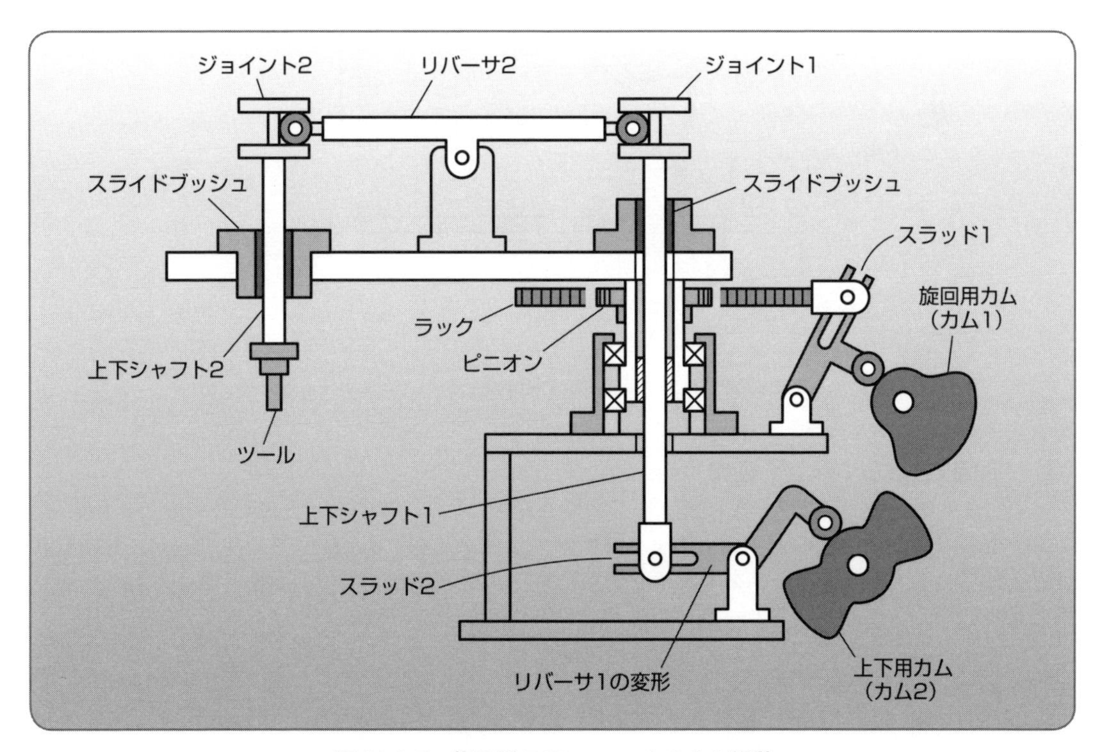

図14-3-5　旋回型P&P ユニットのカム駆動

定石14の4　1つのモータで駆動する揺動型P&Pユニットは円盤カムと円筒カムを使う

揺動型P&Pユニット（ピック&プレイスユニット）の上下運動と揺動運動の2つの軸を独立させて、それぞれの軸を円筒カムと円盤カムの2つのカムで駆動してみましょう。モータは1つだけとして、1つのモータで2つのカムを同期させて動かすように工夫します。

（1）　円盤カムによる旋回動作

図14-4-1は円盤カムと円筒カムの2つのカムで動作する揺動型のP&Pユニットです。

旋回用の円盤カムであるカム1を回転すると、レバー1が動き、リンク棒を介して駆動アームを揺動往復駆動します。この駆動アームにはスライドシャフトがついていて、スライドシャフトがガイドアームを駆動するので、メインシャフトが水平に揺動往復運動をします。

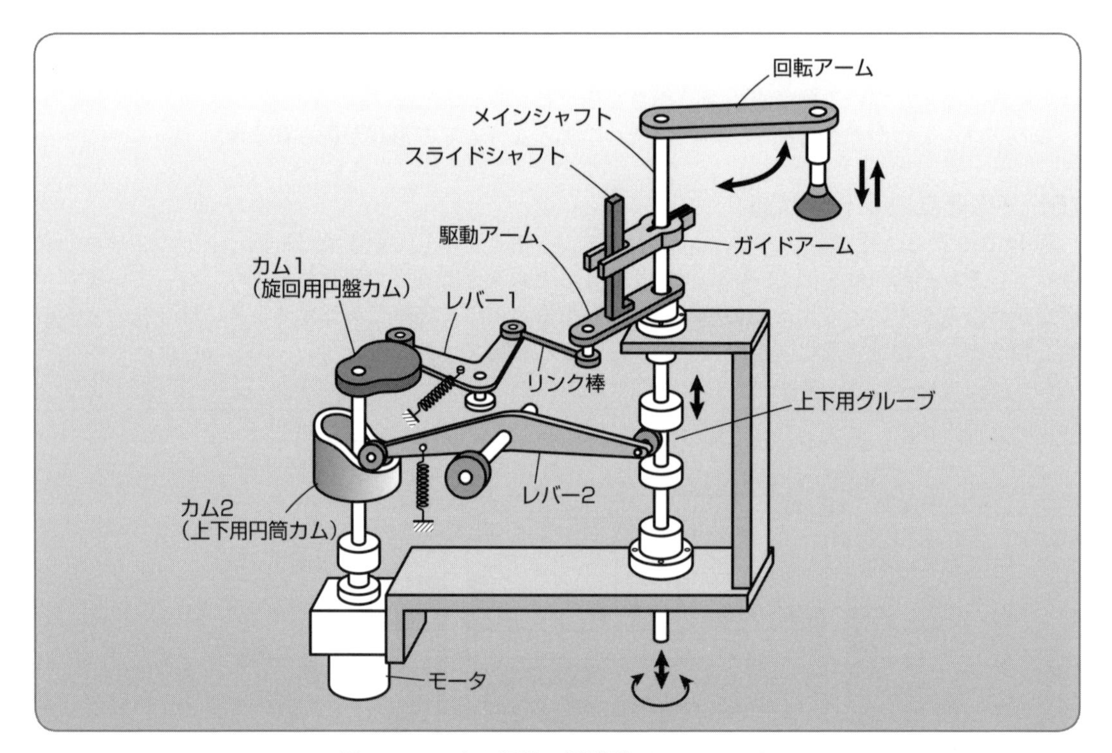

図14-4-1　カム駆動の揺動型P&Pユニット

（2）　円筒カムによる上下動作

メインシャフトは回転だけでなく、レバー2の動きに伴って上下動作もできるようになっています。

上下用の円筒カムであるカム2をモータで回転すると、レバー2が動いてメインシャフトに取り付けられている上下用グルーブを上下に動かします。メインシャフトの上下動作が、カム1の駆動系と干渉しないようにガイドアームとスライドシャフトが上下に滑るようになっています。

モータを回転してカム1とカム2を同時に動かすと、回転アームは揺動往復の旋回と上下の動作を行うようになります。

図14-4-1の中のカム2は1回転で1往復するように描かれていますが、実際のP&Pユニットの動作をさせるには1回転で2度上下動するようにカムの形を変える必要があります。

定石 14の5 カム式P&Pユニットとインデックステーブルの同期駆動

インデックスドライブユニットで間欠駆動している回転型のインデックステーブルと、カム式の P&P ユニット（ピック＆プレイスユニット）を同期して動作させる装置を構成する方法を考えてみます。

(1)　2つのユニットをタイミングよく動作させる

図 14-5-1 は1つのモータでインデックステーブルと P&P ユニットの2つのユニットをタイミングよく動作させるものです。このインデックスドライブユニットは、入力軸が1回転するとインデックステーブルが 90°送られ、その後にしばらく停止するような間欠回転をするようになっています。

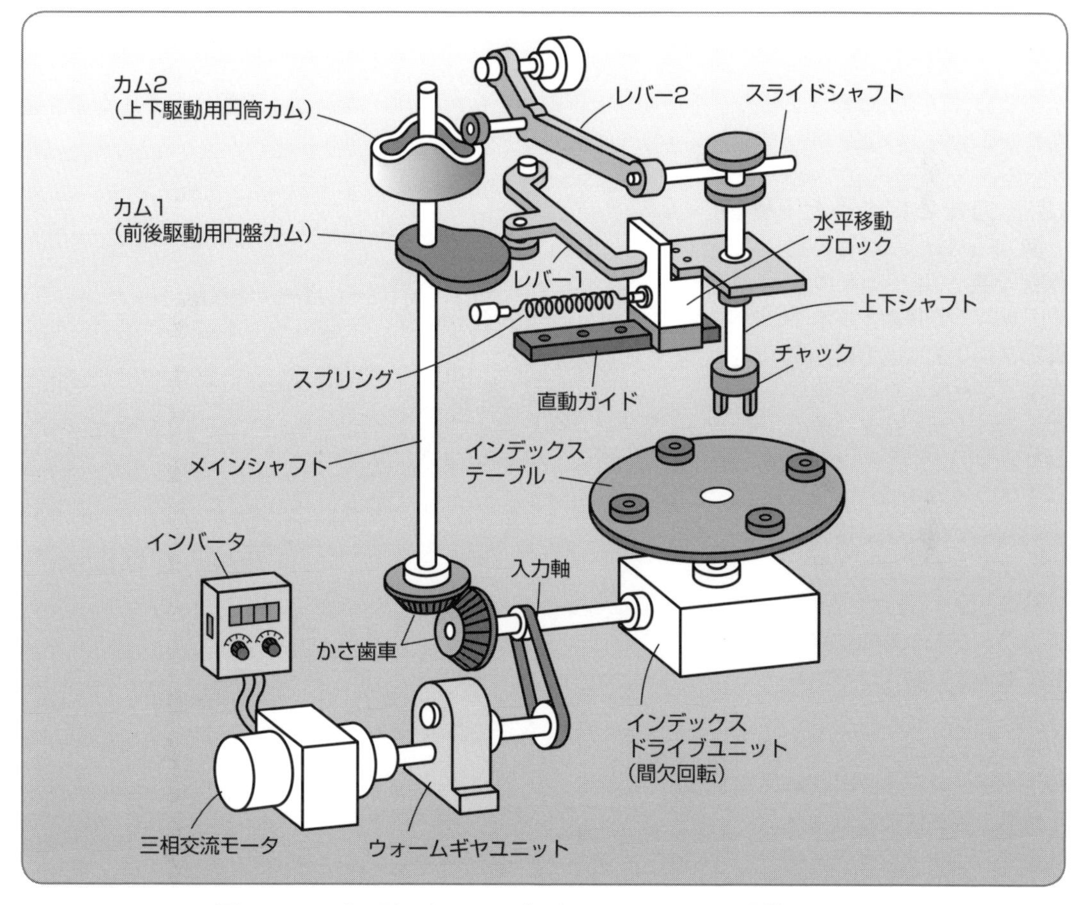

図 14-5-1　インデックステーブルと P&P ユニットの同期システム

(2)　カム 1 による水平移動

カム 1 は水平移動ブロックを直動ガイドに沿って前後に移動するために使われています。

カム 1 で前進後退をする運動出力を、レバー1 とスプリングを使ってチャックがついている水平移動ブロックに伝えるのが次頁の**図 14-5-2** の構造です。

カム 1 が回転してレバー1 が前後すると、その動きに水平移動ブロックが追従して前進と後退の運動をします。カム 1 の中でカムの回転軸と同心円になっている場所がドゥエルで、この位置では

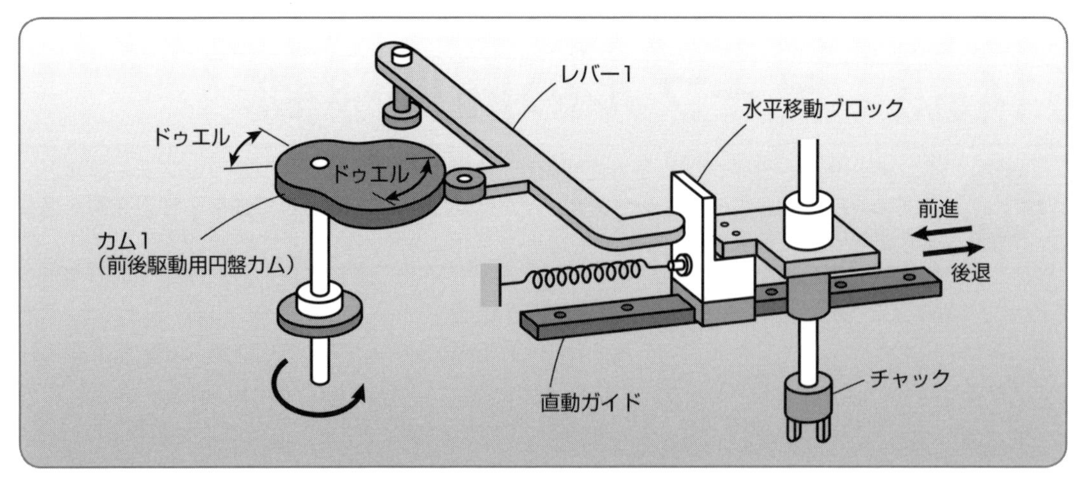

図14-5-2　カムによる前後駆動

水平移動ブロックは動きません。その間に上下動作を行えばP&Pユニットの動作ができるようになります。

(3)　カム2による上下移動

図14-5-3は、カム2の動作部を抜き出したものです。カム1で移動する水平移動ブロックに上下動作用の上下シャフトを取り付けて先端にチャックをつけてあります。

上下シャフトは、カム1の動作によって水平移動ブロックとともに図の横方向に移動します。そこで、上下シャフトが水平方向に移動しても上下の動作に影響しないように、ジョイントプレートでスライドシャフトをはさみ込んで干渉せずに水平移動できる構造にしてあります。スライドシャフトはカム2で駆動するレバー2によって上下方向に移動します。

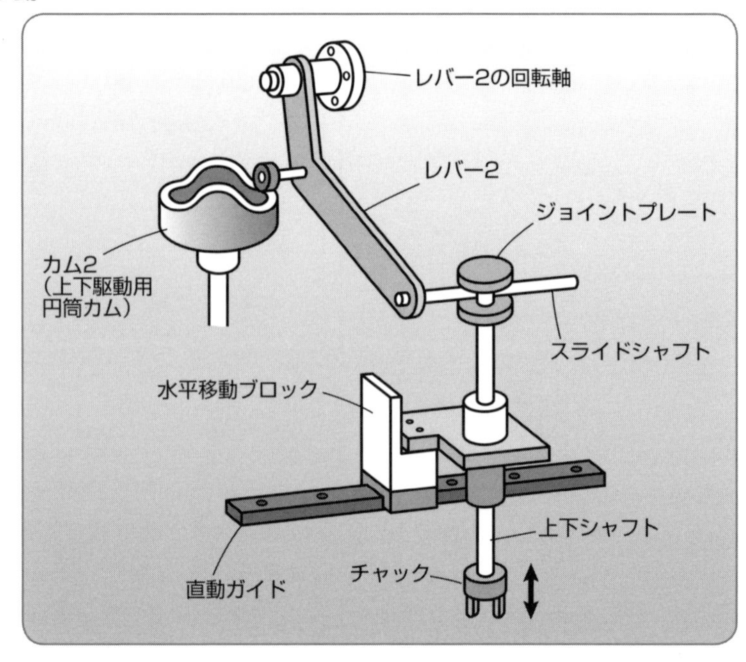

図14-5-3　スライドシャフトの上下でチャックを上下する

レバー2はレバー2の回転軸を中心にして上下に動きますが、回転運動なので上下シャフトとの距離が変化します。この変化はジョイントプレートを少し大きめにすることで吸収しています。

図14-5-1はこの前後駆動と上下駆動を組み合わせ、メインシャフトを使ってカム1とカム2を同じ1つの軸で動かすようにしてあります。

さらに1回転を4分割するインデックスドライブユニットが取り付けられていて、メインシャフトと同じモータで回転しているので、インデックステーブルとチャックが同期して動くようになっています。

索　　引 (五十音順)

〔英・数行〕

〔あ　行〕

〔か　行〕

〔さ　行〕

〔た　行〕

〔な・は行〕

〔ま　行〕

〔や・ら行〕

〔わ　行〕

著者略歴

熊谷 英樹（くまがい ひでき）

1981年　慶應義塾大学工学部電気工学科卒業。

1983年　慶應義塾大学大学院電気工学専攻修了。住友商事株式会社入社。

1988年　株式会社新興技術研究所入社。

フレクセキュア株式会社CEO、日本教育企画株式会社代表取締役。山梨県産業技術短期大学校非常勤講師、自動化推進協会理事、高齢・障害・求職者雇用支援機構非常勤講師。

主な著書

「ゼロからはじめるシーケンス制御」日刊工業新聞社、2001年

「必携 シーケンス制御プログラム定石集—機構図付き」日刊工業新聞社、2003年

「ゼロからはじめるシーケンスプログラム」日刊工業新聞社、2006年

「絵とき「PLC制御」基礎のきそ」日刊工業新聞社、2007年

「MATLABと実験でわかるはじめての自動制御」日刊工業新聞社、2008年

「新・実践自動化機構図解集—ものづくりの要素と機械システム」日刊工業新聞社、2010年

「実務に役立つ自動機設計ABC」日刊工業新聞社、2010年

「トコトンやさしいシーケンス制御の本」日刊工業新聞社、2012年

「熊谷英樹のシーケンス道場 シーケンス制御プログラムの極意」日刊工業新聞社、2014年

「必携 シーケンス制御プログラム定石集 Part2—機構図付き—」日刊工業新聞社、2015年

「必携『からくり設計』メカニズム定石集—ゼロからはじめる簡易自動化」日刊工業新聞社、2017年

「ゼロからはじめるPID制御」日刊工業新聞社、2018年

ほか多数